The IACUC Administrator's Guide to Animal Program Management

IACUC 管理员动物实验项目管理指南

〔美〕 W. G. 格里尔（W. G. Greer） 主编
R. E. 班克斯（R. E. Banks）

法云智 范 薇 常 在 主译

科学出版社
北 京

图字：01-2023-5680 号

内 容 简 介

本书的目的是帮助 IACUC 管理员制定、管理与监督动物饲养管理和使用项目。本书汇集了数年来全美各地 IACUC 管理员在最佳实践会议中的材料。在此基础上，作者为 IACUC 的具体操作提供了许多建议，包括如何构建一个能发挥应有作用的 IACUC，如何运作 IACUC 等，以更好地满足法规需求。

本书适用于行政管理人员、兽医、教育工作者，以及科研机构、高等院校、医药研发企业、审评机构与监管机构中从事实验动物工作的相关人员。

图书在版编目（CIP）数据

IACUC 管理员动物实验项目管理指南 /（美）W. G. 格里尔（W. G. Greer），（美）R. E. 班克斯（R. E. Banks）主编；法云智，范薇，常在主译. —北京：科学出版社，2024.6
书名原文：The IACUC Administrator's Guide to Animal Program Management
ISBN 978-7-03-077583-2

Ⅰ. ①I… Ⅱ. ①W… ②R… ③法… ④范… ⑤常… Ⅲ. ①实验动物–饲养管理–项目管理–指南 Ⅳ. Q95-331
中国国家版本馆 CIP 数据核字（2024）第 016051 号

责任编辑：罗 静 尚 册 / 责任校对：宁辉彩
责任印制：肖 兴 / 封面设计：无极书装

科 学 出 版 社 出版
北京东黄城根北街 16 号
邮政编码：100717
http://www.sciencep.com

北京中石油彩色印刷有限责任公司印刷
科学出版社发行 各地新华书店经销
*
2024 年 6 月第 一 版 开本：720×1000 1/16
2024 年 6 月第一次印刷 印张：15 3/4
字数：320 000
定价：198.00 元
（如有印装质量问题，我社负责调换）

《IACUC 管理员动物实验项目管理指南》
翻译审校工作委员会

委　员　贺争鸣　法云智　李根平　孙岩松　邱业峰　范　薇　常　在

主　译　法云智　范　薇　常　在

主　审　贺争鸣　李根平　孙岩松　范　薇

翻译审校人员（按姓氏汉语拼音排序）

白　玉	包晶晶	常　在	陈振文	崔淑芳	代解杰	杜小燕
法云智	范　薇	付　瑞	巩　薇	韩　雪	贺争鸣	胡建武
胡敏华	康爱君	李长龙	李根平	李湘东	李晓燕	梁春南
林惠然	刘苗苗	刘晓宇	卢选成	吕龙宝	吕晓锋	苗晓青
潘学营	庞万勇	邱　晨	邱业峰	孙　强	孙岩松	王天奇
王元占	韦玉生	吴孝槐	谢忠忱	徐　平	杨利峰	原　野
岳秉飞	张　涛	赵德明	赵玉琼	郑志红	周　泉	周智君
朱德生	卓振建					

中 译 本 序

实验动物福利和动物实验伦理一直是生命科学研究与生物医药研发等领域备受关注的热点问题。近年来，随着我国科技创新迅猛发展和相关产业深度变革，这一问题显得尤为突出，它不仅是需要规范科研活动的简单事件，也已成为关乎更快更好地推进我国科学技术创新发展的大事。

因受社会、经济和文化发展的影响，针对实验动物福利和动物实验伦理的问题难以有统一的答案。但是，对动物生命现象和生命活动本质的研究，使我们逐步掌握了实验动物福利和动物实验伦理应该具有的基本内涵，并在许多方面达成共识，且这种共识随着科技伦理治理与体系完善也得到了不断发展。西方发达国家较早关注实验动物福利和动物实验伦理问题，所涉及的领域和研究内容比较广泛与深入，相关法律法规比较健全，并在实际工作中建立起较为完善的审查流程和监督机制。因此，借鉴国际上该领域的成功经验和最佳实践，对完善我国实验动物福利和动物实验伦理的管理体系与技术体系非常有帮助。

为了更好地推动我国实验动物福利和动物实验伦理审查工作，逐步完善审查流程，发挥审查工作对保障实验动物福利和动物实验伦理的作用，我国长期致力于该领域研究的一些实验动物科学家组织翻译了 *The IACUC Administrator's Guide to Animal Program Management*。该书中文版的出版将对运作好我国的实验动物机构管理工作和实验动物管理与使用委员会（IACUC），帮助 IACUC 更好地审查、管理与监督实验动物饲养管理和使用项目，确保动物研究活动的合法合规具有很大的实际意义。

我也注意到，前几年一些实验动物专家翻译了 *The IACUC Handbook*，这本书与目前翻译的 *The IACUC Administrator's Guide to Animal Program Management* 相得益彰。相信，该书的翻译和出版，将对不断改进我国相关管理政策和规定与国际规则的协调性和适应性，推动我国实验动物福利和动物实验伦理工作的完善与进一步发展起到积极的作用。

孟安明

清华大学教授

中国科学院院士

2024 年 5 月

原 书 前 言

本书的目的是帮助 IACUC 管理员负责制定、管理与监督动物饲养管理和使用项目。以往实践充分说明,动物护理和使用需要完善的法规及管理制度给予保障。这些法规和管理制度既规定了须达到的最终目标,也提出了某些期望,因而为机构的实际操作提供了灵活性。尽管监管的期望很明确,但往往没有规定如何操作和实践,以确保符合规定和保障动物福利。在本书中,作者为 IACUC 的具体操作提供了许多选项和可能性,例如,如何构建一个能发挥应有作用的 IACUC,如何运作 IACUC 等,以更好地满足法规需求。

本书汇集了数年来全美各地 IACUC 管理员在最佳实践会议中的材料。来自私营企业、公共事业、政府部门和学术组织的与会者也为《IACUC 管理员动物实验项目管理指南》的编写提供了信息。正是由于数百位同事提供的有益见解(包括成功的经验和失败的教训),作者才能总结出当地动物饲养管理和使用项目中需要考虑的问题和建议。

我们无意替换或修改任何现有的监管文件。法规和政策总是会合理与适当地演变,并与动物饲养管理和使用项目的成熟框架相协调,操作实践也必须转变以便更好地对机构进行支持、对研究团体进行指导,并在所有涉及活体动物的科学研究中确保动物福祉。

本书并非要取代其他参考文献或程序文件,而是作为其内容的补充。在本书中,读者会发现,本书与其他资料的主要区别是:描述经过时间检验和证明能满足监管要求的进程是保持透明和开放性的。作者无意让机构以这本书为模式对其项目进行管理,而是希望 IACUC 管理员能够参考和吸收数百名同事提炼出来的智慧与经验,将其作为自己项目的基础。

作者在编写这本书时有如下明确的目标。

1)通过建立灵活的、可自我纠正的动物饲养管理和使用项目来保证动物的福祉与福利。

2)防止将科学研究活动中确保动物福利与遵守法律相对立。

3)为分派了动物项目职责的个人提供常见问题答疑。

4)在机构中营造透明度,让大家知道什么有效、什么无效。

5)建立一个 IACUC 管理员专业团体,使其成为机构中研究工作的核心和关键成员,并与机构管理人员、主治兽医、IACUC 和研究人员一起在项目领导层中占有一席之地。

本书中的实例和建议可用来帮助大家制定一个完善的动物饲养管理和使用项目。IACUC 管理员必须始终认识到，美国国立卫生研究院在《实验动物饲养管理和使用指南》第八版（简称《指南》）中提出的目标、结果、考虑因素、性能标准等概念，对制定一个完善的动物饲养管理和使用项目是至关重要的。

两位作者怀着深切的感激之情，向数百位无私的、为其组织和研究人员服务的 IACUC 管理员表示感谢。正是这个专业团体为这本书提供了大部分建设性意见，所有情况都发生在一所虚构的"大东方大学"（Great Eastern University）里，在这里预设任何可能正常工作的状态都没有出现，而一切可能出错的事情都会发生。

"我们以前从来没这样做过"，希望你所在的机构永远不会对那些运作失调或者未运行的实验动物饲养管理和使用项目说出这样的话。我们希望每个读者都能获得一些新颖的想法和启示，以适用于他们的项目，支持有实力的研究，改善不良条件，并纠正不合规的行为。通过阅读这本书，愿我们每个人都能回顾自己的工作，并通过阅读这本书提出我们的新的期待，并说出："我们目前的工作还有较大提升的空间。"

向所有为人类健康事业作出贡献的实验动物、研究人员和相关机构致以最美好的祝愿！

比尔·格里尔（Bill Greer）
宾夕法尼亚州立大学
罗恩·班克斯（Ron Banks）
杜克大学

（范　薇 译；法云智 校；孙岩松 审）

简　介

美国国立卫生研究院（National Institutes of Health，NIH）的实验动物福利办公室（Office of Laboratory Animal Welfare，OLAW）乐于认可本系列最佳实践（best practice，BP）。这些最佳实践适用于经美国公共卫生署（Public Health Service，PHS）认可机构的动物饲养管理和使用项目（animal care and use program，ACUP）。但除这些操作实践的静态集合之外，我们还希望大家一起分享您在所在机构操作相关项目的最佳实践，无论您所在机构是大还是小、是学术性的还是政府性的、是非营利性的还是营利性的组织。

PHS体系对于动物相关活动的监管系统是基于当地机构委员会——实验动物管理与使用委员会（Institutional Animal Care and Use Committee，IACUC）自我监督和自我报告的理念。IACUC管理员对IACUC高效、合规的运行有重要影响。

ACUP是不断变化的，随着研究人员使用新的、越来越复杂的动物模型，研究和技术在发生变化，相关的政策和法规的解读也在不断变化。OLAW、美国农业部（United States Department of Agriculture，USDA）、动植物卫生检疫局（Animal and Plant Health Inspection Service，APHIS）、动物关爱中心（Animal Care，AC）和国际实验动物饲养管理评估与认证协会（Association for the Assessment and Accreditation of Laboratory Animal Care International，AAALAC）也不断改进其对动物与生物医学研究人员需求的理解。

ACUP的运行是非常复杂的，改变其中任何一个因素都可能影响到项目中别的方面。本书描述的所有实践都完全遵守OLAW的要求，前提是该项目的其他部分支持这些实践。

很显然，我们可以从这本综合性的参考书籍中得知：有很多种方法可以运行ACUP，在人道动物饲养管理的背景下为生物医学研究提供最高质量的支持。作为IACUC的管理员，当你们聚在一起分享你们机构的做法并相互学习时，你们正以一种可靠的、负责任的和实际的方式在推动动物福利与生物医学研究向前发展。

我希望这本书的读者能够考虑加入最佳实践会议，将他们的意见和专业知识加入到集体知识中，让这个具有前瞻性思维的团体能持续发展。

苏珊·布鲁斯·西尔克（Susan Brust Silk），理学硕士

政策教育司　主任

NIH 实验动物福利办公室

（范　薇 译；法云智 校；孙岩松 审）

致　谢

衷心感谢以下研究管理员志愿者，为本书部分材料的预审付出了时间和心血。

卡罗琳·A.伯杰（Carolyn A. Berger），密歇根州立大学

阿斯特丽德·哈坎斯塔德（Astrid Haakonstad），密歇根州立大学

朱莉·劳德里（Julie Laundree），密歇根州立大学

乔安娜·里昂（Joanna Lyons），宾夕法尼亚州立大学

艾莉森·D.波尔（Alison D. Pohl），康涅狄格大学健康中心

苏珊·布鲁斯·西尔克（Susan Brust Silk），NIH实验动物福利办公室

艾琳·摩根（Eileen Morgan），NIH实验动物福利办公室

（范　薇　译；法云智　校；孙岩松　审）

作 者 简 介

威廉·G. 格里尔 比尔在宾夕法尼亚州立大学获得了微生物学学士学位，目前获得了成人教育理学硕士学位。在获得学士学位后，他以研究技术员身份在英特威美国分公司（原 Tri Bio 实验室）动物疫苗生产公司担任生产经理，负责按相关监管要求进行动物疫苗开发和生产。2002 年，他受聘于宾夕法尼亚州立大学，负责监管 IACUC、生物安全委员会（Institutional Biosafety Committee，IBC）和大学同位素委员会（University Isotope Committee，UIC）。目前，他是宾夕法尼亚州立大学研究保护办公室的副主任。比尔是持证 IACUC 管理员、实验动物技术员和职业危险品运输员。他创建了 IACUC 管理员最佳实践会议，并领导团队正式成立了 IACUC 管理员协会（IACUC Administrators Association，IAA）。他还设立了机构合作委员会 IACUC 管理员工作组（由美国十所大学组建）。2011 年，比尔因获得了杰出研究带头人奖，被宾夕法尼亚州立大学授予副校长职位。目前，比尔担任学校的生物安全委员会主席。比尔同时还担任 AAALAC 理事会和持证 IACUC 管理员委员会的特别顾问，以及 IAA 的主席和董事会主席。他对科研合规的管理和监督拥有超过 25 年的经验。

罗恩·E. 班克斯 兽医博士（DVM）。班克斯博士在奥本大学兽医学院获得兽医学位。他在美国陆军兽医部队服役 34 年，目前在位于北卡罗来纳州达勒姆县的杜克大学任动物福利保障办公室主任。在他的职业生涯中，曾任职于 AAALAC 的认证委员会（2011 年作为荣誉会员从理事会退休），他持有美国动物福利学院的特许学位证书，是 IACUC 管理员协会的特许会员，是国家实证学院的会员，获得了美国实验动物医学会、美国预防兽医学会和美国动物福利学院的执业证书。自 2005 年 IACUC 管理员协会成立以来，他与比尔一起一直促进最佳实践会议的召开，到目前仍继续担任 IACUC 管理员协会的董事会成员。

（范　薇 译；法云智 校；孙岩松 审）

缩略语和通用术语

AAALAC	Association for the Assessment and Accreditation of Laboratory Animal Care International	国际实验动物饲养管理评估与认证协会
AALAS	American Association for Laboratory Animal Science	美国实验动物学会
ACLAM	American College of Laboratory Animal Medicine	美国实验动物医学会
ACOS	associate chief of staff	常务副主任
ACUP	animal care and use program	动物饲养管理和使用项目
AFOSG	Air Force Office of the Surgeon General	（美国）空军外科医生办公室
Ag Guide	*The Guide for Care and Use of Agricultural Animals in Research and Teaching*	《研究和教学中农用动物饲养管理和使用指南》（《Ag 指南》）
APHIS	Animal and Plant Health Inspection Service	（美国）动植物卫生检疫局
ARP	Animal Resource Program	动物资源项目
AWAR	Animal Welfare Act Regulations	《动物福利法实施条例》
AV	attending veterinarian	主治兽医
AVMA	American Veterinary Medical Association	美国兽医协会
BSO	biological safety officer	生物安全员
BP	best practice	最佳实践
BP Meeting	IACUC Administrators Best Practice Meeting	IACUC 管理员最佳实践会议（BP 会议）
BUMED	Department of the Navy Bureau of Medicine and Surgery	（美国）海军医学和外科管理局
CEO	chief executive officer	首席执行官
CFR	Code of Federal Regulations	《美国联邦法规》
CIRO	Clinical Investigation Regulatory Office	临床研究监管办公室
CITES	Convention on International Trade in Endangered Species of Wild Fauna and Flora	《濒危野生动植物种国际贸易公约》
CITI	Collaborative Institutional Training Initiative	机构合作培训倡议
COI	conflicts of interest	利益冲突
CPIA	Certified Professional IACUC Administrator	持证 IACUC 管理员
CRADO	chief research and development officer	首席研发官
CRO	contract research organization	合同研究机构
CVMO	chief veterinary medical officer	首席兽医官
DAR	Department of Animal Resources	动物资源部
DEA	Drug Enforcement Agency	（美国）禁毒署

DMR	designated member review	指定委员审查
DMRs	designated member reviewers	进行指定委员审查的委员
DOD	Department of Defense	（美国）国防部
EDP	emergency disaster plan	应急预案
EHS	environmental health and safety	环境健康与安全
FAQ	frequently asked question	常见问题
FBR	Foundation for Biomedical Research	生物医学研究基金会
FCR	full committee review	全体委员审查
FDA	Food and Drug Administration	（美国）食品药品监督管理局
FEDRIP	federal research in progress	（美国）联邦在研项目（数据库）
FIPR	facility inspection and program review	设施检查和项目审查（表）
FOIA	Freedom of Information Act	《信息自由法》
FTE	full-time employee	全职员工
GCU	Great Center University	大中心大学
GEU	Great Eastern University	大东方大学
Guide	*The Guide for Care and Use of Laboratory Animals*	《实验动物饲养管理和使用指南》
GWU	Great Western University	大西方大学
HR	Human Resources	人力资源
HVAC	heating, ventilation and air conditioning	暖通空调
IAA	IACUC Administrators Association	IACUC 管理员协会
IACUC	Institutional Animal Care and Use Committee	实验动物管理与使用委员会
IBC	Institutional Biosafety Committee	机构生物安全委员会
ILAR	Institute for Laboratory Animal Research	（美国）实验动物研究所
IO	institutional official	机构负责人
IRB	Institutional Review Board	机构审查委员会
JTWG	Joint Technical Working Group	联合技术工作组
LACUC	Laboratory Animal Care and Use Committee	实验动物饲养管理与使用委员会
MOU	memorandum of understanding	谅解备忘录
MSDS	material safety data sheet	材料安全数据单
NABR	National Association for Biomedical Research	（美国）国家生物医学研究协会
NIH	National Institutes of Health	（美国）国立卫生研究院
NSF	National Science Foundation	（美国）国家科学基金会
OHSP	Occupational Health and Safety Program	职业健康和安全计划
OLAW	Office of Laboratory Animal Welfare	实验动物福利办公室
OPP	Office of the Physical Plant	公共设施工程管理部门
OSHA	Occupational Safety and Health Administration	职业健康与安全管理局
PAM	postapproval monitoring	审查后监督

PHS	Public Health Service	（美国）公共卫生署
PHS Policy	Public Health Service Policy on Humane Care and Use of Laboratory Animals	公共卫生署人道饲养管理和使用实验动物政策（PHS 政策）
PI	principal investigator	项目负责人
POC	point of contact	联系人
PPE	personal protection equipment	个体防护装备
PR	public relations	公共关系
RAC	research animal coordinator	科研动物协调员
PRIM&R	Public Responsibility in Medicine and Research	医学和研究中的公众责任团体
SCAW	Scientist Center for Animal Welfare	动物福利科学家中心
SOP	standard operating procedure	标准操作规程
SVMR	secondary veterinary medical review program	附属兽医学审查计划
USDA	United States Department of Agriculture	美国农业部
USFWS	United States Fish and Wildlife Service	美国鱼类与野生动物保护署
VA	Veterans Administration	（美国）退役军人事务部
VMC	veterinary medical consultant	兽医顾问
VMO	veterinary medical officer	兽医官员
VMU	veterinary medical unit	兽医部门

（范　薇 译；法云智 校；孙岩松 审）

目　　录

第一章 最佳实践会议简介

引　言

动物饲养管理和使用项目相关的国家法规、政策以及指导方针适用于全国范围内各种机构，包括学术机构、私人营利性和非营利性机构以及公共部门。虽然这些要求对所有机构都是通用的，但是为了在满足这些要求的同时也能实现特定项目的目标，不同机构在动物饲养管理和使用项目中的实践各不相同。这些不同的实践基于许多因素，包括使用的物种、执行的程序或机构的研究目标。然而，这种多样性的做法可能会对那些负责实施（管理、经营）计划的 IACUC 管理员、设施管理者以及主治兽医（attending veterinarian，AV）提出挑战。这些人都需要对动物饲养管理和使用项目的成功运行负责，且他们必须确定：什么是正确执行计划的实践？什么是最佳实践？什么是普遍实践？

例如，法规和政策对动物实验做出人道终点的要求，一旦达到就必须采取措施，如将动物从研究中移除，或者采取措施减轻动物的疼痛和应激。许多机构在人道终点的判定上已经建立了相关程序，有明确有效的政策。而有的机构还没有考虑这个问题，在建立人道终点程序或解决相关问题之前会遇到一些麻烦。在某些情况下，各机构在选定的人道终点方面存在差异，得到的结果也可能不同。一些机构可能选择保守的做法，过早地从研究中移除动物，确保没有动物达到人道终点。但这种方法可能会妨碍研究，因为它会停止在到达人道终点之前产生的数据积累。相反，使用不太严格做法的其他项目可能允许动物达到或超过人道终点，这样做有可能无意中允许一些动物经历超过 IACUC 批准的疼痛或应激。假设 IACUC 已经正确地选择了人道终点，对于动物不应该超过规定的人道终点，因此其不会经历不必要的、无法缓解的疼痛和应激。如果超出了 IACUC 规定的人道终点，则此做法不符合委员会批准的动物实验操作。如果 IACUC 在没有科学依据的情况下批准了一个超过人道终点的做法，那就是不合规的。执行人道终点的多样性将导致相同或相似研究的不同结果。

因此，IACUC 管理员应该怎样做才能引导机构领导和 IACUC 成员选择适当的实践，在促进良好科学研究的同时，提供人道的动物饲养管理和使用，以符合管理指南呢？

最佳实践会议的历史

2005 年，大约 50 名 IACUC 管理员召开了一次会议，讨论动物饲养管理和使用项目的实施。本次会议的目标是探讨在相同环境下管理项目的相似性和差异性。

参会者发现他们的计划之间都存在差异，尽管大多数差异是细微的，但在程序和作用上有较大差别。参会者感谢并受益于他们的同行在解决自己机构的运行问题时所使用的创意性和创新性做法。

IACUC 管理员开始进行同行教育——利用他人的经验来增强自己对管理指南及其实施过程的理解和掌握，这可以帮助他们的机构在特定情况下实现"最佳实践"（best practice，BP）。在首次会议之后，许多 IACUC 管理员仍然保持联系。因为他们很快发现，分享知识和培训同行的做法可以提高管理项目的一致性。IACUC 管理员也希望与他们的同行建立相互支持和专业互惠的联系。

这种教育和网络的理念驱动 IACUC 管理者去寻找解决办法，他们找到了分享机构项目实施过程的成功想法和有效解决方案的途径。BP 会议是 2005 年讨论的结果。系列的 BP 会议为 IACUC 管理员提供了一个可靠的论坛，为解决可能遇到的困难寻找可行、实用的解决方案，也为他们提供了分享成功的途径。一直在努力寻找解决方案的 IACUC 管理员利用 BP 会议来寻求帮助，并选择有利于其机构工作的实施方案。

在安全环境下，这种开放式分享的做法使许多动物饲养管理和使用项目受益。BP 会议提供了一个可以建立人际关系网络、共享资源、促进同行间咨询的论坛。BP 会议能提高 IACUC 管理员迎接挑战的勇气，并提供参与角色扮演的机会，这些活动有助于个人评估和专业发展，有利于这些管理员所负责项目的整体利益。

自 2005 年以来，来自美国和加拿大的 IACUC 管理员持续举行年度 BP 会议。截止到 2010 年，300 多名 IACUC 管理员定期参加 BP 年会。大约 55% 的 BP 会议与会者来自学术界，35% 来自私营企业，10% 来自美国政府机构和加拿大政府组织。最初的会议都在宾夕法尼亚州立大学附近的宾夕法尼亚州立学院（宾夕法尼亚州立大学主校区）举行。该会议更像是一种社区会议，因为会议远离了举行常规全国性会议的地方。会议形式很随意：与来自大约 50 个机构的 60 名管理同行进行圆桌讨论。最多 60 名参会者进行小组讨论和互动。每年的会议持续 2 天，IACUC 管理员与志同道合的同行讨论他们的问题和面临的挑战。每次 BP 会议的议程都是由参会者在会议前决定的。这种形式确保了会议讨论内容明确，都是与会者重视的监管问题。在每一次 BP 会议上，参会者轮流担任主持人、培训师、协调员以及学员——这是最好的同行指导过程。

行政管理部门代表和项目认证代表也参加了 BP 会议。第 1 天，来自实验动物福利办公室（Office of Laboratory Animal Welfare，OLAW）、美国农业部（United States Department of Agriculture，USDA）以及国际实验动物饲养管理评估与认证协会（Association for the Assessment and Accreditation of Laboratory Animal Care International，AAALAC）的代表出席会议。这些部门代表听取管理员的意见，并汇总符合规定的最佳实践建议；必要时，他们还提供行政管理或认证的观点。第2天，只有 AAALAC 代表参加会议，这为参会者提供了咨询认证相关问题的机会。每次 BP 会议都安排讨论落实日常工作的有效方法。会议讨论的重点不在法规，而是关注基于满足动物福利法规和政策要求的方法。

随着 BP 会议的价值为实验动物行业所熟知，个人注册请求不断增加。小型会议（最多 60 名参会者）是成功举行的必要部分。因此，2008 年增加了年度第二次会议，现在 BP 会议每年召开两次。每次会议都保持相同的组织形式和安排。议程由参会者决定，所以每次会议都是独一无二的，而且都很成功。会议地点在宾夕法尼亚州立大学会场，费用合理，会议组织机制成熟，参会者对这个会议地点也很满意。

随着 BP 会议影响力不断提高，越来越多的机构希望参与同行教育和建立网络联系。为了让更多的机构参加，2010 年 BP 会议组织者决定在宾夕法尼亚州立大学以外的地方召开会议。2010 年的第一次会议在北卡罗来纳州的达勒姆召开。

达勒姆召开的这次会议与之前略有不同，大多数参会者都是本地人，这意味着下班后和晚餐时对话时间较少。和以往所有会议一样，议程由参会者决定。由于大多数参会者来自东南部，会议议程主要关注当地机构的利益。会议同样采取了小组讨论形式，并取得了成功的结果。

BP 会议形式

为了便于在 BP 会议上进行讨论，参会者自愿就感兴趣的主题（如职业健康和安全计划）主持讨论。他们准备了 5～10min 的幻灯片展示工作中遇到的问题。在某些情况下，主讲人还会介绍其机构如何解决这些问题。在简短的背景介绍之后，所有参会者进行公开讨论。每个人都会发表观点，给他人提供指导，有时还会提出适当的纠正措施。

参会者经常反馈从 BP 会议中获得的交流经验对推动机构相关工作有重要作用。通过参会者集思广益，有效促进了共性工作的提高，如确保动物实验方案与课题项目内容一致、预审查流程的有效实施、更准确跟踪研究中使用动物的程序以及在与同行合作时确保符合机构职责要求等。

会议形式的局限性

2011 年，大约 50% 的参会者是之前参加过会议的重复参会者，这体现了会议的价值和益处。但是，这也妨碍了新的 IACUC 管理员参加会议。由于场地限制，很多人未能参加 2009 年的最佳实践会议。

在该次会议上，参会者讨论了名额限制和有价值资源库的开发问题，确定了

2 项有利于 IACUC 管理员群体的措施：①发展专业教育协会以促进持续的网络和资源共享；②为 IACUC 管理员提供更多参加 BP 会议的机会。

IACUC 管理员协会

在 2009 年的 BP 会议上，参会人员讨论了协会的作用。BP 会议与会者决定成立一个以 IACUC 管理员为主要成员的组织，能促进沟通交流，提供资源共享，并使非兽医人员[特指美国实验动物医学会（American College of Laboratory Animal Medicine，ACLAM）认可的兽医]、动物饲养管理人员[美国实验动物学会（American Association for Laboratory Animal Science，AALAS）会员]，以及科学家（在科学团体中分享知识和技能的人员）产生一种认同感。BP 会议与会者认为，成立一个专业组织将创造新的教育和培训机会，并能将专业的人员凝聚在一起。与会者建议成立一个网站，协会成员可以在网站上找到项目管理的资源、成熟的标准操作规程（standard operating procedure，SOP）、现行的机构政策，以及各种参考方案。与会者都愿意在网上发表工作中处理具体问题的成功经验。协会可以提前筹备 BP 会议报告，可以为 IACUC 管理员安排网络研讨会，也是连接 IACUC 管理员的技术中心。

2009 年 BP 会议与会者通过投票成立了组织委员会，探讨 IACUC 管理员协会的合理性和可行性。在全国范围内对 200 多名与会者进行了问卷调查。问卷反馈率为 40%，其中超过 90% 的人表示有兴趣并希望加入这样的组织。很多参与者表示希望协助该协会的发展。因此，由 2009 年 BP 会议参会者选出的组织委员会成立了几个咨询小组，并开始筹划 IACUC 管理员协会的主要工作。

2010 年，组织委员会向 BP 会议与会者报告成立 IACUC 管理员协会，包括协会的规章制度、主要工作内容以及总体工作程序。IACUC 管理员协会是 501-C3（非营利和免税）教育协会，为指导和教育 IACUC 管理员提供了良好的平台。协会成员都是管理与动物相关项目的人员，也就是在项目管理和项目监督方面"处于同一战壕中的战友"。协会欢迎所有机构加入，尤其欢迎小型机构加入，虽然这些小型机构的资源和经验没有大型机构多。同时，协会鼓励机构成员申请 AAALAC 认证、通过医学和研究中公共责任组织（PRIM&R）认证的执证 IACUC 管理员（CPIA）认证，以及机构成员与 AALAS 合作。

BP 会议

建立正式协会的最重要便利之一是为组织会议提供组织基础，可以 1 年组织 3~4 次 BP 会议，并为不同地区的人员提供参会机会。利用这种方式可以持续进行同行指导，加强全国各地专业 IACUC 管理员的分享、教学以及培训。

　　BP 会议的规模不断扩大，这本参考书对以往的会议内容进行了汇总。作者从 BP 会议相关资料中收集写作内容，并将这些信息提供给同行，加强动物饲养管理和使用项目。书中所述的场景都基于虚构的机构——大东方大学（GEU）、大西方大学（GWU）以及大中心大学（GCU），在这些机构中所有的错误都经常发生。您会发现许多情况都适于自己的机构！这就是这个工作的价值所在。我们讨论别人遇到的困难，并吸取他们的经验教训，以改进、增强或调整自己的做法。

　　在所有案例中，建议和结论都完全符合法律法规与政策要求。如果本书中的内容能够帮助读者单位增强项目成果产出、改善动物福利或加强可靠和成功的研究或教学成果基础，敬请采纳。

（张　涛 译；邱业峰 校；范　薇 审）

第二章　IACUC 管理员办公室架构

场　　景

大东方大学（GEU）已经发展到一定规模，旧的流程不再像过去那样有效运行。该机构希望开发一种能够满足研究团体需求、完全符合监管期望，且与项目各方面没有利益冲突的办公室架构。

GEU 的动物资源项目（Animal Resource Program，ARP）主任，也是 IACUC 的主治兽医（attending veterinarian，AV），在过去的 15 年中一直负责 IACUC 的行政管理。在最近的一次会议上，该机构负责人（institutional official，IO）建议设立一个单独的办公室来管理 IACUC 的研究支撑、操作合规和行政支持。AV 并不赞成这一改动，并坚定地表明有必要由他管理动物资源项目，因为他负责确保研究和教学中动物的健康与福利。

IO 表示，继续目前的安排就像"狐狸监视鸡舍"。他指出了几年来该项目的变化，并表示担心公众会对这个报告架构产生这样的看法：这个旨在确保该机构的兽医护理程序符合管理动物使用的联邦法规和政策的项目，是被兽医工作人员控制的。IO 的结论是，GEU 将成立一个研究合规办公室，以保证公众的积极认知，并加强该机构的动物饲养管理和使用项目的总体规划。

在过去的 BP 会议上进行的讨论确定了两种常见的办公室架构。在某些情况下，机构的行政办公室向 ARP 主任报告；在其他情况下，成立一个合规办公室如研究副总裁办公室，通常由其直接向高级行政领导报告。但在大多数情况下，机构正在从向 IACUC 管理员报告转为向 AV 报告，在很大程度上我们相信这种情况存在着内在的冲突。

办 公 模 式

BP 会议的与会者概述了至少两种不同的办公模式，各机构正在有效地使用这些模式。

研究合规办公室

当前对科研管理的趋势是，各机构设立一个办公室，负责具体任务，确保该机构遵守有关在研究、教学和测试中使用动物的联邦法律与政策要求。动物管理团队通常由动物管理和使用方面的专家（如兽医、兽医技师、持证动物饲养管理技师，以及其他具有动物管理和使用专业知识的个人）组成。研究合规团队通常由有联邦指令、政策方面专业知识的工作人员组成，有时候对这些人员还有持证要求。在 BP 会议期间对 IACUC 管理员（约 135 名受访者）进行的一项调查表明，随着机构每年向 IACUC 提交的呈报文件数量增加，这些机构设立研究合规办公室的可能性也会增加。例如，数据表明，在年处理超过 400 份呈报文件的机构中，85%的机构设立了研究合规办公室以管理合规问题。通常，一个机构的研究合规办公室会成为负责研究的副总裁办公室下的一个部门。

通过 ARP 主任进行管理

第二种通行的办公室架构是让 IACUC 行政部门向 ARP 主任报告。在这种模式下，管理 IACUC 项目日常活动的人和负责动物管理项目的人向同一个人报告。这种做法的主要优点是效率高。管理部门无须与其他办公室沟通，管理动物并直接解决合规问题只需通知 IACUC。

这种模式被广泛接受。然而，该模式也存在这样的隐忧，即当 AV 监督动物饲养管理和使用项目并管理其合规性时，缺乏一个制衡系统，这可能会损害项目的完整性。调查数据表明，目前的趋势是 AV 监督兽医护理项目，由 IACUC 管理员管理整个动物饲养管理和使用项目的合规性。IACUC 是两个人之间的纽带。

在这种模式下，GEU 动物饲养管理和使用项目的合规性与兽医护理部分由 ARP 主任监督。因此，ARP 主任不仅监督照料动物的兽医，还向 IACUC 提供监管指导，IACUC 最终负责确认项目的合规性。在这种情况下，缺少了由一个独立的合规办公室这样的团队来验证项目合规性的力度。

例如以下场景：在半年的设施检查中，IACUC 成员发现一只猫的前爪上有绷带。因此，该委员会成员要求审查该动物的健康记录。记录显示，这只动物的爪子因为不小心被笼门夹伤而包扎了绷带。此外，记录还显示，兽医工作人员每天都对该动物进行了观察，但没有更换绷带，或者在过去 7 天里没有检查到伤口的病变。但在这个过程中，兽医技术人员发现伤势已发展为严重感染，因此需要对动物实施安乐死。

ARP 主任将此事提请 IACUC 关注。在与 IACUC 的讨论过程中，ARP 主任表示，从监管角度来看，出现健康问题的动物应接受直接和定期的兽医护理，直到其恢复健康。她指出，兽医工作人员每天都在观察这只猫。IACUC 成员对动物接受的护理不足表示担忧，并认为该问题应被认定为兽医护理项目中的缺陷，必须向实验动物福利办公室（OLAW）和国际实验动物饲养管理评估与认证协会（AAALAC）报告。ARP 主任表示，该动物每天都由兽医工作人员进行治疗，尽管不幸因感染导致了安乐死，但这并不是兽医护理不足的结果。

对这种特殊情况存在的担忧是，如果问题被定义为兽医护理不足，ARP 主任就会因同时也是 AV 而受到负面影响。IACUC 管理员很矛盾，因为一方面他们直接为 ARP 主任工作，另一方面又了解到监管机构前期在其他机构观察到类似情况，且发布了"兽医护理不足"的调查结果。

在这种特殊情况下，ARP 主任应向 IACUC 提供信息，并主动回避委员会审议过程。委员会应该在合规的背景下解决这个问题，并确保兽医护理项目按照标准运行。ARP 主任向委员会解释的条例并不具体或不明确，但有利于 AV 的直接报告。委员会应采纳"兽医护理不足"的意见，并进一步调查兽医工作人员在日常检查中到底做了什么。

ARP 主任可以有效管理动物饲养管理和使用项目的合规部分，但可能会出现需要讨论立即回避的情况，以防止出现可能损害项目程序完整的直接或间接冲突。

多少全职员工才能有效运营 IACUC 行政办公室？

最佳实践会议与会者得出结论，有效运营 IACUC 行政办公室所需的员工人数取决于很多因素。例如，新呈报文件的数量、新的呈报文件是否全部由 IACUC 审查或者特定呈报文件由全体委员审查、提案是否每年或每三年审查一次、年度进度报告是由行政管理人员还是全体委员审查以及其他一些因素等，都会决定 IACUC 办公室需要多少全职员工（full-time employee，FTE）。在许多机构的实践中发现，AAALAC 认证要求、多地址的饲养设施以及使用 USDA 管辖的物种等，都是要求 IACUC 行政办公室配置更多全职员工的因素。

呈报文件的数量

动物饲养管理和使用项目中可能会影响机构全职 IACUC 管理人员的数量的最明显、最可衡量的部分是每年处理的呈报文件数量。呈报文件的数量可作为认定项目规模的指示物。在所有机构中，必须有一名员工负责接收呈报的文件，并将其分发给 IACUC 审查。无论项目是机构内部的，还是从供应商处购买的数据/跟踪系统，审查过程中都会花费大量的时间，并且时间会随着呈报文件数量增加而增加。此外，一旦呈报文件获得 IACUC 批准，行政工作人员将需要额外的时间来监控方案的状况（如项目的有效期）。在过去的 BP 会议上收集的调查数据表明，随着机构项目数量的增长，单个 FTE 处理的呈报文件数量也会增加。根据 BP 会议调查数据，维持 200 个或更少在研方案的机构通常有一名全职 IACUC 行政专业人员。拥有数百个在研方案的机构中往往每一个 FTE 平均管理 200～250 个方案。这大致相当于每个 IACUC 管理人员每月管理 15～30 个新方案，但这一数量必须根据物种进行调整（灵长类研究比小鼠繁殖活动需要更多人手）。根据机构代表的讨论结果，人力资源投入取决于机构的财务能力。

BP 会议与会者还通报说，那些管理少于 200 个在研方案的机构通常会做线下审查，而那些保持着 500 个或更多方案的机构则倾向于使用一种或几种形式的电子系统。例如，在规模不大的研究机构中，申请的纸质副本提交给 IACUC 办公室，并由 IACUC 管理员进行审查。在某些情况下，它会返回给项目负责人（principal investigator，PI）进行修订，但最终由 IACUC 管理员制作纸质副本，并转发给 IACUC 成员进行审查。审查过程完成后，这些文件将被汇总成一个文档，并由 IACUC 管理员进行线下归档。

拥有较多实验动物使用方案基数和没有大的预算限制问题的机构一般会购买计算机软件系统，使部分流程自动化。这样，IACUC 管理员可以审查提交文件的电子版（包括 PDF 文件），并通过电子邮件将其转发给委员会成员进行审查。提交文件经 IACUC 批准后，IACUC 管理员以电子文档方式将文件保存到网络服务器。

动物使用者数量

除一个机构每年收到的呈报文件数量外，使用动物的教职员工数量也可能会影响办公室运行所需的全职员工总数。在某些情况下，IACUC 管理员规定特定的办公时间，以便与项目负责人、学生或其他有兴趣讨论方案准备相关问题的人会面沟通。一些 IACUC 管理员会开发多种形式的继续教育，包括课堂演示、在线培训或电子邮件通知等。大多数 IACUC 管理员与拟向 IACUC 提交方案的 PI 的第一次会面，都与专门协助 PI 开展与方案编制和提交相关。在这些会议中，IACUC 管理员经常讨论在 IACUC 提交方案时相关程序的制定过程及遇到的困难。

"其他因素" 变量

还有其他因素对人力资源需求有重大影响——机构是否获得 PHS 认可、AAALAC 认证、是否使用 USDA 管辖的物种，以及收到的外部资金金额。

PHS 认可

如果一个机构（如来自美国国立卫生研究院、美国食品药品监督管理局、美国疾病预防控制中心等）接受 PHS 基金，则需要 PHS 认可。

维护认可需要定期向 OLAW 重新提交认可文件，以及关于动物饲养管理和使用项目状态的年度报告。每一份文件都很重要，可能耗时巨大才能形成一份完整而准确的提交文件。

PHS 认可还要求每半年对项目（项目运行方式）和设施（动物管理方式）进行一次审查。在不同规模的项目之间进行项目审查所需的时间和资源几乎无变化，但 IACUC 管理员必须投入大量时间进行设施检查。在一些项目审查中，IACUC 管理员还要作为记录员或参与者，这对 IACUC 管理员来说尤其耗费时间。PHS 认可所需的大多数附加文件与维护 AAALAC 认证所需的文件相同，将在下一节中介绍。

AAALAC 国际认证

维持 AAALAC 认证的机构必须准备并提供一份书面文件，描述其动物饲养管理和使用项目。这个过程包括在 AAALAC 提出的大纲中描述项目的所有活动。该大纲详尽无遗、事无巨细。一份完整的项目说明将包括以下内容，例如，所有动物设施的清单，以及每个设施的相关信息，如房间大小，供暖、通风和空调（heating, ventilating and air conditioning，HVAC）参数，是否有外侧窗，构成地板和墙壁的材料（瓷砖天花板、砖墙），门是金属的还是木头的，是否有观察窗等。除描述每个房间的物理组成外，该文件还必须讨论 IACUC 的工作实践，如规定指定委员审查和全体委员会的审查方式、委员会的组成、参与项目的人员资质、职业健康与安全计划、机构的应急计划和其他相关程序。机构必须维持并向 AAALAC 提供一份由委员会监督的批准项目的最新清单，作为书面文件说明的一部分。例如，清单应包括项目负责人的姓名和联系方式、项目/方案编号、研究中使用的物种以及活动的相关简述。IACUC 管理员还应定期编制和更新平均每日动物数量表。文件完成后，IACUC 管理员需要制定流程来监控并保持其最新状态。

和维持机构的项目简述外，IACUC 管理员还应制定与 AAALAC 合作的计划。AAALAC 认证必须每三年更新一次。更新过程包括每三年提供一次更新的项目说明，并与 AAALAC 团队合作协调和执行现场考察。IACUC 管理员还需要收集和维持提交给 AAALAC 的年度报告中提供的信息。例如，IACUC 管理员将更新设施信息，并在报告中提供年度动物使用记录。IACUC 管理员还需要向 AAALAC 报告不合规事件。当动物使用活动发生在机构之外，且这些动物为已经归认证机构所有时，IACUC 管理员需要监督合作机构的认证状态。如果合作机构未获得 AAALAC 认证，IACUC 管理员需要通知所在机构合作管理办公室和 IACUC，并应制定条款以确保相关研究工作在认可的条件下进行。当机构获得 AAALAC 认证时，IACUC 管理员通常作为 AAALAC 的认证项目负责人，并处理所有与认证相关的活动。

USDA 影响

管理使用 USDA 管辖物种的项目的 IACUC 管理员需要制定一个流程，以收集 USDA 年终年度报告所需的信息。IACUC 管理员将检查方案和动物使用情况，并在数据库或同等数据收集系统中记录研究、教学或测试活动中使用的每个 USDA 管辖物种的总数。数据库还必须记录预期使用动物的疼痛级别，即动物是否被用于 USDA 管辖的活动，是否使用的是仅涉及最小疼痛和应激的操作，或是否使用的是通过止痛药缓解疼痛或应激的操作，或是否使用的是无法缓解的疼痛和应激的手术。此外，IACUC 管理员需要明确识别用于无法缓解疼痛或应激操作的动物，并记录项目负责人对于不能使用止痛药物的理由。IACUC 管理员必须保留 IACUC 批准的、那些偏离了 AWAR 规定的操作规程清单。在每个联邦财政年度（上一年度 10 月 1 日至本年度 9 月 30 日）结束时，各 IACUC 管理员将编制一份报告，其中包括全年保存的信息，并在本年度 12 月 1 日之前提交给 USDA。

资　金　影　响

开展大量由外部资金支持的动物研究的机构（如 PHS 资助的机构、国家科学基金会）通常比那些只使用内部资金的机构（如很多制药公司）需要更多的管理人员。例如，PHS 资助机构要求机构 IACUC 审查并批准拨款中确定的所有动物使用程序，然后才能将资金发放给该机构。在从 PHS 获得资金的机构中，IACUC 管理员可能需要将大部分时间用于确保项目负责人在获得基金的同时也获得动物使用程序的批准。这一过程可能包括让 IACUC 管理员代表机构实施方案和基金一致性审查。此外，许多机构要求 IACUC 管理员制定和执行开展 IACUC 方案与基金一致性审查（在后面的章节中讨论）的方法，以确保 PHS 资助的研究按照基金项目书和批准的 IACUC 方案中描述的内容进行，且对动物活动进行程序的修改不仅要提请基金批准部门注意，也要提请 IACUC 注意，以供审查和批准。该过程可能包括获取项目负责人向基金批准机构提交年度报告副本，或定期与项目负责人交流。

小　　结

基准测试是确定所需 IACUC 行政支撑职能的规模以及 IACUC 管理员数量的一种具有挑战性的方法。支撑办公室的规模以及一个机构聘用来管理和维护其项目的 IACUC 专业行政人员的数量，取决于该办公室开展的活动数量。尽管"保持的在研项目"不是唯一考量的因素，但它确实为确定动物饲养管理和使用项目中的办公室规模、人员数量或监督要求提供了参考基础。表 2.1 中概述的数据是通过调查过去参加最佳实践会议的人员获得的，可能会为人员配置提供更多指导。

表 2.1　确定动物饲养管理和使用项目规模的原始数据

预期方案数量区间	样本量	平均全职 IACUC 专业人员	每个全职 IACUC 专业人员的方案数	平均 IACUC 成员数	每个 IACUC 成员的总方案数
100 以下	73	3	33	8	13
100～200	19	6	36	11	19
200～300	11	2	188	13	23
300～400	8	2	174	15	27
400～500	7	2	250	16	32
500～1000	5	3	385	16	62
1000 以上	3	5	213	6	61

谁来做什么？一旦机构确定了 IACUC 管理办公室要管理和监督的活动，应考虑将责任落实到特定的职位。例如，一个拥有大约 500 个 IACUC 在研方案的机构，获得了大量的 PHS 资金，使用了 USDA 管辖的物种，拥有分散的饲养设施（例如，在一个州的不同地点饲养动物），并且有一个小型的生物安全项目，可能会决定聘用至少 4 名合规联络人员，以确保足够的内部评估、培训和协助。

机构可以选择由一名合规联络人员管理方案审查，包括生物安全委员会审查（默认生物安全计划规模较小）。他们可以决定指派一名工作人员进行一致性审查，促进机构与监管和认证组织之间的正式联络，并处理不合规的行为。他们还可能决定需要另一个人来监督批准的方案（审查后监督），还需要一名工作人员管理与该项目相关的一般日常事务。

一旦确定了职责，机构通常会根据职责为每个职位分配一个头衔。尽管机构的业务各不相同，但通常机构将管理方案审查和协调 IACUC 会议的人称为 IACUC 管理员。那些监督已批准方案的人被确定为审查后监督员/联络人，而那些进行一致性审查和处理不一致性的人是合规协调员。一般认为部门经理由研究合规助理主任、副主任或主任担任。

在这种特定场景下，在员工之间分配的职责描述如下。

IACUC 管理员 IACUC 管理员将接收并处理办公室收到的所有提交的 IACUC 和生物安全文件。他（她）将对文件进行预筛选，并将其提交委员会审议。他（她）还将制定会议议程，促进会议召开，并完成会议记录。IACUC 管理员还将担任 IACUC 的主要合规监管员，确保委员会了解方案所有相关问题的最新情况。

合规联络员（审查后监督员，postapproval monitor） 合规联络员将定期访问进行研究的项目负责人，并确保他们在方案允许范围内工作。他（她）可以回答特定问题或提供现场培训。合规联络员可安排和协调每半年一次的设施检查。

合规协调员 合规协调员通常协调与不合规相关的所有事务。他（她）可以促进 IACUC 调查，与项目负责人良好沟通，确保执行 IACUC 实施的任何制裁均符合提交给监督机构的计划和时间表的规划，并向适当的部门（如 OLAW、USDA 和 AAALAC 等）提交报告。合规协调员还将进行方案和基金一致性审查，以确保项目负责人和机构符合 NIH 基金政策声明的条款与条件（参见 http:// grants. nih.gov/grants/policy/nihgps_2012/index.htm）。

主任 主任为专业的合规员工提供指导和监督。他（她）将最终负责确保合规办公室开展的活动准确且符合联邦政策和授权。主任还应研究提高办公室工作总体效率的方法。

雇用 IACUC 行政人员

一旦确定了每个职位的职责和头衔，机构就会为每个职位确定并聘用合适的人员。机构可以发布公告来说明职位空缺。这些公告不仅要告知该职位的职责，还要确定该职位必须考虑的个人资质。

资质：什么是重要的？

各机构确定的所需资历各不相同，但在过去的 IACUC 管理员 BP 会议上确定了一些基础一致性的要求。例如，大多数机构都认为主任应该有管理复杂项目的经验，比如机构的研究合规项目，以及监督人员的经验。他（她）应该详细了解管理研究活动的标准，以及具备监督和领导经验。机构经常寻找同时拥有学士学位和 5 年以上相关领域经验或拥有硕士学位的人。IACUC 管理员、合规协调员和合规联络员必须详细了解在研究、教学和测试中使用动物的标准。他（她）必须能够为法律顾问和委员会成员提供指导。IACUC 管理员的常用资质包括有 3～5年工作经验的学士学位，并且已经或正在成为持证 IACUC 管理员（certified professional IACUC administrator，CPIA）。其应具备人际交往所需的关键技能，包括在压力环境下保持冷静和有效沟通的能力。服务于机构的 IACUC 管理员或合规联络员经常会与在工作中易怒的人交流。在这种情况下，最好拥有举止沉着且头脑冷静的员工。另一项关键技能是在团队中独立承担任务的能力。换句话说，最成功的 IACUC 管理员总是在观察情况，以找到造成困境的原因（方案是否解释不足？笼子是否可用？）以及思考采取系统性解决方案的方法，以防止在后续或类似情况下出现类似问题。

职位公告

机构发布不同的职位公告以便为空缺岗位作广告。公告通常包括职位名称、职责和资质。BP 会议与会者表示，当他们的机构专门通过多媒体支持的 IACUC 活动渠道，如 IACUC 管理员群组服务、《比较医学杂志》(Comp Med)，或使用医学和研究中的公众责任团体（Public Responsibility in Medicine and Research，PRIM&R）和实验动物福利培训交流（laboratory animal welfare training exchange，LAWTE）工作职位展板发布职位时，他们获得相关合格候选人申请该职位的机会就会增加。附录 1、附录 2 和附录 3 中提供了职位公告示例。

进行面试

在公布空缺名单并确定潜在候选人后，各机构开始安排面试。曾参加 BP 会议的人员确定了一些流程，这些流程可在面试过程中用于帮助确定最佳候选人。例如，一些机构要求候选人向特定群体（如 IACUC 成员、其他办公室工作人员和项目负责人）做一次演讲，如"遵守研究法规的重要性"或"研究中动物的人道使用"。演讲让面试官有机会了解应聘者如何很好地组织自己的观点，并确定他（她）在听众面前的演讲能力。

一些机构给候选人案例来评估，并与一组经验丰富的协调员进行讨论。例如，一个候选者可能被要求评估在研究活动中二次使用一只犬是否恰当，这只犬在另一个项目中已经经历了两次大型多次存活手术。这种情况可能表明这样做是恰当的，因为动物的再利用将保护宝贵的动物资源。候选人可能会被要求讨论节约资源以及伦理标准要求不采用经历过生存手术的犬进行更多的研究的两难困境。

其他机构在面试期间进行的其他活动包括：①IACUC 和行政人员的提问；②午餐时间与主任和直接领导的交流，以评估候选人的沟通效率；③要求候选人对提案进行初步筛选，以确定其监管能力水平。

机构经常让每名面试官填写一份对应聘者的评估表，以确定面试官是否认为应该就该职位对应聘者进行进一步考察。

实施推荐人检查

招聘 IACUC 管理员的一个主要组成部分可能是背景资料审查流程。机构通常会了解申请人过去在其他机构的动物饲养管理和使用项目中扮演的角色。如果选中的候选人从未从事过动物研究，该机构通常会对候选人对于如何看待用于研究活动的动物的观点感兴趣。例如，不支持将动物用于研究活动的候选人对于机构来说可能不太好，故而该职位可能不太适合这样的申请人。那些反对使用动物的候选者可能无法批判性地考虑使用动物的风险/收益，并可能在评估研究动物法规是否被恰当应用的问题时采用更复杂的方法。

汇报线：谁向谁汇报？

机构经常根据职责建立直接汇报关系，根据互动的关键性和必要性建立间接汇报关系。例如，IACUC 管理员可以根据行政管理层级向主任作行政报告（直接汇报），也可以根据工作职责向 IACUC 和 IACUC 主席作运行报告（间接汇报）。

直接汇报线

各机构已经确定了多条报告线，并为员工管理层制定了各种方式。默认情况下，主任位于组织结构图的顶部，负责监督该部门的工作人员。然而，在整个行业中，部门内的其他人有不同的报告线。一种常用的方法是让 IACUC 管理员直接向主任报告，并让其他人向 IACUC 管理员报告，因为他或她在监管要求方面经验最丰富。此外，由于 IACUC 管理员应为动物饲养管理和使用项目提供全面的行政支持，而合规联络员和合规协调员的活动对部分项目有直接影响，相关人员必须由 IACUC 管理员进行行政管理。换句话说，合规联络员或合规协调员的调查结果可能会导致影响 IACUC 管理员对整个项目的管理。因此，IACUC 管理员可以对程序进行必要的更改，并在必要时直接与 IACUC 互动。附录 4 和附录 5

提供了在最近的 BP 会议上提供与讨论的常见人员组织配置图示例。

间接汇报线

除直接汇报线之外，机构建立间接汇报线也很重要。BP 会议的与会者认为，当 IACUC 管理员对动物饲养管理和使用项目部分内容进行更改或优化，需要另一个区域主任的介入，并需要同意和确认时，确定报告线非常重要。厘清关系和职责会使沟通更清晰、更有效。

用下面的场景来明确说明需要直接和间接汇报的职权范围：在对机构的职业健康和安全计划进行分析之后，IACUC 管理员确定动物笼具清洗区域内的个体防护设备（personal protective equipment，PPE）不足或可能未按规定使用。因此，合规协调员要求机构提供额外的 PPE，如护目镜和听力保护用具。IACUC 管理员根据设施半年检查期间的观察结果作出决定。他认为，由于该机构有责任将与动物使用相关的个人风险降至最低，并且他代表该机构行事，因此有权作出加强 PPE 配置的更改决定。在该案例中，当环境健康与安全（EHS）主任和 ARP 主任接到这个决定时产生了抵触情绪，两位主任都要求了解作出该决策的依据。事实上，EHS 主任表示，该区域最近才投入使用，而且声级远低于职业健康与安全管理局（Occupational Safety and Health Administration，OSHA）要求听力保护的阈值。她还表示，提供了护目镜，但由于没有可能导致眼睛受伤的直接风险，因此护目镜是选戴的。

上述案例表明，决策通常需要依据多次调研获得的信息；管理者理所当然地应该识别间接报告（即 EHS、ARP、公共关系和职业医学的主任），以避免混乱并维持团队合作环境，确保机构内各部门之间保持良好的工作关系。

业 绩 数 据

主任通常需要建立方法来评估他们管理的项目的有效性。例如，机构可以选择记录每年检测到的不合规事件的数量。这些数据有助于确定合规水平是逐年上升还是下降，或者可以用来衡量检测不合规能力效率是上升还是下降。例如，在 5 年内，不合规事件减少 80%，这可能表明 PAM 计划有效地确保并提高了机构对联邦指令的遵守程度。主任也可选择实验方案审核的合规符合率数据进行业绩评价。例如，机构可能会记录从研究人员处收到的经审查批准的方案数量，以及在批准前需要返回项目负责人进行修改的方案数量。如果批准前需要修改的方案数量在 5 年内减少，这些数据可能表明该机构关于准备完整 IACUC 提交文件的项目负责人的培训计划是有效的，并且正在提高计划效率。主任可收集 IACUC 审查和批准提交文件所需时间的数据。同样，如果审核时间呈下降趋势（即一个项目常规的批准时间在三年内从 30 天减少到 10 天），这表明项目中实施的流程正在提高办公室的整体效率。

提高效率和工作职能

通常，机构预算限制了聘用多名工作人员来管理研究合规办公室。一个可提高效率的方式是识别机构内那些工作职责与研究合规性有重叠的部门。例如，如果该机构有一个安全部门和一个 IACUC 行政办公室，那么在这两个办公室之间建立合作关系就能进行工作量的分担，并减掉了 IACUC 进行方案批准所需的安全检查的环节——安全办公室简单的"许可"可能就足够了。IACUC 成员一起同时对实验室附属设施进行半年一次的 IACUC 设施检查和安全检查，这是另一个可最大限度为机构创造价值、并尽可能地减少研究人员苦恼的例子。

另一个简单的手段是分担工作量。在使用动物的研究科学家的数量远远高于合规工作人员数量的情况下，机构会招募更多的科学家加入委员会，以审查方案，从而减少合规工作人员预先审查提交材料的数量。在一些机构中，EHS 的工作人员被任命为 IACUC 成员，并同时代表 IACUC 和机构生物安全委员会（Institutional Biosafety Committee，IBC）参加半年一次的设施检查。管理部门要求 EHS 成员不仅在巡查期间检查动物设施，而且至少每年对该设施进行一次环境风险评估。这种做法通常符合他们当前的相应职责，也符合职业健康和安全要求。

总之，没有单一的模式，甚至没有一个最优模式来解决动物饲养管理和使用项目的管理问题。然而，各种规模的机构都采用了一些成功的模式和许多成功的手段。机构最为成功的不是完全照搬另一个机构的程序，而是识别并选择其中能够对自身行之有效的手段。一个机构的动物管理和动物使用项目没有一刀切的管理模式。

（巩　薇译；梁春南校；范　薇审）

第三章 IACUC 管理员的岗位与职责

场 景

最近，小东方大学（Small Eastern University，SEU）只有史密斯博士一人与毗邻的大东方大学（Great Eastern University，GEU）同事合作，在 PHS 资助的研究中使用活体脊椎动物。所有动物饲养在 GEU 的实验动物设施里以进行动物实验。实验动物由 GEU 工作人员负责饲养照顾，动物实验工作得到实验动物福利办公室（OLAW）的同意，并通过了 GEU IACUC 的审查及批准。

最近，SEU 聘请到了一位需要使用动物模型开展研究工作的知名科学家。SEU 校长预计在后续进行的招聘工作中将会有更多的研究人员需要使用动物模型。校长认为如果 SEU 有自己的动物饲养管理和使用项目，这将有利于招聘工作。所以，他指派分管科研项目的副校长启动了相应项目。副校长将科研大楼地下室的一个房间用于小鼠饲养，并决定由最具法规监管和生物安全监管经验的利奥负责建立动物饲养管理和使用项目。因此，利奥担任了 IACUC 管理员和生物安全委员会管理员的双重职位。作为奖励，他在大学车库里得到了一个免费停车位，但并没有因此获得加薪。

通过参加 IACUC 101 和 201 的培训，利奥了解了动物饲养管理和使用项目的内容，以及涉及动物研究活动管理的有关政策和法规，在此基础上开始制定动物饲养管理和使用项目。另外，他还参加了 BP 会议，并与具有丰富经验的同行进行了专业上的沟通，其中一些同行在 SEU 附近的机构工作。在 BP 会议上，他收集到可用于开展半年检查、实施职业健康和安全计划（OHSP）以及开展研究计划审查的最佳实践范例。同时，他尽可能多地与 AAALAC、OLAW 和 USDA 的代表接触交流，并从他们那里获得有关建立动物饲养管理和使用项目的建议和资源，包括各自机构网址链接等，从网站上可以得到 IACUC 专业人员常见问题的答案，以及认证和证明文件的模板。利奥还参加了 PRIM&R 的 IACUC 年度会议，与许多经验丰富的 IACUC 管理员建立了联系，并收集了有关建立动物饲养管理和使用项目的更多信息。他本来还可以参加动物福利科学家中心（Scientist Center for Animal Welfare，SCAW）研讨会或 AALAS 会议，但因时间或预算的关系没能参加。

利奥很快意识到，除他承担的机构生物安全委员会（IBC）协调员职责外，涉及管理动物饲养管理和使用项目的相关职责过于广泛以致于难以完成。因此，他要求副校长再聘用一名工作人员来履行管理和实施动物饲养管理和使用项目的职责。由于目前工作人员和动物不多，副校长表示暂时无法为该项目投入额外的人力资源。他建议利奥先建立项目，并承诺在项目建立并聘用工作人员后，他将作出评估，并重新考虑额外的人员配备要求。因为没有得到自己期望的回复，于是利奥开始着手建立 SEU 动物饲养管理和使用项目。

利奥的首要任务是建立 IACUC。他认为如果能够找到愿意在 IACUC 任职的教职员工，这将是帮助他实施动物饲养管理和使用项目的免费资源。因此，他招募了 SEU 生物系和心理学系的科研人员，一位该大学会计系的管理员和他的邻居（一名退休牧师）。由于机构没有雇用兽医，他签约了一名当地兽医，让其担任 IACUC 的主治兽医（attending veterinarian，AV）。

利奥和新成立的 IACUC 着手制定了一系列指导方针、SOP 和政策，以此建立起了动物饲养管理和使用项目的框架，邀请聘用兽医负责制定兽医护理计划的方案，请 EHS 和职业医学（occupational medicine，OM）办公室的工作人员协助他建立 OHSP。利奥按照既定的计划向前推进各项工作，按照工作清单逐项检查工作完成情况，发现每完成一项工作又会带出两个新的工作。正如利奥早些时候所怀疑的那样，动物饲养管理项目的复杂性不是一份兼职工作或辅助职位能够应付的，他自己的经历就说明了这一点，IACUC 管理员需要身兼多职，经常需要同时出现在两个岗位上，对一个复杂项目的多个方面进行管理。

在联邦法规和指导文件中规定了机构职责。由于 IACUC 成员通常是志愿者，对他们来讲这是一份兼职工作，而实施动物饲养管理和使用项目的参与者则是全职受雇人员（如监督动物饲养管理的主治兽医），因此，许多机构都设立了 IACUC 管理员职位，希望他能够全面负责动物饲养管理和使用项目的管理，通过向 IACUC 成员提供监管专业知识、确保 OHSP 的运行和合规、提供所需的培训机会，并由 IACUC 管理员担任机构动物饲养管理和使用项目的评估人员和常规流程协调员，来保证项目的合规性。

IACUC 管理员

机构动物饲养管理和使用项目通常由 IACUC 办公室进行管理。该办公室人员负责管理、组织和协调该项目的日常活动，如提供监管专业知识、协调检查、策划 IACUC 会议和安排方案审查。

不同机构对负责协调动物饲养管理和使用项目活动的人员的职务头衔不尽相同。在全美各地不同机构以往的 BP 会议上，其常使用的称谓包括项目管理员、IACUC 协调员、合规协调员和合规联络员，但是，最常用的还是 IACUC 管理员。无论机构如何称呼这一岗位的人员，其负责动物饲养管理和使用项目的职责是一样的。之前的项目曾使用三角关系图表示高级领导（如 IO、IACUC、AV 管理员）

之间的关系，面对动物饲养管理和使用违规行为的日益复杂性和监管的严肃性，过去形成的项目管理的三角关系（如 IO、IACUC、AV 管理员）正在向新的四角关系（如 IO、IACUC、AV、IACUC 管理员）转变。

IACUC 管理员的经验和资质

在每年举行的 BP 会议中，参会者都会不断完善和确定 IACUC 管理员应具备的一般资格。尽管大家的看法并不完全一致，但是都包括以下几个共同点：大多数人应具有相关科学领域的学士学位，并对实验动物使用的管理法规有全面的了解。理想的 IACUC 管理员还应具有 1 年以上的动物研究经验。此外，监督其他工作人员并负责制定最终计划决策的 IACUC 高级管理员通常应接受过动物饲养管理和使用项目与员工管理等方面的培训。

一些机构选择兽医或兽医技术人员作为其 IACUC 管理员。这些机构一般希望找到熟悉和掌握动物实验程序监管要求与实验设计细节的人来担任 IACUC 管理员，如熟悉外科手术细节以及复杂的镇痛和麻醉操作，并对血样采集相关知识有详细了解。

2001 年 10 月，PRIM&R 开始提供专业认证，即所称的持证 IACUC 管理员（CPIA），用于证明该岗位人员的专业水平。拟获得 CPIA 资格的人员必须通过综合考试，证明其精通动物饲养管理和使用的联邦法规和政策。参考人必须具有学士学位，在过去 4 年内具有 2 年有关动物饲养管理和使用的经验或在过去 10 年内有 4 年相关经验，才能获得考试的资格。

除 CPIA 认证外，一些机构还重视由 AALAS 提供的持证动物资源经理（CMAR）和持证动物技术员（即持证实验动物技术员/技术专家），以上两种人员认证也是需要候选人通过综合考试才能获得的。多数机构在招聘职业经理时，通常考虑具有 CPIA 资格的 IACUC 专业人员，因为他们的知识全面且经验丰富。

IACUC 管理员的监管职责

通常来讲，IACUC 管理员的职责是确保机构遵循在研究、教学和测试中护理和使用动物的所有联邦标准。因此，他们必须具备相关法规和项目指南的工作知识。IACUC 管理员必须熟知 AWAR、PHS 政策、《实验动物饲养管理和使用指南》（*The Guide for Care and Use of Laboratory Animals*）（以下简称《指南》）和其他相关文件[如美国兽医协会（American Veterinary Medical Association，AVMA）的《AVMA 动物安乐死指南》和《研究和教学中农用动物饲养管理和使用指南》]，以确保这些法规在其机构中得到应用。

IACUC 管理员是机构中负责确保美国国立卫生研究院（NIH）有关动物饲养管理和使用项目符合 NIH 资助的科研经费和合同指南中规定要求的人员。美国农业部兽医官员（veterinary medical officers，VMO）负责对 USDA 登记在册的研究项目进行检查。IACUC 管理员经常陪同 VMO 检查他们的设施，并提供所有要求的文件，回答 VMO 的问题来配合美国农业部检查。IACUC 管理员需要定期完成并向管理机构和 AAALAC 提交所有必需的报告。他（她）通常与联邦机构联系，讨论项目问题，并就如何解决其机构内的具体问题获得建议。

IACUC 管理员和 IACUC

IACUC 管理员在 IACUC 的决策授权下工作，是 IACUC 的"操盘手"。他们经常与 IACUC 主席密切合作，以确保关键的项目内容得到实现。IACUC 管理员通常是全职员工，仅承担管理 IACUC 和动物饲养管理和使用项目的职责。IACUC 主席是机构的全职教授，在志愿者或兼职人员的工作基础上履行 IACUC 主席的职责。IACUC 管理员和 IACUC 主席讨论 IACUC 职能（如新的或修订的政策）、特定方案或提案修正案[如是否可以通过指定委员审查（designated member review，DMR）的方式审查提案]。IACUC 管理员可以将提交的内容分发给 IACUC 成员，以确保每个成员都有机会在全体委员会会议期间讨论提交的内容。如果不要求召开全体委员会，IACUC 管理员可向 IACUC 主席提出 DMR 的建议。如果这个提议得到 IACUC 主席的认可，IACUC 管理员将通知指定的 IACUC 成员。此外，IACUC 管理员还可以就违规问题与 IACUC 主席讨论，并进行半年一次的项目审查。

IACUC 管理员的主要职能是直接与 IACUC 成员互动并就监管事务向委员会提供建议。他们可能会追踪 OLAW 公告，并定期向委员会更新政策公告和监管指导文件。IACUC 管理员要起草所需的文件和政策，并通过 IACUC 进一步完善，最终成为委员会的实践措施或机构政策。

IACUC 管理员经常充当 IACUC 与项目负责人（principal investigator，PI）的联络人，在需要修改方案时通常会与 PI 进行交流。如在特定方案获得批准之前，他们经常收集和整理 IACUC 期望在特定实验方案获得批准之前作出的修改。然后，他们协助 PI 修改方案并将其重新提交给 IACUC 进行审查。

IACUC 管理员和主治兽医

IACUC 管理员会与主治兽医（AV）合作，通过他们的专业知识和努力从而使工作效率得到提高。当出现监管问题时，IACUC 管理员通常会充当 AV 的顾问，如当发生违规事件时，IACUC 管理员就会在机构监督报告中向 AV 提出建议。

IACUC 管理员可以在协调 AV 与 PI 之间的合作发挥作用。AV 服务于 IACUC，但在出现动物健康问题时也必须由 PI 告知。如果 PI 向 AV 报告了会导致不合规事件的动物健康问题时，AV 作为 IACUC 成员必须将问题报告给 IACUC 以进行调查。如果报告对 PI 产生负面影响，他们就会将自我报告和与 AV 沟通等同于 IACUC 的消极互动。如 PI 向 AV 报告小鼠患病，AV 判定 PI 未遵守 IACUC 批准的人道终点，则会启动 IACUC 调查。调查可能导致 PI 被要求进行与纠正措施相关的培训。因此，PI 会认为在出现动物福利问题时不告知 AV 能保证他/她的最大利益。这一连串的事件将导致项目的最终目标，即人道的动物饲养管理和使用（福祉），无法实现。

IACUC 管理员可以有效地与 AV 合作，并帮助研究人员与 AV 维持两者之间的良好关系。一个 BP 会议与会者机构制定了一项程序，以使 AV 不参与监管研讨，尽可能降低违规的严重性，同时最大化积极的成果，确保未来的动物福祉。他们将下面要描述的过程定义为：有效但不容易做到。该过程由 AV 启动，当 PI 做出动物不良事件报告时，AV 通知 IACUC 管理员。收到通知后，AV 和 IACUC 管理员会在动物设施与 PI 会面。一旦 AV 解决了与健康相关的问题，他（她）就会离开，留下 IACUC 管理员和 PI 讨论是否存在潜在的违规问题。如果 IACUC 管理员发现必须向 IACUC 报告的违规问题，可以向 PI 解释该过程。IACUC 管理员可以说明作出报告所依据的法规，并就如何解决问题提供指导。他们可以讨论调查过程、联邦报告要求和任何其他相关问题。IACUC 管理员可以阐明该事件的负面影响是否会导致其他违规情况，以及 PI 是否可以主动采取任何措施来解决当前问题并防止再次发生。

IACUC 管理员和机构负责人

IACUC 管理员常作为 IACUC 与机构负责人（IO）的联络人，定期向 IO 汇报 IACUC 事务，并在必要时安排 IO 与 IACUC 讨论相关事务。

IACUC 管理员可促进该委员会主席与 IO 之间的会议，以提交诸如半年报告等文件，并解释报告中包含的细节。例如，IACUC 可能会发现动物饲养设施中的暖通空调系统（HVAC）存在问题。IACUC 可能会提出，如果该设施打算继续饲养动物，就必须在规定的时间内解决这个问题。在这种情况下，IACUC 管理员和 IACUC 主席可能会向 IO 解释，所有动物饲养设施都需要一个正常运行的 HVAC 系统。讨论内容可能包括替代方案，如重新安置动物或停止使用该设施。IACUC 管理员会探讨每个潜在决策的后果。例如，推迟纠正措施可能会推迟研究项目，直到确保有安置动物的设施，并需要确定替代的饲养空间。作为讨论的一部分，IACUC 管理员可能会提出预算和计划，其中包括修复 HVAC 系统的时间规划和预计成本。在一些机构中，IACUC 管理员直接向 IO 报告，作为 IO 的执行人员向 IO 报告项目相关问题或关注事项。

IACUC 管理员和其他管理部门

为了确保机构满足动物饲养管理和使用项目的监管要求，IACUC 管理员必须与机构内其他部门的工作人员建立密切的业务关系。例如，每个机构都必须建立一个有效的 OHSP，以保护实验动物从业人员免受与工作相关的危害。IACUC 管理员需要与 EHS 和 OM 的代表紧密合作，才能成功制定该计划。IACUC 管理员及其同事应共同制定 OHSP 的内容（例如，风险识别与评估以及使用适当的 PPE）。一旦团队建立了 OHSP，IACUC 就会对其进行监督。IACUC 可委派 IACUC 管理员负责在监管要求发生变化时确保项目符合要求。此外，IACUC 管理员可以与人力资源部（Human Resources，HR）、公共设施工程管理部门（Office of the Physical Plant，OPP）或其他部门就所需的工作内容进行合作。

IACUC 管理员和监管机构

IACUC 管理员可以作为机构的联络人（point of contact，POC），与 OLAW 和 USDA 政府人员建立工作上的联系。在一些机构中，IACUC 主席或 IO 可能作为监管机构的 POC。联邦政府授权机构建立动物饲养管理和使用项目的自我管理系统。这就要求机构设立 IACUC 来监督项目，并在必要时向联邦机构（OLAW 和 USDA）提交报告。作为一项常规活动，当需要进行指南解读时，IACUC 管理员会联系 OLAW 或 USDA 的专业人员。例如，在 IACUC 会议期间，IACUC 成员可能会讨论在动物研究活动中何时使用试剂级药物是合适的，在作出最终决定之前，IACUC 可能会要求 IACUC 管理员就此问题咨询 OLAW 专业人员，并在后续会议上向 IACUC 报告咨询结果。此外，IACUC 管理员可以咨询 OLAW 专业人员，以确定 IACUC 正在调查的事件是否属于需要向 OLAW 提交正式报告的违规事件。

IACUC 管理员和 AAALAC 国际认证

在获得 AAALAC 认证的机构中，IACUC 管理员通常是 AAALAC 的联络人，负责接收信息请求并协调与关键机构代表（如 IO、IACUC 主席和 AV）的互动。例如，IACUC 管理员负责接收与回应 AAALAC 的"年度报告到期"通知，作为主要参与者负责准备和协调每三年的 AAALAC 国际认证现场查看，包括准备和提交项目说明，与现场团队确定访问行程，并安排现场访问代表和机构代表之间的会议。IACUC 管理员还负责向机构人员（如动物饲养管理人员、科研人员和安全专业人员）解释认证原因与现场访问过程。

IACUC 管理员和项目负责人

IACUC 管理员还需与 PI 和研究团队的其他成员（如学生和博士后）密切合作。IACUC 管理员通常是新 PI 的第一联系人。在多数机构中，新 PI 在向 IACUC 提交他们的第一份实验方案之前会与 IACUC 管理员沟通。IACUC 管理员一般会告知方案提交、批准流程以及时间节点等方面的要求。IACUC 管理员对 IACUC 要求有深入的了解，因此可能会协助 PI 填写第一份方案。IACUC 管理员通过了解 PI 的方案，以便能在 IACUC 会议上对 PI 进行支持。作为 PI 的支持者，IACUC 管理员能提供指导以解决问题并促进项目的批准。

IACUC 管理员应该有表决权吗？

BP 会议与会者曾讨论过 IACUC 管理员作为 IACUC 中有表决权的成员的利弊。50%的机构代表将 IACUC 管理员作为有表决权的成员，这有助于促进动物饲养管理和使用项目某些管理工作的实施，如行政审查或分委会的检查。例如，当 IACUC 管理员是 IACUC 具有表决权的成员时，他们可以为会议法定人数作出贡献，也可作为 DMRs 满足在检查饲养美国农业部管辖物种的设施时须有两名 IACUC 成员在场的监管要求。IACUC 管理员也可担任 DMRs，作为 IACUC 成员参与半年度项目审查。作为有正式表决权的成员，IACUC 管理员可以参加项目相关问题的正式讨论，并在必要时表达少数群体的意见。

另外，当 IACUC 管理员作为 IACUC 有表决权的成员时，也存在一些弊端。例如，IACUC 管理员除承担向 IACUC 提供监管指导和支持的职责外，还必须履行 IACUC 成员的职责，这可能会使其与 PI 的业务关系复杂化。

IACUC 管理员的日常工作是什么？

协调和执行方案的预筛与审查

IACUC 管理员通常是第一个收到向 IACUC 提交申请的人，首先是对提交的方案完整性进行检查，其中包括对文件的预审以确认 PI 已回答了所有问题。IACUC 管理员还需要核实方案中列出的人员是否已完成所需的培训，并已加入了 OHSP。IACUC 管理员经常检查研究所需动物数量的准确性，并确认包含使用动物种类和数量的理由是否科学。例如，在某些情况下，IACUC 还授权 IACUC 管理员核实检索疼痛和应激程序替代方案的文献的完整性和日期。

形式审查的目的是使拟定的动物使用活动方案完整和准确，从而有利于 IACUC 进行更高层次的审查。在形式审查过程中，IACUC 管理员可以根据预先确定的 IACUC 政策执行特定方案，例如将所有手术方案发送给 AV 进行预审，或将涉及疼痛或应激程序的方案提交全体委员审查。

IACUC 管理员也可以按照 IACUC 的规程负责形式审查。例如，IACUC 可将诸如人员变动（PI 变动除外）和资金来源、动物数量的微小调整（啮齿类繁殖群和大型水族箱鱼类少于 10%）以及核准饲养地点变更等审查委托给 IACUC 管理员。IACUC 管理员在确认每个人都完成了所要求的培训并加入了 OHSP 后，可以直接批准增加新的人员。IACUC 管理员也可以对用于特定研究项目中的小鼠数量调整（<10%）作出批准。一旦方案完成形式审查，IACUC 管理员将安排 IACUC 审查。形式审查完成后，方案由全体委员审查（full committee review，FCR）或 DMR 审查。在审查方法方面，一些机构都有规程对其进行了规定，例如，在某些机构中，规程规定所有涉及疼痛或应激程序交由全体 IACUC 会议审查，而其他

内容可交 DMR 审查，前提是 IACUC 成员有机会提前要求 FCR。如果使用 DMR 流程，则 DMRs 必须具备资格并由 IACUC 主席任命。常见的做法是 IACUC 管理员预先选择 DMRs 并由 IACUC 主席批准。

如果方案涉及生物危害性材料，IACUC 管理员可以将方案发送给生物安全委员会或 OHSP 成员进行审查。在这种情况下，IACUC 管理员有责任确保在获得 IACUC 批准之前完成所有必需的审批。IACUC 管理员应对方案中是否存在任何特定的潜在危害进行核查，以确保提供应有的培训。例如，如果 PI 准备使用非人灵长类动物，IACUC 管理员应确认 PI 和其他所有相关人员接受疱疹 B 病毒的安全培训。如果工作人员在农场从事羊的运输工作，IACUC 管理员应确认他们接受过 Q 热培训。如果研究涉及使用肝炎病毒，应建议他们接种疫苗等。

IACUC 管理员通常是所有 PI 提交审查方案的 POC，并与 PI 合作以确保按时对方案进行年度审查，他（她）帮助 PI 确保方案保持最新和准确，并监督获批准方案的实施，确保每 3 年对 PHS 资助的项目进行一次重新审查，至少每年对涉及使用受美国农业部管辖的物种的项目进行一次审查。

组织与安排会议、检查和项目审查

IACUC 管理员通常负责安排会议和协调检查与审查。除协调方案审查外，IACUC 管理员还负责安排 IACUC 会议，这些会议在大多数机构中每月举行一次。在安排会议时，IACUC 管理员通常会联系 IACUC 成员以确定谁能出席会议。开展 IACUC 正常会议需要达到 IACUC 的法定人数。如果确定出席的具有表决权的成员人数不能达到法定人数（超过半数），则有必要安排候补成员出席，以确保出席会议的法定人数，或重新安排会议时间。

IACUC 管理员通常每半年协调一次对动物设施、手术室和其他需要 IACUC 监督的相关空间的检查。IACUC 管理员负责与设施管理人员协调检查工作。一旦设施管理人员确认出席，IACUC 管理员需确定至少两名 IACUC 成员参加对饲养在该设施的受美国农业部管辖的动物进行检查。PHS 政策更为灵活一些，允许 IACUC 确定和使用顾问对机构进行检查。不管是哪种情况，如果 IACUC 管理员是有表决权的成员，他（她）可以是两名检查员之一。还可以考虑安排其他人员参加现场考察，如 EHS 工作人员、兽医、物业工作人员、OM 医生或合规管理员。在检查手术区域和其他位置（如附属设施）等非主要饲养场所时，应遵循相同的程序。IACUC 管理员通常会列出需要检查功能区的清单，IACUC 将依据清单开展对所有相关区域每半年的检查。

除此之外，IACUC 管理员还负责 IACUC 成员规避、继续教育活动、新成员的培训，以及 IACUC 的其他相关活动。

编写和提交报告

IACUC 管理员负责向 AAALAC、IO、OLAW 和 USDA 编写与提交报告。所有开展动物饲养管理和使用项目的机构都必须每 6 个月向 IO 提交一份 IACUC 报告或 IO 报告，内容包括 IACUC 动物饲养管理和使用项目审查的摘要（如具体项目内容的充分性、偏离指南要求的清单和设施检查报告副本），需要讨论项目中存在的严重的或经常出现的缺陷，以及解决这些问题的计划和时间表。当解决问题需要财务支持时，IO 报告可能还包括资金请求。此外，报告还包括设施检查信息（如设施检查清单、发现的缺陷以及所需的解决方案，包括纠正计划和时间表）。IO 报告还包括少数意见声明，即由 IACUC 某个成员或少数代表针对项目问题（如与兽医护理或人员资格和培训有关）表达的书面意见。IACUC 管理员应保留少数群体意见的记录，并将其写入向 OLAW 和 AAALAC 提交的年度报告。

如果一个机构是依据 OLAW 要求来保障动物福利的，那么 IACUC 管理员应向 OLAW 提交年度报告。为确保报告内容的真实和准确，IACUC 管理员通常会保持一份最新的 IACUC 成员名册，其中包括每个 IACUC 成员的姓名、联系信息、证书、任职期限和职责（如 AV、使用动物的科研人员、公众成员）。有些机构在名册中只列出 IACUC 成员的 ID 号，这也是因为 OLAW 允许机构在提交的年度报告中仅列出 IACUC 成员的 ID 号。这样报告中不会出现 IACUC 成员的姓名，只出现 ID 号，但是 IACUC 主席和 AV 例外。在提交给 OLAW 的年度报告中必须写出 AV 和 IACUC 主席的姓名。此外，IACUC 管理员应做好何时进行设施检查以及何时完成项目审查的记录，这一关键信息也需包含在提交给 IO 和 OLAW 的报告中。

对于在 USDA 注册的研究机构，该机构的 IACUC 管理员还应向 USDA 提交年度报告。为了使用正确和准确的信息来完成此报告，IACUC 管理员通常会做好美国农业部管辖物种和"疼痛/痛苦类别"的使用记录，如某个机构将 15 只兔子用于研究，其中 10 只兔子用于非侵入性手术，另外 5 只兔子用于经麻醉后的外科手术，那么 10 只将被认为属于 C 类（无或最小疼痛/痛苦），5 只属于 D 类（通过麻醉剂或镇痛剂缓解疼痛/痛苦）。对现场进行的全部 E 类痛苦的程序（无法减轻疼痛/痛苦的程序）的记录，以及每一项 E 类活动引起的疼痛/痛苦不能缓解的理由都必须包括在报告中。此外，报告内容还必须包括美国农业部管辖动物的饲养设施清单。

对获得 AAALAC 认证的机构而言，IACUC 管理员需向 AAALAC 提交年度报告。IACUC 管理员通常会做好饲养环境设施的清单，包含每个区域的总面积。如果该设施包括农场，则还需要列出动物饲养辅助区面积清单。此外，还需要每个设施使用的动物种类和数量的清单。IACUC 管理员还负责记录违规事件以及对动物饲养管理和使用项目的重大更改，以及关键人员的联系信息（如 AAALAC 联系人、IACUC 主席、AV、ACUP 主管/IACUC 管理员）。上述所有信息都应包括在提交给 AAALAC 的年度报告中。

在每个机构的报告中，都需要对动物饲养管理和使用项目中的重大变化作出陈述，如关键人员的变动、饲养场所的新增和 OHSP 等内容，必须写入提交给 OLAW 和 AAALAC 的年度报告中。

IACUC 记录保存

IACUC 管理员负责保存与动物饲养管理和使用项目相关的活动记录（如会议议程、会议记录和批准通知）。通常也是由 IACUC 管理员起草会议议程。为了做好这项工作，IACUC 管理员通常不仅需要编制一份待审查的方案清单，而且还需要列出 IACUC 会议的拟讨论要点。这些讨论要点可能来自 PI 与 AV 的对话、OLAW 网络研讨会、IACUC 管理员 BP 会议，或者来自与其他 IACUC 管理员讨论时获得的相关内容，如在设施检查期间，AV 可能与 PI 讨论了将非医用级别药物用于动物研究的问题。IACUC 管理员可以确定将"在动物研究中使用非医用级别药物"作为下一次 IACUC 会议的讨论要点。或者 IACUC 管理员在最近参加的一次 BP 会议上发现，大东方大学有一项政策对小东方大学同样适用。

IACUC 管理员负责做好会议记录（会议纪要），可以在会议上录音以用于编写书面文件时作参考，也可以使用计算机或纸笔记录会议期间的事项。会议记录应包括会议出席情况和投票记录，以及对每个议题的主要讨论要点。在某些情况下，IACUC 管理员可能需要对会议记录进行编码以保证保密性（如 PI 的姓名或动物饲养设施的位置）。在这种情况下，IACUC 管理员需要做一个代码列表，以便在联邦机构要求时用于解读代码，如代码列表可以识别委员会成员"xyz"和在设施"ABC"中进行动物实验的位置。确保所有信息安全后，IACUC 管理员将编写会议纪要，并在下次会议上讨论。

IACUC 管理员应建立相应程序，以确保在规定的时间内保存 IACUC 记录，如 IACUC 批准的动物研究项目的记录在项目完成后至少保存 3 年，同时，相关报告、会议纪要、项目审批记录也要保存 3 年。一些机构选择保存纸质文件，但更多的机构使用专用数据库或机构网络系统保存数字文件（如扫描或固定格式的文档）。

OLAW（PHS）保证书、USDA 注册和 AAALAC 认证

IACUC 管理员负责编制和修订机构的 OLAW 保证书、USDA 注册以及 AAALAC 国际认证的动物饲养管理和使用项目说明。

为完成 OLAW 保证书，IACUC 管理员根据 OLAW 网站上发布的文本模板提供所需信息。为编写好提交 OLAW 审查的保证书，IACUC 管理员必须充分了解本机构动物饲养管理和使用项目，并核实本机构的项目是否符合《美国政府关于测试、研究和培训用脊椎动物的使用与护理原则》、PHS 政策和《指南》。除此之外，IACUC 管理员必须能够描述本机构动物饲养管理和使用项目的管理结构，以

文件的形式规定本项目的关键人员的报告路径以及他们与 IACUC 的关系，确定 AV 和 IACUC 的报告方式——如他们直接向 IO 报告。IACUC 管理员还需提供与该项目相关的人员的资质证书的清单，并描述 AV 的职责，证明 IACUC 配备了适当的人员，并且这些人员是由 CEO 或 CEO 授权 IO 任命的。IACUC 管理员必须核查机构 IACUC 是否履行了监管义务，确定本机构是第 1 类（AAALAC 认证）还是第 2 类（非 AAALAC 认证）机构。IACUC 管理员通常会将这些信息收集并整理到机构的保证文件中，然后提交给 OLAW。

当科研人员在研究活动中需要使用美国农业部管辖的动物时，该机构必须事先在美国农业部进行注册。申请人确定注册类型，有效期为 3 年，如开展使用动物研究的机构注册为"R"类，注册申请还需说明机构收到的资金类型，研究基金来自获奖、合同、赠款还是贷款。注册文件还必须包括机构的主要行政负责人名单，如大学校长、制药公司 CEO 或私营公司的老板。此外，注册表必须包括机构的动物设施清单，其中包括建筑物名称、位置和地址。

相关信息收集完成后，IACUC 管理员负责完成注册申请。IO 在注册申请文件上签字之前，IACUC 管理员需要向 IO 解释文件的内容。IO 须确保邮寄地址是准确且最新的，可通过适当的邮寄方式直接发送给 IACUC 管理员（以确保它们不会在书桌或抽屉中丢失）。此外，美国农业部直接在登记表上打印认证编号，并在适当的时候印发更新通知，科研人员通常需要此通知来证明他们所在机构已在美国农业部注册。

在机构有意愿申请或维持 AAALAC 认证的情况下，IACUC 管理员通常在认证访问前的准备工作中发挥主导作用。在现场访问期间，AAALAC 代表使用联邦指南和文件（如《指南》、AWAR 和 PHS 政策）作为参考标准来考察该机构的动物饲养管理计划。机构要按照 AAALAC 提供的文本模板输入要求的所有信息。IACUC 管理员须从设施主管、公共设施工程管理员工以及 EHS 和 OM 员工那里收集相关信息，才能完成此文件的填写。填写内容还必须包括机构 OHSP 的详细信息，如风险识别与评估，概述个人风险评估是如何进行的，如何使用个体防护装备来保护员工免受任何与动物相关的危害。此外，还需填写该机构动物设施的所有信息，如每个单元的暖通空调系统、设施规模和水源的详细信息。

收集到所需信息后，IACUC 管理员负责完成项目描述并通过电子邮件发给 AAALAC。收到邮件后，AAALAC 将会指派一名理事会成员与 IACUC 管理员一起确定认证检查的组织工作。

对 IACUC 成员和 PI 进行培训与指导

IACUC 管理员通常在推荐、指导和培训 IACUC 新成员方面发挥关键作用。此外，他们经常以多种方式对计划使用动物进行研究的新人员进行培训和课程指导。

在某些机构中，PI 在获准向 IACUC 提交提案之前，必须与 IACUC 管理员进行一对一的会面，讨论 IACUC 流程细节，如 IACUC 管理员概述和讨论 DMR 与 FCR 流程细节，PI 提供有关每个审核流程的具体信息，包括大概的审核时间线、DMR 和 FCR 之间的差异，以及 DMR 通常比 FCR 流程更及时的原因。此外，两人可能会审查和讨论方案申请表，其中会针对某些问题提供一些具体建议和指导。

IACUC 管理员可以讨论对批准项目的要求——换句话说，批准的方案等同于 PI 与机构之间的合同，并且 PI 应遵守合同条款。例如，PI 必须执行方案中批准的程序，对于任何作出的修改在执行之前都必须获得 IACUC 审查和批准。IACUC 管理员会提醒 PI 所获基金的条款和条件，以及履行与基金管理者沟通的义务。在方案到期之后，基金将无法用于支持该项目，IACUC 管理员会利用这个时机来提醒 PI。

此外，IACUC 管理员也会在这个时机讨论有关动物福利的问题，如介绍机构执行的兽医护理计划，兽医负责保障机构动物的健康和福祉。IACUC 管理员会建议 PI 在发现动物患病或怀疑患病的动物正在经历过度疼痛或应激时立即联系 AV。

对于新的 IACUC 成员，IACUC 管理员都会向他们解释所有新入职人员的注意事项，并提出 IACUC 对他们的要求，如新成员要接受使用研究动物有关法规的强化培训，要让他们了解 IACUC 成员每月需要对一定数量的方案进行审查并提出意见，以及参加半年度设施检查的要求。新成员还要知道他们在分委会和 IACUC 定期会议上应发挥的作用。对许多机构而言，IACUC 成员应承担的义务都写在了 IACUC 正式文件或 IACUC 成员协议（附录 6）中，在培训期间会提供给所有的新成员。

监督培训计划实施并保存培训记录

一些机构的 IACUC 管理员还负责保存 PI、动物饲养技术人员和 IACUC 成员的培训记录。记录一般包括说明已完成规定的有关监管和合规培训的书面文件（《指南》要求）、培训类型、完成日期，以及是网络研讨会、在线培训还是教学课程（包括讲师姓名）。当需要继续教育培训时，记录还应包括培训证书到期时间以及必须完成继续教育的时间。

如果方案获得批准与否取决于相关人员是否完成所需培训时，IACUC 管理员一般起着"守门员"的作用。换句话说，方案一旦被批准，IACUC 管理员将与 PI 合作，以确保在 PI 启动研究之前参与本方案的使用动物的人员都经过培训。IACUC 管理员以发送培训通知方式确保所有人员在使用动物之前接受培训。

就相关法规和政策向 IACUC 与 IO 提供建议

由于兽医是熟知动物福利和健康问题的专家，IACUC 管理员一般则是机构监管问题的常驻专家，他经常会花费大量时间来了解监管问题的最新情况，如

IACUC 管理员经常参加 BP 会议、PRIM&R 和其他 IACUC 培训研讨会等活动，在机构的网站上定期搜索、阅读和掌握 OLAW 与 AAALAC 等发布的公告，以确保自己能够向 AV 和 IACUC 提供最新的监管建议。IACUC 管理员还与 OLAW 和 AAALAC 工作人员进行专业沟通，并在出现问题时能够及时获得监管部门和同行的帮助。

在方案审查期间，IACUC 管理员要确保方案符合联邦标准的要求，特别是在 IACUC 的科学家成员审查项目的科学价值或人道关怀或使用的问题时，他需要在召开 IACUC 会议时通过学术活动的形式讨论是否符合监管预期。

协助 PI 准备方案，满足监管要求

为讨论动物使用方案，许多机构希望 IACUC 管理员与 PI（特别是新 PI）直接见面进行讨论。BP 会议与会者指出，通过这样的互动通常会产生更"清晰"、更完整和准备更充分的方案，这样做的目的就是向 IACUC 提供所有必要的信息，使其作出合理的决定。IACUC 管理员对方案进行预审的好处是他知道方案中必须包含的具体信息、对方案的特定性有很好的认知，以便能够获得 IACUC 的通过。

一些机构要求 PI 在完成申请书后先请 IACUC 管理员进行预审。IACUC 管理员看后会提出提高方案质量或完整性的建议。此外，IACUC 管理员会直接与 PI 联系，讨论项目中有争议的内容。

另一种常用方法是在方案起草阶段，IACUC 管理员就与 PI 坐下来讨论。在此过程中，IACUC 管理员会做要点记录，对方案应该包含的内容给出建议，并在提交给 IACUC 审查之前做预审。有时，在 IACUC 管理员预审过程中需要 PI 提供补充材料，出现这种情况时，IACUC 管理员会将草稿连同评论意见一并返给 PI，进一步完善最终稿以供 IACUC 审查。

在方案编制准备的过程中，IACUC 支持 IACUC 管理员的决定是工作中重要的一部分，如 IACUC 管理员告诉 PI 问题 5 需要修改，而 PI 没有进行修改，那么 IACUC 会将提交的文件返回给 PI，以便其对问题 5 进行修改。这种做法有助于维护 IACUC 管理员的权威性，并确保 IACUC 收到完整的申请书。虽然 IACUC 与 IACUC 管理员之间的合作可以使机构从中受益，但 IACUC 没有义务支持 IACUC 管理员的决定。

促进沟通

IACUC 管理员一般会做一些促进沟通和讨论的工作，其中一个行之有效的方法就是将相关方（如 IO、IACUC 管理员和 IACUC 成员、AV、PI 和其他有关人员）召集在一起。一些 IACUC 管理员认为，整个小组在中立的环境（即远离工作场所）中开会很重要。IACUC 管理员一般在讨论中起主导作用，在讨论开始时要表态，作为 IACUC 管理者会支持 IACUC、AV 和 IO 的诉求。IACUC 管理员要

让大家认识到管理动物饲养管理和使用项目是一项艰巨的任务，并通过简要描述每个人的责任及如何补充完整的动物饲养管理和使用项目作为总结发言。讨论中也会包括对部分重叠职责划分的议题，如 AV 发现了动物福利事件，兽医人员将立即为动物提供护理，并通知 IACUC 管理员调查可能存在的违规行为。在这个过程中允许 AV 继续聚焦动物健康活动，并将监管合规的主要责任交给 IACUC 管理员，从而维持 PI 和 AV 的关系。IACUC 管理员不断推进讨论和做纪要并强调关键问题，直到确定解决方案。

IACUC 管理员在动物饲养管理和使用项目最先的务虚会和后来的完善会中发挥促进者的作用。总的来说，IACUC 管理员通过经常举办会议，以促进相关方（AV、IACUC 管理员和 IO）之间的持续沟通。

向 AV、IACUC 主席、IO 和 PI 提供信息资源

IACUC 管理员与 IACUC 其他成员保持着工作上的互动。因此，他常充当 IACUC 成员之间的联络人，或起到 AV、IO、PI 和 IACUC 之间沟通渠道的作用。

此外，在提交的申请文件获得 IACUC 批准之前需要修改时，IACUC 管理员经常扮演联系人的角色，如一个 DMR 审查涉及小鼠采血的方案，但不清楚 PI 是否经过专业培训，这时 DMR 会要求 PI 在方案获得批准之前提供他具有采血经验的材料。在这种情况下，IACUC 管理员可以通过电子邮件与 PI 联系，PI 可以直接回复使这个问题得到解决。IACUC 管理员将获得的追加信息转发给 DMR，后者随后批准提交。IACUC 管理员担任联络人的优势在于，它可以提供互动和响应，以便在作出决策之前获得所需的补充资料，也可确保在整个审查和批准过程中不泄露审查人员的身份，并有助于记录的准确和完整保存。

作为 IACUC 的长期工作人员并提供"机构备忘录"

一些 BP 会议与会者曾讨论过这样一个事实，即 IACUC 管理员通常是"机构备忘录"，这意味着 IACUC 管理员随着时间的推移应监管 IACUC 决策并注意其一致性。在许多机构中，IACUC 成员可能每 3 年左右更换一次，但 IACUC 管理员经常任职 10 年或更长时间，因此保持了 IACUC 工作的前后衔接。通常 IACUC 管理员负责保存 IACUC 管理员日志，并记录 IACUC 多年来作出的重大决定。有些 IACUC 管理员还制定了 IACUC 应遵循的决策和/或程序的政策或 SOP，如 IACUC 认为动物保定超过 15min 属于 E 类程序，那么在今后的方案审查中都要遵循同样的做法。因此，对政策或程序进行规划是在一段时间内和不同研究中保持一致性的一种方式。

管理 IACUC 调查工作

IACUC 管理员通常在调查违规事件和匿名举报核实过程中发挥主要/关键作

用，如要对涉嫌违规事件进行识别，IACUC 管理员通常会联系相关方和其他可以提供相关信息的任何人员，将收集的信息汇编成报告，并提交给 IACUC 讨论和审议。如果 PI 和/或任何其他个人需要参加会议讨论活动，IACUC 管理员和主席将合作协调组织工作。

IACUC 管理员在整个过程中跟踪违规问题，并确保调查违规问题所需的步骤满足要求。如 IACUC 确认是违规事件，IACUC 管理员一般会将问题报告给相关部门（如 AAALAC、OLAW 和 USDA）。IACUC 管理员编制书面报告，IO 签署后提交给相关单位。如果 IACUC 作出的处罚必须由 PI 负责纠正，IACUC 管理员会监督实施所需的纠正措施以确保圆满完成，例如，如果要进行附加的研究，IACUC 会要求在研究开始之前进行培训。IACUC 管理员将制定方法以确保相关人员得到再培训，在此之前不会执行新的动物程序。

除调查违规行为外，IACUC 管理员还经常负责对违规行为或动物福利问题的匿名举报进行核实调查。一旦行政办公室收到报告，IACUC 管理员首先会利用他（她）对法规的了解来判断是否发生了违反法规的事件。一旦识别出违规问题，IACUC 管理员将汇总问题以供 IACUC 调查。如果没有明显的违规事件，IACUC 管理员可以联系 AV 或 IACUC 主席，以确定事件是否导致或可能导致动物福利事件。当动物福利事件被确认后，IACUC 管理员会联系 PI 并告知他（她）应引起关注，并要求立即联系 AV。如果需要对事件跟进（如形成调查结果报告），IACUC 管理员通常会起草函件并将其转发给相关人员。

项目/设施的缺陷与纠正

在项目审查过程中发现缺陷时，IACUC 会提出纠正措施和时间进度表，写在提交给 IO 的报告中。IACUC 管理员会联系相关方讨论这些问题，把问题告知被识别方，分析问题原因，并确定必须完成纠正措施的时间。对于在设施使用之前必须解决的问题，IACUC 管理员会传达必要的信息。一旦进行讨论，IACUC 管理员一般会将会议纪要以电子邮件的形式发送给相关负责人反馈情况，会议纪要中简要说明会议内容并强调整改的要求。IACUC 管理员通常会视情况继续跟进，直到问题得到解决。

方案和基金的一致性审查

IACUC 管理员会对方案和基金进行一致性审查，并制定相关审查程序，以确保在基金发放给机构之前方案与获批基金一致。如果方案与基金不一致，在机构的授意下 IACUC 管理员不会向 PI 发出批准函，从而延迟 PI 的基金拨款。

制定和维护 IACUC 的 SOP 与制度

IACUC 管理员负责起草与监管指导 IACUC 实践惯例相关的 SOP 和政策。

IACUC 管理员协助审查和批准 IACUC 起草的文件，并负责将其分发给动物使用工作人员，采取措施确保大家遵守。

文件一旦得到 IACUC 批准，IACUC 管理员通常是文件的保管人，并确保文件定期得到 IACUC 的重新审查和批准。

网站的开发和维护

许多 IACUC 管理员还负责 IACUC 网站内容的维护工作。他们通常会根据需要更新相关材料、发布公告并对网站进行适当的更改。

撰写和分发业务通信

IACUC 管理员会利用新闻快报或其他通信方式编写和发布相关公告以提供给 PI 和 IACUC 成员，如 USDA 的 VMO 担心机构查找替代方案的整体有效性，IACUC 管理员会写一份关于如何开展全面文献检索的备忘录，其中会讨论 VMO 发现的问题以及机构必须采取的纠正措施。此类文章也会出现在新闻快报中，其中还可能包括活动日程安排。

监控动物保护运动并采取适当的应对措施

IACUC 管理员要监控全国各地的动物保护运动。这方面通常包括与他（她）的同事、机构的执法人员，有时还包括当地联邦调查局办公室的合作关系。当动物保护运动的威胁迫在眉睫时，需要通知 IACUC、PI 和机构的其他相关方。讨论的重点是请动物保护组织的特邀发言人到该机构主要动物饲养场前进行预定抗议运动。

作为 USDA 官员以及 AAALAC 访问者的联络人

IACUC 管理员经常作为 USDA 的 VMO 和 AAALAC 现场访问者的初始联络人。当 USDA 访问一个机构进行检查时，IACUC 管理员是他们的第一联系人。IACUC 管理员通常会陪同 VMO 进行巡视检查，也会安排 AV 或设施负责人陪同他们进行检查或访问研究人员的实验室。IACUC 管理员负责准备会议记录、两份近期的 IO 报告和指定方案的复印件，供 VMO 在访问期间审查。IACUC 管理员通常在记录审查会议期间全程陪同 VMO，解答提出的质疑。

检查结束后，IACUC 管理员会与 VMO 一起审查 USDA 的检查报告，确认已充分理解 VMO 的关注点，确保清晰了解 VMO 提出的任何缺陷，并确保在最终报告中有适当澄清的内容（如果需要）。IACUC 管理员向 IO 报告现场检查情况，包括检查期间提出的任何建议以及必须解决的缺陷。

制定和保持应急预案

在 IACUC 的指导下，IACUC 管理员要确认制定的应急预案涵盖了所有饲养动物的设施（如所有核心和附属设施），并具有在必要时有可采用的、经 IACUC 批准的大规模减少动物数量的方法。IACUC 管理员通常会确保文档及时更新，并确保相关方能够参与文档更新的方案中来。

（林惠然　卓振建 译；贺争鸣 校；范　薇 审）

第四章 动物饲养管理和使用项目

场　　景

在 GEU 攻读博士期间，艾伦·马克思博士从植物提取物中开发了一种甜味剂。这种甜味剂和蔗糖（砂糖）一样美味可口，而且不含热量。于是，他在马里兰州的家附近成立了 Sweet Solutions 公司，作为对他的产品进行更多实验室测试的渠道。有一家对生产减肥和糖尿病控制产品感兴趣的糖果制造商，为产品测试和开发提供了资金支持。

由于 Sweet Solutions 公司没有制定动物饲养管理和使用项目，马克思博士便着手进行公司项目程序的筹建。作为整个程序的一部分，他需要完成如下部分：①动物照料和兽医护理；②培训；③职业健康和安全；④记录保存和审阅（如 IACUC）程序。马克思博士很快意识到建立该程序的成本相当大。例如，他需要雇用一名兽医来管理兽医护理程序，雇用一名 IACUC 管理员来管理记录的保存，并与卫生保健提供商签订服务合同来保障职业健康和安全计划的实施。

马克思博士在对 PHS 政策和 AWAR 进行仔细的研究后，决定重新考虑建立动物饲养管理和使用项目的必要性。他了解到，PHS 政策只适用于那些从 PHS 机构接受资助的机构，而涉及小鼠（如实验小鼠）的研究在 AWAR 下是被豁免的。马克思博士考虑到 Sweet Solutions 公司不会得到 PHS 机构的财政支持，而且在进行动物测试中只涉及实验小鼠的使用，于是他决定不建立正式的项目程序就直接开始动物实验。

马克思博士将使用实验小鼠作为实验模型进行味觉偏好研究。首先，他准备各种含有不同浓度人工甜味剂的实验饲料。然后他为每只小鼠提供两种不同的实验饲料，以确定其味觉偏好。他对这些试验数据进行整理和分析，以确定糖果中使用的甜味剂浓度。

马克思博士聘请了霍华德·奥普拉博士，他是擅长用小鼠模型作味觉测试研究方面的科学家，奥普拉博士急切地想要开始他的研究，询问了向 IACUC 提交动物实验方案以供审查和批准的流程。马克思博士向奥普拉博士表示，他不需要 IACUC 审查和批准就可以订购小鼠并开始这个实验。作为一名 IACUC 前任成员，奥普拉博士认为 IACUC 对涉及动物实验进行审查、批准和监督是一种伦理义务。

马克思博士认同确保实验动物的福利是一种伦理义务，却不认同 IACUC 在这一过程中是必须的。他指出，基于动物种类和资金来源，主要的法规和政策（如

AWAR 与 PHS 政策）不适用于此项目。他随后解释说，即将实施的任何一个项目都不会威胁到动物的福利。而且，这些动物会被提供含有人工甜味剂的健康饲料，科学家将会确定这些动物更喜欢哪一种。马克思博士指出，这些小鼠的饲养管理标准是按照法规制定的，但却不会设立 IACUC 来审查、批准与监督动物管理和使用的相关活动。奥普拉博士勉强同意了，然后开始了这个味觉偏好研究。

　　如本场景所述，一个机构在某些情况下可能会建立不受 IACUC 监督的动物饲养管理和使用项目。然而，当决定在没有 IACUC 监督的情况下开展动物饲养管理和使用活动时，机构必须考虑可能会出现众多复杂而又难以预料的结果。联邦机构制定或通过管理研究、教学或测试中动物饲养管理和使用的监管标准，以确保动物的健康和福祉。他们向社会保证动物得到很好的照顾，不会经历不必要的痛苦，也不会被不必要地使用。例如，各个机构应充分落实 AWAR 和 PHS 政策，而不仅仅是制定一个合规的动物饲养管理和使用项目，且更重要的是向社会展示他们人道开展动物饲养管理和使用的承诺。针对那些不能依据联邦标准公开承诺对动物实施人道护理和使用的机构，应该接受更高水平的公众监督。例如，他们被认定为没有资格获得来自 NIH、FDA 和 CDC 等机构的国家基金，因为它们没有执行确保动物福祉的联邦标准要求。此外，科学家经常在专业期刊上发表他们的研究成果。发表的论文不仅提高了科学家的声誉，还有助于验证在该范例中与马克思博士的人造甜味剂相关的发现。越来越多的专业期刊拒绝发表未经正式成立的 IACUC 审查或批准的工作。

　　除执行联邦政府的要求外，一些机构还寻求国际实验动物饲养评估与认可委员会（AAALAC）的认可，以提高机构承诺度和公信力。AAALAC 不管理机构本身的工作流程，但为其提供外部评估，以确定该机构的程序和流程是否满足动物饲养管理、实验使用、人员安全以及动物活动机构监督的最低标准。AAALAC 评估是一个同行评审过程，由 AAALAC 指定同行对动物饲养管理和使用项目实施保密评审，评审过程参照联邦政府所采用的《实验动物饲养管理和使用指南》（以下简称《指南》）作为主要参考标准。AAALAC 的评估是一种同行评审的标准范式，可验证该机构内的动物是否被人道地使用，并依据标准实施动物饲养管理和使用。

　　可以肯定的是，马克思博士的观点是正确的，因为在他的这个案例中并没有有效的动物饲养管理和使用项目方面的联邦政府法规可以遵循。他也没有被要求去遵守 AWAR 或 PHS 的政策。然而，仍然存在一些重要的商业原因说明这种外部监督可能对公司有利。公众相信该机构致力于研究动物的健康和福利，使社区对公司感到满意，从而得到社区支持。尽管一个机构可以在没有监管管理或 IACUC 监督的情况下开展动物研究，但其应该仔细考虑由此所带来的后果。

法规要求和指导文件

（1）PHS 政策（Ⅳ[A] [3] [a]，第 11 页）要求机构的首席执行官（CEO）组建一个 IACUC 来负责监督本机构的动物饲养管理和使用项目。

（2）AWAR（2.31[a]，第 14 页）要求机构指定一个 IACUC，由 IACUC 来制定管理有关动物饲养管理和使用项目活动的方法。

引　　言

动物饲养管理和使用项目（ACUP）是一个动态发展过程的集合，旨在共同保护人员和研究动物的健康与福祉。比如，它包括本机构确保人员和动物健康与福利的程序，完成相关任务的人员的专业技术知识，以及评估该项目质量的有效措施。

该项目是由机构的高级管理层制定的。CEO 是机构中级别最高的人，负责该项目的启动，比如要求在动物饲养管理、安全、合规和研究方面具有专业知识的核心员工参与该项目的制定工作。CEO 定期参与和支持这些工作是不可能的或者不太实际的。因此，CEO 可以任命一名机构负责人（IO）作为 ACUP 的专责主管。无论 CEO 担任 IO，还是 CEO 任命的 IO，IO 都是被合法授权的机构代表，对符合 PHS 政策和 AWAR 的要求作出承诺。IO 还必须被授予调拨所需的资金和资源的权力，以确保一个具有功能性和规范性的 ACUP 持续得到维持。按照动物使用活动的相关法规要求，机构需自行监管 ACUP 的实施，因此 IO 通过任命 IACUC 来启动 ACUP 过程的自我管理。IACUC 代表机构来推动 ACUP，并确保其遵守相关法规和政策。因此，一个具有适当组成、训练有素且资源充足的委员会对 ACUP 的成功执行至关重要。

维持一个规范并正常运行的 ACUP，还需要机构内其他部门的通力协作。例如，职业健康和安全（OHS）办公室应该积极参与 ACUP 的相关活动。OHS 将建立流程，以减轻研究团队成员因开展动物实验活动而遭受的各种风险。例如，在操作研究动物时，OHS 工作人员将制定穿戴防护服（如手套和实验工作服）的标准操作规程。

机构也应建立一个流程，确保动物操作人员能获得医疗服务保障。因此，专业保健人员（如医生和护理人员）是 ACUP 的一个主要组成部分。ACUP 医疗监管部分的工作可以通过医院或医疗专业单位进行协调配合。专业保健人员通过量化每个人可能经历的风险水平并将风险降低到可接受的水平，来确保动物操作人员的健康和安全。医生会对每个动物操作人员进行健康评估，以确保他或她已有的疾病不会妨碍其从事动物方面的工作。例如，一个对啮齿动物严重过敏的人不能从事实验小鼠饲养工作。

该机构还必须建立一个相当于动物资源部（Department of Animal Resources，DAR）的部门。DAR 的工作人员通常包括兽医（全职或兼职）以及动物饲养人员和兽医技术人员。DAR 工作人员是 ACUP 不可或缺的组成部分。兽医为用于研究的动物提供优质的医疗保健，并为项目负责人（PI）在其研究的各个方面（比如在提议开展有潜在疼痛的手术时）提供协助。动物饲养人员则为用于研究的动物保持一个清洁而舒适的生活环境，如每天给动物添加食物和饮水，以及定期清洁笼具。为确保用于研究的动物能够得到适当的照顾，DAR 通常需要保障药品、饲料、动物垫料和笼具的库存充足。

此外，公共设施工程管理部门、公共关系媒体、警卫服务、人力资源和高级行政的办公室经常安排工作人员来支持 ACUP。例如，高级管理层会聘用一名工作人员（如 IACUC 管理员）来监督和管理研究合规性。公共设施工程管理部门会安排一组工作人员对设施供暖和通风系统进行日常维护。警卫服务与公众信息部门能及时了解所有与动物设施和 ACUP 有关的活动并跟进，以便于他们能够在发生灾难时（如火灾或动物保护者活动）采取行动。此外，人力资源部门能够帮助高级管理层确定人员是否具备资质并适合聘用来做动物操作工作。

大多数的 ACUP 是由核心小组（如 IO、IACUC 主席、主治兽医、IACUC 管理员）组成的，其对项目进行领导决策及相关服务，并作为联络人与人力资源、职业健康和安全、职业医疗、警卫服务及公共设施管理等部门的主管进行联络。

机构中动物饲养管理和使用项目的关键成员

1）首席执行官（CEO）

CEO 是机构中级别最高的人。他（她）承担的责任是确保开展的所有动物饲养管理和使用活动都依据监管标准来进行。CEO 负责任命 IACUC 成员，并确保满足其接收和使用外部来源的资金[如 NIH 或美国国家科学基金会（National Science Foundation，NSF）]进行动物活动应符合的条款和条件。CEO 也可以担任 IO，但在许多情况下，CEO 将 IO 的职责委托给直接监管机构内部研究活动的人员，比如学术组织的研究副主任。

2）机构负责人（IO）

由于 IO 在监管文件中被定义为有权代表研究组织合法承诺遵守监管的个人，因此其是对该项目负有最终责任的个人，他（她）被研究界亲切地视为"入狱"的人。不管 IO 是由 CEO 担任，还是由服从 CEO 的代表担任，其都有责任确保 ACUP 的有效执行。

最佳实践（BP）会议与会者从术语和职能参与度方面对 CEO 与 IO 做过比较，

并对此进行了讨论。虽然监管文件都将 IO 定义为 ACUP 的最终责任人，但 AWAR 和 PHS 政策都表明，IACUC 的成员必须由 CEO 任命。为确保 IO 也有权以书面形式任命 IACUC 成员（附录 7），大部分机构都会选择由 CEO 以书面形式授权 IO 委任 IACUC 成员的权力（附录 8）。

3）IACUC 管理员

条例没有提及"IACUC 管理员"这个职位，也没有明确其职责。但是，一个机构如果想要维持一个有组织且合规的 ACUP，这些由 IACUC 管理员执行的职责通常是必不可少的。IACUC 管理员主要负责 IACUC 办公室的日常行政管理工作。他（她）负责制定和维护美国农业部（USDA）、实验动物福利办公室（OLAW）及国际实验动物饲养管理评估与认证协会（AAALAC）要求的年度报告。IACUC 管理员接收书面的动物使用活动方案，并提交 IACUC 审查和批准。他（她）要确保 IACUC 获得必要的信息，以便于对有关动物使用的方案作出明智的决策。IACUC 管理员向研究人员提供有关方案制定、相关培训选择和监管要求方面的技术支持。IACUC 管理员也可以担任 IO 在 ACUP 的代表。

4）IACUC 主席

IACUC 主席的工作职责因机构而异。例如，机构通常会任命一位具有较强领导才能的资深科学家担任 IACUC 主席。许多 BP 会议与会者指出，机构在打算确定一位优秀的 IACUC 主席时还应该关注如下任职的资历条件。理想的 IACUC 主席应该具备如下条件。

   a. 丰富的动物研究经验，工作细致，并具有出色的书面和口头沟通能力。
   b. 研究生学位（博士、医学博士、兽医学博士等）。
   c. 曾在 IACUC 任过职（对组织高效率的会议非常有帮助）。

在许多机构中，资深科学家也常被邀请担任 IACUC 主席。比如，一所大学可能会邀请一位管理动物研究项目和教授研究生课程的终身教职人员担任 IACUC 的主席。在这种情况下，IO 通常要求该教师在他（她）的空闲时间履行 IACUC 主席的职责。这种情况往往会导致一个兼职的 IACUC 主席经常严重依赖 IACUC 管理员来对项目进行管理和领导。具有较大规模、较复杂 ACUP 的机构都任命拥有类似资历的 IACUC 主席。然而，通常需要减少被任命者的大部分工作，才容许他（她）有更多的时间积极参与 ACUP 的日常运作。例如，被任命为 IACUC 主席的教授可能会被免除教学工作，付出 75%～80%的时间用于履行管理和领导 IACUC 的职责。在这种情况下，IACUC 管理员与 IACUC 主席共同工作，才能确保 ACUP 合规并有效地运行，以满足机构和研究人员的需求。IACUC 主席参与 IACUC 相关活动的时间通常取决于机构项目的规模，但其工作职责在所有情况下都是相似的。

IACUC 主席要确保开展使用动物的活动符合 AWAR、PHS 政策、《指南》、机构动物使用的政策和 IACUC 批准的动物饲养管理或使用方案。例如，IACUC 主席通过领导 IACUC 完成方案修订审查和批准、项目的半年审查，以及对潜在操作程序违规事件和潜在动物福利问题的调查，来履行这一责任。由 BP 会议与会者确定的 IACUC 主席的三项常规工作如下所示。

a. 方案审查过程

　　i. 在 IACUC 审查之前与兽医一起合作对其新方案进行预审。

　　ii. 根据委员会成员资历，确定进行指定委员审查（DMR）的委员。

　　iii. 在必要时，作为 DMR 与 PI 相互沟通，确保所关心问题在批准前得到确定和解决。

b. 项目监督

　　i. 在全体委员会会议期间，作为 IACUC 主席参与并主持有关业务项目、合规问题和动物使用活动等相关问题的商讨。

　　ii. 主导 IACUC 进行项目的半年审查过程。

　　iii. 主导 IACUC 对违规行为和动物福利的调查过程。

　　iv. 参与新建的和现有的动物使用设施的检查。

　　v. 监督并参与 IACUC 工作结果正式文件（如会议纪要、方案审查结论、执法活动等）的编写。

　　vi. 监督并参与所有监管报告（如 USDA 与 PHS 年度报告、审批方案偏离及动物福利问题的报告等）的准备和提交。

c. 合规性监督与实施

　　i. 直接与机构的合规办公室（如果已建立）协商，调查任何已经发现或怀疑的方案偏差和动物健康或福利问题。

　　ii. 主导召开 IACUC 紧急会议，解决可能对时间敏感的动物福利问题。

　　iii. 主导 IACUC 处理棘手问题，如有时处理基于突发的和/或时间敏感的动物福利问题。

　　iv. 领导 IACUC 在需要采取制裁措施（如暂停方案）时，纠正方案的重大偏差或动物福利问题。IACUC 主席必须意识到这一行动对 PI 研发能力和基金资助状况的影响。

5）IACUC 副主席

管理标准中并未要求设定一名 IACUC 副主席。不过，BP 会议与会者却表示，任命一名副主席是有帮助的。有些机构会由 IO 签署的正式任命书（附录 9）来确定副主席的身份。该任命书指明了副主席何时可以代行 IACUC 主席职责，并确定了他或她的主要职责。任命一位副主席有助于培训 IACUC 主席的替代人选。

6）主治兽医（AV）

PHS 政策要求机构为 IACUC 任命一名兽医。该政策表明兽医必须"接受过实验动物科学和医学方面的培训或经验，并在机构内对涉及动物的活动有直接的或授权的权限和责任"（PHS 政策 IV. A.1.c）。AWAR（第 1.1 节，第 7 页）也要求为 IACUC 任命一名合格的有执业证书的兽医，并将其认定为 AV。相比于 IACUC 成员来说，AV 没有更多的权力，但确实有特殊的责任（如对存在潜在疼痛/应激的方案进行咨询）。

AV 必须是被该机构聘用的全职或兼职的职员，或者通过签订正式协议聘用为兽医顾问。具有大数量且复杂 ACUP 的学术机构可以选择聘用一名全职的 AV；而合同研究机构（contract research organization，CRO）的 ACUP 数量较小，可以通过签订正式合同方式聘用一名兽医顾问。如果 AV 为兼职或顾问，且机构使用 USDA 管辖的动物物种，那么正式确定的兽医护理计划必须包括一份书面的兽医护理操作程序和一份定期访问该研究设施的时间表。

机构的 AV 必须确保有适当的兽医护理计划，该计划应符合机构预期、监管规定以及资助机构或认证机构的要求。AV 必须有适当的权限，以确保提供合适的兽医护理，并监督动物饲养管理和使用其他方面的适配性。

AV 或其他有资质的人员必须随时（包括周末和假日）能为研究使用的动物提供兽医护理保障。机构通过采取常用措施中的一项就可以确保动物在任何时间都能得到兽医护理。比如，那些拥有大量、复杂项目的机构通常会雇用两名或多名兽医，其中至少有一名可以随时通过电话联系到。在小型机构的合同制兽医则会经常培训一名全职动物饲养管理人员或兽医技术员，去识别和治疗常见的与动物物种相关的临床疾病。AV 通常会与 IACUC 一起制定一个标准操作规程（standard operating procedure，SOP），用于规定技术员什么状况必须要打电话给 AV 获取指导，什么状况可以自行治疗动物。

AV 负责制定和管理兽医护理计划。根据规模的不同（即大型且复杂项目或小型项目），饲养人员和兽医技术人员可直接向 AV 或动物部门负责人进行汇报。如果是签约或兼职的 AV，通常由动物部门负责人来进行监督。

IACUC

IACUC 对 ACUP 有监管责任。它确保研究中使用的动物得到人道的对待，并确保动物饲养管理和使用的监管标准得到充分执行。委员会成员是由 CEO 或由其正式授权的 IO 正式任命的。

委员会成员

IACUC 能否胜任监管 ACUP 和确保研究中使用动物的健康和福祉取决于委

员会成员集体的管理经验。尽管 IACUC 成员可以依据程序需要和研究范围来任命，但任命 IACUC 成员的最低数量在三个主要的法规文件中已经阐明。一个机构任命 IACUC 成员参照什么标准取决于使用的动物种类和获得的外部经费来源。接受 PHS 经费支持的动物研究项目的机构，必须遵守 PHS 政策。使用 USDA 管辖动物物种的机构，必须按照 AWAR 要求组成其委员会；而在食品和纤维素研究中使用传统农用动物品种的机构，可以适用《研究和教学中农用动物饲养管理和使用指南》[*The Guide for Care and Use of Agricultural Animals in Research and Teaching*，以下简称《Ag 指南》]。很多机构既得到了 PHS 资助又在 USDA 的监管之下。其对相关法规要求存在不同之处，相关机构必须满足要求更为严格一方的规定。

在过去的 BP 会议期间，与会者就确保 IACUC 成员资格符合监管标准所面临的挑战进行了讨论。与会者表示，他们在确定 IACUC 成员时经常必须采用多种标准。例如，一些机构中接受 PHS 基金资助的研究也涉及使用 USDA 管辖的动物种类时，就要求机构同时采用 PHS 政策和 AWAR。此外，BP 会议其他与会者指出，他们在食品和纤维素研究中还使用农用动物，就会应用到第三个指导性文件：《Ag 指南》。

在过去的 BP 会议上，与会者讨论了 IACUC 成员是否必须具备特定的资格。与会者达成共识，虽然这些法规明确了成员的角色，但没有明确指出需要的个人资格。例如，PHS 政策（第Ⅳ节，3 [b]）要求委员会应包括至少 5 名成员，包括兽医、具有动物研究实践经验的科学家、主要工作在非科学领域的人员、非本机构所属人员。因此，IO 必须根据所要求的角色任命委员会成员，但可以自由地任命具有特定资格和专业知识的人员来监督机构的 ACUP。与会者指出，委员会成员的资格取决于该机构的研究范围。例如，一个使用野生物种、实验啮齿类和非人灵长类动物进行研究的机构，可能会任命 3 位相关领域具有专业实践经验的科学家：一位使用野生动物、一位使用啮齿动物、一位使用非人灵长类动物。仅使用啮齿类的机构可以在其 IACUC 中任命一名具有啮齿类研究经验的科学家成员。

许多 BP 与会者认为，拥有多个行政分支的机构应该任命 IACUC 成员来分别代表每个行政分支都有从事动物研究的科学家。例如，在一个大型学术机构中，兽医科学学院、健康和人类发展学院以及科学学院中都有起作用的动物科学家，可以从每个学院任命一名科学家加入 IACUC。与会者指出，这一惯例对确保每个单位都有一个代表参与委员会的政策制定、计划监督和方案审查来说非常重要。此外，来自各分支单位的 IACUC 成员可以通过向其单位内的其他科学家传达信息，为其特定的行政分支提供服务。

非机构成员

主要的法规（如 PHS 政策、AWAR 和《指南》）都要求机构给 IACUC 任命一名无隶属关系的成员。非机构成员也可称为社区成员，不能与机构有任何关联。比如，非机构成员不能是该机构任何聘用人员的直系亲属。他（她）不能担任任何其他机构委员会，如机构生物安全委员会（IBC）或机构审查委员会（Institutional Review Board，IRB）的非机构成员。非机构成员是代表当地社区利益的委员会成员。他（她）帮助确保科学家成员继续致力于人道饲养管理和使用研究中的动物。

BP 会议与会者一致认为，找到一个与机构无关、又愿意担任委员会成员的人很难，对其进行培训也同样具有挑战性。许多与会者通过联系对社区服务感兴趣的老年人组织，成功地确定了非本机构的 IACUC 成员。与会者表示，在许多当地公立学校系统支持的退休教师协会中，其协会的成员都很愿意为 IACUC 服务。机构还发现当地的牧师、律师、药剂师和私人执业兽医都可以成为优秀的非机构成员。而且，潜在的非机构成员具有的奉献精神和服务意愿比其专业背景更重要。

BP 会议与会者表明，几乎在所有情况下 IACUC 管理人员或 AV 都对非机构成员作了缜密的培训。许多机构资助其非机构成员去参加当地、地区或国家举办的培训 ACUP 员工的会议（如 IACUC 101 和 IACUC 管理员 BP 会议）。这类培训增强了他们履行 IACUC 成员职责的能力（如执行协议、项目评审以及设施检查）。

候补 IACUC 成员

许多机构都任命正式的和候补的（即备用的）IACUC 成员。虽然并不要求机构任命候补的 IACUC 成员，但是许多机构任命候补成员是为了便于在正式成员达不到法定人数的情况下由候补成员代替，以保证委员会正常处理公共事务，从而提高了 IACUC 的工作效率。候补成员应由 CEO 或者获授权的 IO 正式任命（附录 10）。在具有表决权的正式成员不能出席时，候补成员可以代替相同的角色来行使表决权。例如，在非机构正式成员去旅行或生病时，可以由非机构候补成员来代替。当任何有表决权的实际从事研究工作的科学家成员不能出席时，候补的实际从事研究工作的科学家成员都可以代替。然而，当非机构成员或科学家成员不能出席时，候补兽医成员不能代替其去表决。

任命候补成员有助于机构确保在需要召开紧急会议或定期召开的月度会议时达到法定人数。当有表决权的成员不在时，IACUC 候补成员也可以参加设施检查和项目审查。OLAW 严格规定候补成员不能充当给有表决权成员"分担工作量"的角色，只能在有表决权成员不在时才可以候补。极其重要的是在让候补成员来担任一个起作用的角色之前，必须先提前询问主要成员是否有空。

候补成员可出席所有 IACUC 会议，以及其他有表决权成员参加的活动。他（她）可以参与讨论，除有表决权的成员不能出席的情况之外，不得投票决定讨论议题的结果。

架构组成合理的 IACUC 与法定人数

一个架构组成合理的 IACUC 必须是在符合法定人数的情况下才可以召集会议处理事务。PHS 政策将法定人数定义为 IACUC 主要成员的大多数。一个架构组成合理的 IACUC 应包括所有法规要求的成员。

尽管 AWAR、PHS 政策和《Ag 指南》对所需 IACUC 成员的规定存在差异，但还是有一些相同之处。例如，所有的指导文件（如 AWAR、PHS 政策、《Ag 指南》和《指南》）都作出规定，机构为其 IACUC 任命一名对于所使用种类动物接受过培训（即在实验动物科学方面的培训或经验）的兽医和一名非机构成员。指导文件之间的差异可能会在成立 IACUC 时带来挑战。为了帮助阐明相关要求，请参考以下场景。

场景 1

在农民大学里，科学家在做一项旨在提高人类食物与纤维素质量和产量的研究，传统上被称为"食物和纤维素研究"，此类研究活动的目的是提高传统农业动物（如牛、猪和家禽）的营养、育种与生产效率，由 IACUC 来进行监督。农民大学没有获得联邦基金来支持研究。科学家进行营养研究是为了最大限度地提高动物的生产效率和产出食品的质量，比如动物能快速生长的性状。由于农民大学没有获得 PHS 的资助，而用于食物和纤维素研究的农用动物不属于 USDA 管辖的范围，因此该大学在组建其 IACUC 的成员时，只能选择参照《Ag 指南》。因此，除非机构成员和兽医的委员会成员外，农民大学还必须任命具有农用动物专长的委员会成员。《Ag 指南》允许机构任命一名成员以承担多个成员的职能。例如，非机构成员可能是一位主要关注科学问题以外的牧师。在这种情况下，这位牧师就同时满足该委员会任命一名非机构成员和一名非科学家成员的要求。然而，机构需要确保其委员会满足任命至少 5 名成员的最低要求。在这种情况下，为了组建一个合理的 IACUC，农民大学除任命非机构成员和农用动物兽医成员以外，还将需要任命以下具有专业知识的成员加入 IACUC。

- 具有农业研究或教学经验的科学家。
- 主要关心科学以外问题的人员（如牧师、律师）。
- 在农用动物管理方面受过训练或有经验的科学家。

在 IO 进行任命后，这所农民大学的 IACUC 就正式组建起来了。它包括满足要求的各种角色和至少 5 个委员会成员。如果机构决定任命一名委员同时满足非机构和非科学成员的角色，那么还需要委员会任命至少一个额外的委员。

场景 2

GEU 只使用小鼠和大鼠进行研究。它还接受 PHS 机构（比如 NIH、FDA 和

CDC）的基金支持动物研究项目。由于接受 PHS 对脊椎动物研究的财政支持，而实验小鼠和大鼠不受 USDA 管辖，因此 GEU 需要建立一个必须满足 PHS 政策要求的成员身份的 IACUC。PHS 政策包括机构任命一个成员承担一个以上的成员职能的规定，而且还要求 IACUC 任命至少 5 名成员。依据 PHS 政策规定，要组建一个合理构成的 IACUC，GEU 须任命下列成员进入 IACUC。

- 具有实验动物研究方面专长的实际从事研究工作的科学家。
- 主要关心科学以外问题的人员（如牧师、律师）。
- 在实验动物科学和医学方面受过培训或有经验的兽医，其对机构中涉及的动物活动具有直接或授权的权限和职责。
- 一名非机构的 IACUC 成员，不隶属该机构，也不是隶属该机构成员的直系亲属。
- 至少还需要一名其他成员以满足任命 5 名 IACUC 成员的最低要求。

在此特定场景中，一旦 IO 任命了担任所需职能的成员后，IO 必须为 GEU 的 IACUC 指定并任命至少一名额外成员。例如，假如在 GEU 进行传染病的研究中，IO 可以任命一名具有生物安全专业知识的成员，有助于极大提高委员会对项目的监督能力。一旦由 IO 完成了成员的任命，IACUC 将被正确地组建并包含 PHS 政策所规定的最低成员人数。通常机构的 IACUC 应有 5 名以上的成员。IACUC 最理想的状态是拥有奇数名成员，这样可以更容易达到法定人数（如 5 名成员时法定人数为 3 名）。

场景 3

安迪氏生物制剂公司是一家小型抗体生产公司。公司研究人员只使用兔和豚鼠来生产定制抗体、全血和其他相关的生物制剂。该公司向客户收取其生产的产品费用，并且没有从外部获得基金资助。该机构仅限定使用 AWAR（第 9 章，A 分章，1.1 定义）中 USDA 管辖的动物。由于安迪氏公司只使用 USDA 管辖的动物，也没有从 PHS 相关机构获得资助，因此必须建立一个符合 AWAR 的 IACUC。考虑成员的职能，AWAR 还要求机构给 IACUC 任命一名有经验的兽医和一名非机构成员。然而，AWAR 却只要求机构给 IACUC 任命至少 3 名成员。除兽医和本机构成员外，安迪氏生物制剂公司还需要任命一名成员担任 IACUC 主席。

场景 4

大西方大学（GWU）的研究项目广泛，既有农用动物的使用又有实验动物的使用。研究活动的绝大部分是由 PHS 机构资助的。实验动物研究活动既包括 USDA 管辖的动物（如兔、犬和猫），也包括非 USDA 管辖的动物（如实验小鼠和大鼠）。GWU 也拥有经营性农场，提供牛、羊与猪供科学家进行食物和纤维素研究。由于该机构接受 PHS 支持的脊椎动物研究的资助，使用 USDA 管辖的物种，并使用农用动物从事食物和纤维素研究,因此委员会的成员资格必须同时符合PHS政策、AWAR 和《Ag 指南》。

这三个标准都一致要求机构为 IACUC 任命一名非机构成员。它们还要求任命一名有资质的兽医。由于 GWU 使用农用动物和实验动物,因此它需要为 IACUC 任命一位有资格为两种类型研究动物提供医疗护理的兽医,或任命两名兽医(即一位具备实验动物的专业知识,而另一位具备农用动物的专业知识)。GWU 还必须为委员会任命在农用动物和实验动物方面具有专业知识的实际从事研究工作的科学家。由于监管文件要求成员的最低人数是 5 人,因此至少需要任命 5 人为 GWU 的 IACUC 成员。GWU 还需要确保满足三个标准共同确认的每个成员的职能。此外,这些标准给机构提供了让一个人在委员会中担任多个成员角色的机会。因此,机构还必须任命下列职能的成员。

项目的农用指南组成要求部分(按《Ag 指南》)

PHS 关于组成的要求(按 PHS 政策)

- 一位在实验动物研究方面有专长的实际从事研究工作的科学家。
- 一位主要关心科学问题以外的人员(如牧师、律师)。

项目的农用指南组成要求部分(按《Ag 指南》)

- 一位具有农用动物研究或教学经验的科学家。
- 一位主要关注科学问题以外的人员(注:由于非科学成员是根据 PHS 政策要求任命的,因此不需要任命第二个非科学成员)。
- 一位在农用动物管理方面受过训练或有经验的科学家。

项目的 USDA 组成要求(按 AWAR)

- 不需要额外的任命,但是根据 AWAR 和 PHS 政策,至少有一位被任命的成员担任 IACUC 主席。

在此特定场景中,GWU 任命了 6 名成员。一旦任命了委员会的主席,该机构就满足了所有规范文件对成员的要求。GWU 中架构合理的 IACUC 有 5 名成员职能是必须的,包括一名在农用动物和实验动物方面都经过培训的兽医、一名非科学成员、一名非机构成员以及 3 名具备所需专业知识的资深科学家。如果 GWU 任命两名兽医成员(农用动物和实验动物),委员会成员会增加到 7 名。

IACUC 的职能

法规要求每个机构都要对其 ACUP 进行自我调整和监督。虽然 IO 和 AV 提供了关键的项目所需的相关资源与支持,但法规要求机构建立 IACUC,以监督和评估其 ACUP 的构成与功能。例如,PHS 政策和 AWAR 将委员会的具体职能定义如下。

（1）至少每 6 个月对机构的 ACUP 做一次审查。IACUC 利用审查来验证项目的各组成部分是否遵从联邦法规和政策。在项目审查期间，IACUC 成员可以审查诸如该机构用于研究的脊椎动物饲养管理和使用的有关政策、各种标准操作规程、申请书模板文件以及各项规范等。

（2）至少每 6 个月检查一次用于饲养研究用动物的设施和其他区域（如 PI 的实验室或附属动物设施）、进行动物实验活动的房间，以及笼具清洗和饲料储存区域等机构中的辅助动物设施，包括进行动物研究的区域。

（3）准备项目审查和检查的书面报告提交给 IO。

（4）如果有必要，对机构中涉及动物饲养管理和使用的、公众关注的问题进行审查和调查。公众关注的问题包括公众投诉、违规举报或影响动物福利的不良事件。

（5）向 IO 提出有关机构 ACUP 各个方面的建议，如设施、人员培训或 OHSP。

（6）审查与批准要求修改（以确保批准）或拒绝修改的拟议的本节（4）条所述的与动物饲养管理和使用有关的所有内容。

（7）对一直在进行中的动物饲养管理和使用活动有重大变更的建议进行审查和批准，要求修改（为获得批准）或拒绝。

（8）有权暂停涉及本节第（4）（6）条规定动物的活动。该权限超过了 CEO 或 IO 的权限。简而言之，"如果 IACUC 暂停或不批准动物饲养管理和使用活动，任何人都不能推翻这一决定。"不过，需要注意的是，CEO 或 IO 可以驳回 IACUC，并否决任何由委员会批准的动物使用活动。

利 益 冲 突

在执行实施相关事务的过程中，IACUC 成员可能会遇到取消执行公务资格的情况。PHS 政策（第 4 节[C][2]，第 14 页）和 AWAR（第 2.31 节[2]，第 24 页）指出，任何 IACUC 成员"都不得参与与其利益相冲突活动的审查或批准（如亲自参与该活动的）……"。因此，IACUC 成员必须报告所有与 IACUC 所有事务有关的潜在或已存在的利益冲突（conflicts of interest，COI）。

最佳实践会议与会者表示，他们将 IACUC 成员参与的下列类别的活动均视为有利益冲突。

（1）该成员是所审查和批准活动的 PI 或共同 PI。

（2）该成员是所审查和批准活动的资金提供者。

（3）该成员从所审查和批准活动获得资金。

（4）所审查和批准活动的 PI 是该成员的导师。

（5）该成员是所审查和批准活动 PI 的家庭成员。

（6）该成员位列所审查和批准活动的子课题基金人员名单。

（7）该成员与基金项目提供者具有经济利益关系（按 GEU 定义的利益冲突政

策)(注：虽然该成员的外围活动或间接参与可能不会上升到 COI 的水平，但可能导致其在投票或讨论时弃权)。

如果一名成员认为其参与的某项讨论或审议将会发生冲突，那么该成员应在委员会开始讨论之前就进行告知。这可以在会议开始前或讨论开始前由该成员通知 IACUC 主席或 IACUC 管理员完成。有具体利益冲突的委员会成员在委员会审议相关问题之前，有义务离开会议室。如果在讨论某一议题时成员认识到存在 COI，该成员应宣布存在潜在的冲突，并离开会议室，之后委员会再进行后续的讨论和随后的投票。有利益冲突的成员可以提供信息给委员会审议，但不应参与委员会决策过程。

为了证明 IACUC 坚持明确的和无冲突的审查活动，一些机构在每次 IACUC 会议开始时先宣读一份利益冲突声明。例如：

如果您意识到与今天在审议中的任何研究人员、实验方案或业务事项存在利益冲突，您必须在 IACUC 审议和投票之前离开房间。如果您在讨论中意识到您有利益冲突，您应该声明并离开会议室，以便进行后续的讨论和投票。冲突的实际性质无须披露。不确定某一特定情况是否为潜在冲突的成员，可在会议期间将该问题提交 IACUC 审议，或开会之前将该问题提交 IACUC 主席或 IACUC 管理员。

成员保密要求

机构的 IACUC 成员参与对动物的人道饲养管理和使用的评估。为了保护机构及其研究人员的诚信，成员不得向任何非 IACUC 成员披露机密或专有的信息（方案或研究者特定信息）。未经 IACUC 主席、IACUC 管理员或 IO 的同意，成员不得向第三方讨论、沟通或透露 IACUC 工作的任何细节（如实验方案审查、违规问题讨论、分委会调查或审查等）。

（谢忠忱 译；常 在 校；范 薇 审）

第五章 方案的审核与批准

场 景

GEU 项目负责人（PI）的动物饲养管理和使用活动在启动前需要通过 IACUC 的审查和批准。此外，GEU 的内部政策是包含以动物死亡作为研究的一部分（即以死亡为终点）的所有研究方案，需要通过 IACUC 全体委员的审查和批准。

在全体委员会会议上，IACUC 审查了一项研究方案，其中包括用耐甲氧西林金黄色葡萄球菌（MRSA）感染小鼠。研究目的是确定在没有抗生素治疗的情况下，该病原体的侵袭性如何。

在讨论过程中，IACUC 成员考虑了生物安全员（biological safety officer，BSO）和校医提供的信息。根据所提供的信息，委员会成员了解到 MRSA 将得到适当的控制，操作该病原体的工作人员都经过充分培训，而且有防护以免受感染，委员会成员对此感到满意。

但是，有两名 IACUC 成员建议在批准之前修改关于动物操作的研究方案，其他委员会成员也表示赞成。他们共同制定了一份重要变更清单，PI 必须完成这些变更后才能获得 IACUC 批准。

委员会成员将两个主要问题确定为重大关切项。尽管 PI 建议将死亡作为终点，但是成员并不认为让动物死于感染对于研究成功是必要的。他们一致认为，PI 应考虑制定实验终点（大部分或所有科学成果已证实的终点）和人道终点（动物受到的痛苦是不可接受的，应停止的终点）。委员会的结论是，一旦确定了适当的实验终点，就没有必要将死亡作为终点，并且应制定评定标准（如体重迅速减轻、不能或难以起身或走动、呼吸困难或脱水）以指示何时必须将实验动物从研究中移除。

该研究方案简要描述了用 MRSA 感染动物的过程。PI 描述到会划伤动物的皮肤，然后使用浸有 MRSA 悬浮液的棉签直接涂抹在伤口上。IACUC 对此有质疑，因为没有描述操作细节。例如，描述中没有说明伤口位置、伤口是如何形成的具体细节（如是否剃毛、是否使用手术刀、每个伤口的深度、使用什么方式以确保动物之间的一致性），以及每只动物接种的 MRSA 剂量。

IACUC 主席指派最初提出修改建议的两名 IACUC 成员为进行指定委员审查的委员（designated member reviewers，DMRs）。其余 IACUC 成员同意使用 DMR 流程审查该研究方案，期望 DMRs 将确保委员会的意见得到充分解决。

DMRs 联系了 PI，并讨论了为什么必须将死亡作为终点。经过讨论，DMRs 同意出于科学原因需要将死亡作为终点。此外，DMRs 对接种操作的描述表示满意。考虑到获得 NIH 的基金取决于 IACUC 对动物活动的审查和批准，两位 DMRs 都同意 PI 已对研究方案进行了充分修改，并得到了 DMRs 的批准。

尽管 GEU 的 IACUC 制定了一项政策，要求所有以死亡为终点的研究方案需要在全体委员会会议上审查和批准，但由于该方案的审查是在全体委员会会议上启动的，因此两位 DMRs 都确认批准该研究是合理的。此外，他们认为，由于主要问题是他们自己提出的，并且他们已被 IACUC 主席指定为 DMRs，因此没有必要将其转回 IACUC，否则只会延长审查期。尽管委员会政策要求以死亡为终点的研究在全体委员会会议期间由 IACUC 审查和批准，但是最终批准该项目的是 DMRs。

几天后，其中一位 DMRs 质疑研究方案的批准，因为它没有如 IACUC 政策规定的那样在全体委员会会议期间批准。因此，他与负责审查的同事讨论了这个问题，他们认为有必要向 IACUC 主席提出建议。经过讨论，IACUC 主席表示，由于审查员没有按照政策要求将该问题返回给 IACUC，因此该方案未获批准。他表明该研究方案需要在下一次全体委员会会议期间进行审查和批准。

什么是允许的？什么是适当的？

在此场景中，IACUC 主席的决定并不完全正确。研究方案审查与批准过程确实符合联邦法规和政策。联邦指南允许指定的审查员批准，要求修改以确保批准，或将提交的方案转回委员会进行审查。尽管偏离既定的 GEU 政策可能会导致 IACUC 采取行动，但联邦法规不要求 DMRs 一定要将提案转回全体委员会进行审查。根据联邦法规和政策，DMRs 有权决定研究方案审查结果，但没有不批准方案的权限。

然而，IACUC 主席的逻辑并非完全不对，因为任何研究方案都可能随时被 IACUC 重新审查。尽管该研究方案已得到 DMRs 的正式批准，全体委员会仍可以应任何成员（包括 IACUC 主席）的要求重启审查。

特别程序性说明：当一个项目是在全体委员会层面讨论时，PHS 和 OLAW 指南仅允许在所有有表决权成员都出席并且都同意可以进行 DMR 程序的情况下，才可以将研究方案指定给 DMR，或者所有成员先前已签署了同意书，在所有出席 IACUC 会议的成员（不一定是 IACUC 的所有成员）一致同意的情况下可以将方案发送给 DMR。

法规要求和资源

（1）PHS 政策[B(6)(7)，第 12 页]要求在研究开展前，机构需审查和批准研究中拟进行的动物使用活动。

（2）AWAR[2.31(8)(d)(i～x)]要求在研究开展前，机构需审查和批准研究中拟进行的动物使用活动。

（3）OLAW 常见问题（FAQ）；D（方案审查）问题 19："当需要修改以确保批准时，IACUC 是否可以在全体委员审查（full committee review，FCR）之后使用 DMR 方式审查动物研究方案？"

方案预审（IACUC 管理员和兽医审查）

虽然预审过程不是联邦要求，但参加以往 BP 会议的大部分 IACUC 管理员表示他们的机构使用研究方案预审流程。大多数机构都会对提交的方案进行预审，以在进入正式的 IACUC 审查流程之前确保它们的格式内容是完整的。许多机构报告称，预审过程将确保向委员会成员提供他们作出明智决定所需的所有信息，从而缩短方案批准时间。

在 BP 会议期间，与会者确定并讨论了两种不同类型的预审做法以及每种做法的好处。

IACUC 管理员预审

IACUC 管理员一般会预审所有提交给 IACUC 的方案。在预审过程中，他（她）将确保方案格式内容是完整的。IACUC 管理员将确保方案申请中所有的问题都得到回答，并且所有列出的人员都已完成所需的培训，并获得医疗服务机构的授权可进行动物相关工作。此外，许多 IACUC 管理员还会确认申请者对问题的回答是一致的。例如，进行实验所需的动物数量应等于所申请的动物数量。

几位 IACUC 管理员对潜在疼痛或应激操作程序复查了"搜索替代方案"，以确保使用了适当的关键词、数据库和搜索范围。

通常，IACUC 管理员确保研究方案中列出的所有操作都有完整描述。例如，如果 PI 表明他（她）将进行立体定位手术，但没有描述手术过程或未包括受试动物的准备步骤，则 IACUC 管理员将要求其提供更多信息。也有 IACUC 管理员会确认方案中给出的所用试剂的剂量，并在必要时适当定义和设定终点。

在许多机构都有管理政策要求在启动 IACUC 审查之前，由 IACUC 管理员对提案进行预审。在其他一些机构中，IACUC 管理员经常被认为是研究人员的助手。他们将帮助 PI 准备完整而清晰的研究方案，这些研究方案易于理解并可快速得到委员会的批准。IACUC 管理员还将采取必要措施确保 PI 保持研究的合规性。

兽医预审

除 IACUC 管理员预审外，机构还经常要求在正式 IACUC 审查开始之前进行兽医预审。几乎在所有情况下，兽医预审的主要目的是帮助 PI 制定完整和清晰的研究方案。这一过程将有助于确保委员会能够进行全面的审查并就项目批准作出正确的决定。

与 IACUC 管理员预审一样，政策或法律层面上并不要求单独的兽医预审，除非研究方案包括可能对动物造成疼痛或应激的操作。在这种情况下，AWAR 要求进行兽医审查。在一些机构中，兽医预审也是对涉及潜在疼痛或应激操作项目进行的必要的兽医审查。

在进行兽医预审时，兽医通常关注的是可能影响动物福利的操作（如安乐死方法、外科手术、终点以及麻醉剂和镇痛剂的正确使用）。

在一些机构中，兽医在完成预审后会亲自签署研究方案。这个流程通常用于记录兽医对一些特定方案的审查和批准，如方案包括特定内容时，如存活手术、止疼药的使用和安乐死等。在使用此流程的机构中，兽医的签字证明该方案在（兽）医学上是令人满意的。

实施 IACUC 审查流程

要启动研究方案审查流程，机构必须向 IACUC 成员提供一份提请审查的研究方案清单，并有足够的时间对方案进行全体委员审查。机构有不同的方法来向 IACUC 成员分发待审查的动物饲养管理和使用项目。

IACUC 收到提交的研究方案后，必须给予 IACUC 成员足够的时间来审查每份提案，并有机会要求在全体委员会会议期间对其进行讨论。一旦每个成员都有机会要求一份提案由全体委员审查，机构就开始了其内部审查过程。例如，一些机构在全体委员会会议期间审查所有新提交的研究方案，而另一些机构则主要使用 DMR 流程。对于后一种机构，IACUC 主席可以指派合格的 DMRs 来审查提案，前提是没有成员要求在全体委员会会议期间对其进行审查。

正如预期的那样，每个机构都以不同的方式定义了"足够的时间"来召集全体委员会。虽然一些机构只有 2 天，而另一些机构为 30 天，但是许多 BP 会议与会者认为 10 天是"足够的时间"让委员来决定是否需要提请全体委员审查。例如，假设一个机构决定给 IACUC 成员 10 天时间来审查每个提案，以决定是否应该在全体委员会会议上讨论它。行政办公室可以采取以下流程。

a）IACUC 管理员制作一份提案分发模板，用于每周将提案发送给委员会成员。该模板会告知委员会成员需要审查的提案，还会告知如果委员希望使用 FCR 流程审查某些提案，则他有 10 天的时间通知 IACUC 管理员和 IACUC 主席。

b）在工作日随时可以提交提案。在一周结束时，IACUC 管理员会准备好收到的提案清单。该清单的标题可能是"2015 年 1 月 29 日 IACUC 提案列表"。对于列表中的每个提案，都提供了 PI 的姓名、研究方案编号和提交类型（如新的提案、修改的提案或年度审查），以及提案的概要或通过私人服务器访问的相关文件。

提案列表通过电子邮件发送给所有 IACUC 成员。

c）10 天的期限过去后，那些被确定需要 FCR 的研究方案将在下一次安排的定期全体委员会会议上进行讨论，而其他所有研究方案将由 IACUC 主席分配给有资质的指定审查员。

BP 会议与会者提供了额外的指导，并指出每个机构都应建立一种机制来确认所有成员都有机会为每个提案请求 FCR。例如，使用电子邮件可以有效地分发提案，但是如果有委员会成员没有收到电子邮件，则无法满足通知每个成员并留出时间要求全体委员审查的要求。因此首选能够记录收件人何时收到邮件的电子邮件系统。此外，许多 BP 会议与会者表示已制定了有关如何执行这些流程以及要求全体委员审查的最短期限的政策。

全体委员审查流程

机构经常使用 FCR 流程来审查和批准动物相关活动。在 FCR 期间，法定人数（即超过半数）的 IACUC 有表决权成员在公开和公正的业务会议中讨论待审查的动物相关活动。委员会成员应对提议的活动提出质疑和审议。一旦审议结束，有表决权成员提请采取正式行动（即动议）。如果研究方案完整并且 IACUC 作出最终决定，委员会成员通常会动议批准或不批准提案。一旦提出动议，IACUC 主席通常会为成员提供最后的讨论机会。在没有讨论的情况下，第二位有表决权成员对提议的建议表示确认肯定（即对动议的附议）。IACUC 主席随后会要求委员会成员投票赞成或反对该动议，并理解任何成员都可以选择不对该动议投票（即弃权）。当有表决权的大多数成员投票赞成该动议时，该动议获得通过。

在某种情况下，必须在 IACUC 批准提案之前对方案进行修改。机构通常采用 4 个主要流程来促进全体委员审查的流程：①主要审查员的使用；②在 FCR 期间与 PI 沟通；③搁置提案至下一次 FCR；④DMR 的使用。

主要审查员的使用

在一些机构中，主要审查员用于支撑 FCR 流程。在使用主要审查员流程的机构中，IACUC 管理员和/或主席指派最合格的委员会成员担任主要审查员。例如，一项使用小鼠模型研究癌症治疗的研究方案，将分配给一位在委员会中在使用小鼠进行癌症研究方面经验丰富的科学家成员。

一旦确定了主要审查员，他（她）将对方案进行全面审查。在 FCR 之前，审查者和 PI 共同确保方案完备，可提请 IACUC 批准。例如，如果审查员认为在 IACUC 批准之前需要修改提案，他（她）将联系 PI，一起修改研究方案。反之，如果审查员认为方案已完备可以提交批准，他（她）可以将提交的书面方案转发给委员会。在 FCR 之前大约 2 周（平均），主要审查员将研究方案提交给 IACUC 管理员作为会议议程的一部分，IACUC 管理员将研究方案分发给委员会成员。

在会议期间，主要审查员通过为委员会成员简介研究方案来启动 FCR。例如，审查者可能会强调其中导致疼痛的操作并讨论人道实验终点。主要审查员还可以确定方案中一些特殊操作需要听取其他委员会成员专家的意见。审查者通常会在完成他（她）的审查时提出批准或拒绝方案的建议。IACUC 随后完成 FCR 过程。

在 FCR 期间与 PI 沟通

在一些机构中，PI 向委员会介绍其研究方案作为 FCR 流程的一部分。在 FCR 之前大约 2 周（平均），PI 将研究方案提供给 IACUC 管理员作为会议议程的一部分，IACUC 管理员将研究方案分发给委员会成员。PI 通过在 IACUC 会议上简介研究方案来启动 FCR。PI 通常会讨论他（她）的研究目标，并确定有必要使用动物的原因。IACUC 随后在 PI 退出会议后执行 FCR 流程。

如果研究方案在 IACUC 批准之前需要修改以确保获得批准，必要时会邀请 PI 参加会议进行解释和澄清。在这种情况下，PI 应回答 IACUC 成员提出的任何问题。BP 会议与会者一致认为，这一流程还为 IACUC 成员提供了介绍自己和 IACUC 流程的机会。这样委员会成员有机会解释他们的职能，并回答 PI 可能对 IACUC 监督机制提出的任何问题。

搁置提案至下一次全体委员会会议

在某些机构中，如果提案必须进行修改才能通过 IACUC 批准，则该提案可以被搁置。《韦氏词典》将"搁置"定义为"决定稍后再讨论"。因此，当 IACUC 搁置某项提案时，该提案的审阅会顺延至下一次全体委员会会议。IACUC 主席可以决定是否搁置某项提案，搁置不需要 IACUC 投票决定。

在方案审议期间，IACUC 确定在批准之前对方案必须进行的修改。在 IACUC 审议期间，IACUC 管理员会记录所需的修改。审议过程完成后，IACUC 管理员将与 IACUC 一起审查所需修改的列表，然后将所需的修改传达（如通过电子邮件或通过现场会议或电话交谈）给 PI。IACUC 管理员要求 PI 对方案进行必要的修改，并将其提交给 IACUC 进行后续审查。再次提交的方案随后通过 FCR 流程再次审查。

指定委员审查的使用

通常，进行 FCR 的研究方案需要进行重大更改才能获得批准。在某些机构中，IACUC 主席会在全体委员审查之后分配 DMR。DMR 随后以正式身份批准方案，要求 PI 在批准前对方案进行修改，或将方案发回至全体委员会进行审查。对于在 FCR 之后进行的 DMR 任务，所有 IACUC 成员必须以书面形式（附录 11）同意，在适当时候召开的成员会议上可以在一致同意的情况下决定采用 DMR 流程。如果尚未签署此类协议，对于在全体委员审查后分配一个或多个 DMRs，所有委员会成员必须出席并一致投票同意方可决定使用 DMR 流程审查提案。最常见的是由主席担任 DMRs，但在某些情况下，如果管理员是 IACUC 有表决权成员，也可以是 IACUC 管理员担任 DMRs。

注：当所有成员都不在场时，要在 FCR 之后分配 DMR，必须遵循 OLAW 常见问题解答（D 部分，研究方案审查，问题 19）中的规定。

机构的委员会有时候会邀请行业专家来协助审查复杂的问题。虽然非委员会成员不能在提案的最终表决中投票，但特邀专家可以在讨论中提供专家意见以供 IACUC 参考。

尽管不是联邦政府要求，但一些机构的政策要求一些特定类型的研究方案必须经过全体委员审查。这类提案不符合 DMR 的条件。评判的原则通常基于所进行的研究的侵入性或类型。例如，一些机构要求涉及存活手术和 E 类疼痛的研究方案必须经过全体委员会讨论。而另一些机构则采用了更广泛的分类。例如，一些机构要求所有涉及美国农业部（USDA）管辖物种的研究方案都由全体委员审查，而另一些机构则要求所有新的和三年一次的（即二次开始的）审查由全体委员审查。通常，IACUC 还有一些其他需要全体委员审查的特殊情况（如以死亡作为终点或预期超过 10%死亡的方案）。

指定委员审查流程

除 FCR 流程之外，法规和政策还包括使用 DMR 流程进行审查的规定。机构在使用 DMR 流程时允许 IACUC 主席指派一名或多名具有相关专业知识的 IACUC 成员担任 DMR 进行审查，然后批准研究方案。在 DMR 过程中，指定的审查员独立于 IACUC 进行审查和批准指定的方案。他们可以选择也可以不选择考虑其他成员的意见。批准研究方案的决定权仅属于指定成员。DMR 有权批准项目，要求修改研究方案以获得批准，或将其提交回全体委员会进行审查。但 DMR 没有否决研究方案的权限。

想要启动 DMR 流程，必须满足特定的条件。在 IACUC 主席任命委员会成员为 DMR 之前，必须向所有 IACUC 成员提供一份待审查的研究项目清单。项目的书面描述必须提供给 IACUC，并且每个成员必须有足够的时间来决定他（她）是否希望该研究方案接受 FCR。此外，IACUC 主席必须决定哪个成员具有适当的专业知识可以担任 DMRs。IACUC 主席还可以为同一个提案分配多个 DMRs，每个 DMR 审查相同版本的研究方案。如果出现这种情况，所有 DMRs 必须就研究方案的审查意见达成一致。例如，如果研究方案需要修改才能获得最终批准，则 DMRs 必须一致同意 PI 的修改充分解决了这些问题，这样项目才可以获得批准。如果 DMRs 不能达成一致，该研究方案必须进行 FCR。

再次重申：一致同意的理念很重要。如果不止一名成员被指定为同一个研究方案的 DMRs，那么在最终批准之前，所有 DMRs 都必须一致同意提案可以获得批准。至关重要的是他们不应通过"投票"来决定提案的批准与否。DMR 过程不是民主制的多数表决，而是一致同意的结论。审查者的决定必须一致，任何不一致的决定都会导致研究方案进入 FCR 流程。

指派进行指定委员审查的委员

联邦政策要求由 IACUC 主席进行 DMR 分配。在之前的 IACUC 管理员 BP 会议上，与会者讨论了适用于满足联邦政策要求的各种方法。BP 会议与会者一致认为，让 IACUC 管理员指派进行指定委员审查的委员更为合理，但法规要求是由 IACUC 主席指派。与会者通常使用两种方法来满足监管要求，而又不会使过程过于烦琐。

在这两种方法中，IACUC 管理员都会辅助该过程。一种方法是，一旦"召集全体委员审查"期结束，IACUC 管理员会确定一名有资质的指定审查员候选人作为特定提案的 DMRs。在这种情况下，IACUC 管理员通过电子邮件将建议发送给 IACUC 主席，主席通过电子邮件的"回复"功能确认，这样就认为 IACUC 主席已完成相应的指派。IACUC 管理员随后将这些指派通知指定的 DMRs。另一个过程与之类似，一旦"召集全体委员审查"期结束，IACUC 主席通过电子邮件将 DMR 指派情况发送给 IACUC 管理员，然后 IACUC 管理员通知 DMRs。

使用指定委员审查流程的好处

BP 会议与会者表示，有效使用 DMR 流程显著提高了他们的审查效率，减少了委员会成员的工作量。在大多数情况下，机构制定了标准操作规程（SOP），确定了适用 DMR 流程的情况和程序。BP 会议与会者报告，DMR 流程通常在 10 天或更短时间内完成，而 FCR 则需要 30～45 天才能完成。

指定委员审查流程的潜在问题

联邦办公室的工作人员就指派 DMR 提供了以下建议。USDA 代表表示，指派 DMR 并没有直接在法规中规定，但 IACUC 管理员不应进行正式指派，除非他（她）有 IACUC 主席的书面授权。有人还建议 IACUC 管理员在向委员会成员指派 DMR 任务时，应当将相关内容抄送 IACUC 主席。

此外，监管参与者重申，在指派 DMR 之前，所有委员会成员必须有机会审查到研究方案（即由于法规中没有定义时间段，因此每个机构都必须制定合理的时间表）和自行决定是否要求委员会进行全面审查。预审的机会意味着每个成员至少必须收到一份研究方案列表，其中包含应委员会成员的要求提供的简短但详细的概要（即列表不只包含 PI 姓名和研究方案编号）。一些机构只是简单提供研究方案，而不是对研究活动的细节详细描述，并使用内部服务器提供完整的文件（如研究方案等）。

偶尔，机构有一个由 IACUC 主席制定并事先批准的 DMR 任务轮换名册。有些机构在 IACUC 主席不在时，会书面授权 IACUC 副主席指派 DMRs。但是，法规或政策的目的并不是将职责直接委派给 IACUC 主席以外的任何人。

使用视频和电话会议进行研究方案审查

尽管 USDA 和 OLAW 允许通过有限制的电子通信进行 IACUC 活动，但几乎所有机构都将此选项限制在特殊情况下才使用。BP 会议与会者强调了"不影响审查和互动的质量"和"确保电话会议为强有力的审议和互动提供了相同或更好的机会"等监管术语的关键性。

利用面对面的会议进行研究方案讨论和审查是最佳实践。但是，对于在距离核心设施数英里①的附属设施处工作的委员会成员来说，使用电话会议设备参加会议更方便。但是，如果核心设施处的所有成员都通过电话会议参会而不是面对面会议，则是不可接受的。而对面会议的好处在于可以有更多的个人互动和肢体语言——这些活动有利于委员会讨论研究方案时的顺畅交流。

不应滥用允许在 IACUC 会议中使用视频和电话会议的规定。这些方法的建立是为了让委员会能够在有困难或具有挑战的情况下进行方案审查，而不是替代常规召开的面对面会议。不应为了方便而使用电话会议。

全体委员审查与指定委员审查

一般来说，代表性的机构同样使用 DMR 和 FCR 流程。但越来越多的机构正在最大限度地或准备最大限度地利用 DMR 流程，与其他审查选项相比，与会者更偏爱 DMR 流程的高效。与会者完全同意，如果使用 DMR 流程，机构必须有清楚和明确的程序进行约定。

接受申请的动物实验活动

BP 会议与会者描述了许多不同的研究方案模板，但它们都有一个基本的架构。该研究方案模板旨在收集 IACUC 评估和批准研究人员提出的动物活动所需的信息。机构设计的研究方案模板收集了保护动物福利所需的信息，并确定待审查的活动符合联邦法规和政策。

BP 会议与会者确定了提交研究方案、修正案和年度报告的许多选项。尽管没有哪一个流程被证明是最优越的，但每个流程都是独特的，适合机构的相应需求。

尽管提交流程是独一无二的，但它们确实具有一些共同特征，机构认为这些特征是提高流程效率的步骤。例如，许多机构不再要求 PI 亲自签署他们的提案。这一变化促进了电子邮件的使用，允许 PI 更有效地向 IACUC 管理员提交研究方

---

① 1 英里（mile）=1.609 344km。

案。为确保 PI 参与提交过程，大多数机构要求 IACUC 提案直接由 PI 的工作电子邮件地址提交。向以电子方式接受研究方案提交的转变，允许 IACUC 管理员使用电子邮件将研究方案分发给 IACUC 成员以供审查。

使用经批准的 SOP 作为实验方案的一部分

一些机构允许 PI 在其研究方案中引用 IACUC 批准的特定 SOP，而不要求对操作步骤进行完整描述。例如，IACUC 可以针对小鼠基因分型组织样品的采集，形成和批准一个可接受的流程（即 SOP）。在一些机构中，PI 并未在其方案中对基因分型组织样品的采集提供具体程序，而是说明将根据 IACUC 批准的关于小鼠基因分型组织样品的采集的 SOP 进行采样。在引用 SOP 的情况下，大多数机构都要求 PI 将一份 SOP 副本作为提交方案的一部分。

虽然这可能是提高流程效率的一种方法，但大多数 BP 会议与会者对这种做法持有保留意见，因为 SOP 是可以修改的动态文档。使用 SOP 作为提交方案补充描述的机构必须以审查方案一致的频率重新审查 SOP，和/或在 SOP 修改时审查/批准对方案的修订。

大多数 BP 会议与会者都同意将所需信息直接放入研究方案中；否则，流程会变得过于自动化，并且 PI 开始过度依赖 SOP，而不会考虑他们的研究方案。如果采用 SOP，则应定期对其进行审查，如果"寻找替代方案"是 SOP 的一部分，则应定期更新。必须建立一个系统，以便在修订 SOP 时通知 PI。

一份 BP 会议记录表明，虽然 IACUC 为特定程序制定最佳实践或 SOP，但 PI 仍然在其研究方案中列出他们将如何开展活动。如果 PI 在研究方案中引用指南，则应谨慎对待，因为指南本质上是为制定方案时提供指导。值得注意的是，由于某些研究方案每 3 年仅审查一次，因此 IACUC 必须有流程来确保使用最新的 SOP。此外，如果 SOP 用于涉及 USDA 管辖物种的研究方案，则必须至少每年审查一次 SOP。此外，在解释 AWAR 时，PI 必须在方案中概述对替代方案的寻找，包括可能进行的疼痛操作的 SOP。此概述必须由 PI 完成，并作为 IACUC 提案的一部分。

如果 IACUC 在 AAALAC 认可的机构中使用 SOP，则必须（以某种形式）将 SOP 包括在项目审查中。与会者指出，在研究方案中引用 SOP 时，IACUC 还必须考虑 SOP 活动如何影响研究方案的结果。

实验方案变更

大多数科学家可能会在他们研究方案的 3 年运行周期中的某个时间发现，他们有一个新想法，希望尝试不同的方法，或者想知道其他试剂将如何影响他们的研究结果。虽然此类调整是从事科学研究的一个特点，但科学家有义务仅执行那些 IACUC 批准的程序、使用批准的试剂或尝试已获得批准的方法。由于所有动物饲养管理和使用程序在执行之前都必须得到 IACUC 的批准，因此机构已经形成修改研究方案的方法。用于获得修改批准的文件称为变更申请。

大多数 BP 会议与会者表示，他们的机构接受研究方案的变更申请作为补充文件。在这种特殊情况下，一些机构表示，只能对研究方案进行 4～5 次修订，否则需要提交一份包含所有修订信息的新研究方案。一旦该机构的 IACUC 审查并批准了新的提案，旧的就作废了。其他机构制定的政策要求，PI 将修改直接纳入其已批准的研究方案文本中，从而创建一个新的完整研究方案。这些机构通常要求 PI 通过突出显示或更改字体来识别新文本（即变更申请），以将其与研究方案的其余部分区分开来。在这两种情况下，IACUC 通过全体委员审查或指定委员审查程序进行审查和批准变更申请。

重大与非重大（或次要）变更

美国农业部法规和 PHS 政策（OLAW 常见问题解答 E 部分，项目审查和设施检查：问题 2）都定义了重大变化。BP 会议与会者一致认为，对重大变化更实际的定义是任何可能影响参与研究活动的动物或人类的健康和福祉的行动或结果。

BP 会议与会者一致认为，只有重大的方案变更（即需要委员会审查和批准的修改）必须由 IACUC 审查和批准。然而，大多数人赞同的是包括次要修改在内的所有的研究方案变更，都应该通过 IACUC 的行政办公室提交，以便跟踪和记录。

出于一致性目的，每个机构都必须制定政策，定义需要 IACUC 审查和批准的重大研究方案变更，以及那些非重大（次要）并且可以通过其他方法处理的变更。该政策还应确定研究方案变更类型，以便由 IACUC 管理员、DMRs 或 IACUC 主席审查和批准。

一些机构确定了可以由 IACUC 管理员审查和批准的研究方案变更（如人员增加、名称变更、添加新的基金来源、动物获取方法和/或供应商的变更）。许多与会者指出，他们的机构不需要 IACUC 审查次要变更，但所有批准（次要变更）都会在下次会议上报告给 IACUC。BP 会议与会者明确表示，不应将此类审批流程称为"行政审批"，其认为此类术语具有误导性，可能会给 PI 理解必要的审批要求带来问题。无论使用何种流程，对于那些得到 PHS 保证书的机构，方法都应包含在其中。

人员变更

超过 50%的 BP 会议与会者都同意，除 PI 外，其他研究方案人员的变更可以由 IACUC 管理员审查和批准。USDA 和 OLAW 的代表证实，只要有变更的个人不是研究中的 PI，以行政方式处理人员变动是适当的。在批准的动物研究中与增加人员相关的监管问题是，IACUC 需要验证研究方案参与者是否具有适当的资格和技能来执行他们计划执行的操作。几位与会者指出，他们的 IACUC 已经制定了操作程序以供 IACUC 管理员在评估研究方案人员增加时使用。一般来说，IACUC 的 SOP 定义了每个动物使用者为某些类型的活动必须完成的基础培训。例如，当某人被添加到涉及小鼠外科手术的研究方案中时，新的研究方案参与者被要求完成在线合规培训、啮齿类手术培训模块、物种特异性小鼠模块以及职业健康和安全计划（OHSP）培训模块。IACUC 管理员将审查模块以确认每个模块的培训已成功完成，然后再将人员添加到研究方案中。如果个人希望根据当前技能获得批准或不希望完成所需的模块，IACUC 管理员会将人员变更申请转发给委员会，以采取正式的 IACUC 行动。

年度审查和再审查

虽然 USDA 要求对批准的活动每年进行重新评估，但许多机构为所有批准的动物研究方案（即不仅仅是 USDA 管辖的物种）制定了年度审查表，并要求 PI 至少每年向 IACUC 提交一次相关资料。通常要求的资料信息包括过去一年是否发生任何未报告的不良事件、研究进展报告、使用的动物数量以及自上次报告以来所做的任何更改的总结。

根据 PHS 政策，IACUC 必须每 3 年对 PHS 基金（如 NIH、CDC、FDA）资助项目的动物饲养管理和使用项目进行重新审查。在重新审查期间，IACUC 必须重新审查与正在进行的动物饲养管理和使用项目相关的活动。审查必须符合规定并最终得到 IACUC 的批准。BP 会议与会者表明，他们的机构使用 DMR 或全体委员审查流程来进行重新审查（3 年重新审查）。总而言之，虽然大多数 BP 代表所在机构对所有 IACUC 批准的研究方案都进行年度和三年期审查，但事实上，法规仅要求对 USDA 管辖的活动进行年度审查，并且根据政策，仅 PHS 涵盖的研究需进行三年期审查（*de novo*）。

加急审查

BP 会议与会者正在使用几种不同的做法来管理需要快速周转的审查。与会的监管代表对"加急"一词的使用表示谨慎，因为这通常意味着审查和批准使用捷径或最低限度的方法。BP 会议与会者一致认为，该过程是一个加速审查过程，而不是一个捷径审查。所有人都同意不建议使用"加急"一词，而应优先使用"加速"一词。

审查特定抗体生产的实验方案

通常，只进行体外研究的科学家会使用必须在动物体内产生的定制抗体。当抗体生产涉及使用动物时，即使所有其他程序都是体外的，也需要 IACUC 监督。

特别是当体外研究是通过合同或 PHS 基金资助时，受资助者需要有一种机制来确保定制的抗体是由维持 OLAW 动物福利保证的机构所生产的，但使用商业或现成生产的抗体不需要。抗体通常是定制生产的，以满足研究人员的需求。如果研究科学家的研究是 PHS 基金资助的，那么使用为他（她）的研究需要而定制的抗体时，科学家必须确保抗体是在 IACUC 的监督下生产的。一些机构通过要求 PI 完成"定制抗体生产"研究方案申请来满足这一要求。该文件通常要求 PI 提供生产抗体机构的 PHS 保证号和 USDA 注册号。通常，AAALAC 认可的机构也会要求抗体生产商提供认可状态。

USDA 认为定制抗体生产是一项研究。因此，抗体生产是在 USDA 的主持下进行的，用于这些目的的动物必须在该机构向 USDA 提交的年度报告中报告。当使用商业来源生产的抗体时，抗体生产商会报告动物使用情况。由于商业抗体可能是购买现成的或从已发布的目录中订购（不需要 IACUC 批准），因此 IACUC 需要确定 PI 使用的是定制抗体还是商业抗体。确定是否需要研究方案的一个简单测试是询问：任何人都可以通过公开目录购买该抗体吗？如果是（任何人都可以购买完全相同的抗体），则不需要研究方案。如果不是（根据 PI 的要求或使用 PI 的蛋白制备抗体），则需要一个研究方案——这些被定义为"定制"抗体。

审查实验方案的科学价值

IACUC 管理员讨论了 IACUC 是否负责审查所提交方案的科学价值。与会人员一致认为，如果一项研究方案未在资助过程中接受同行评审，IACUC 应审查该研究方案的科学价值（根据美国政府原则 II 和第八版的《实验动物饲养管理和使用指南》）。一些机构要求 IACUC 主席签署研究方案批准书，以在委员会审议之前验证该研究方案具有科学价值。反之，如果一个项目已经过同行评审和资助，则预计资助机构已考虑了科学价值的相关性。即使这样，这个机构的 IACUC 仍可重新考虑其科学价值。

OLAW 希望 IACUC 坚持美国政府原则 II："设计和执行涉及动物的操作程序时，应适当考虑其与人类或动物健康、知识进步或社会利益的相关性。"因此，需要 IACUC 进行方案的科学价值审查。

（白　玉译；庞万勇校；范　薇审）

第六章 实验项目违规处理

背　景

在 GEU 的 IACUC 会议上，合规协调员需向委员会报告三个方面的问题，并说明她和项目负责人（PI）经共同努力已解决了这三个关注点，建议 IACUC 无须采取进一步行动。

第一个问题实际是将 7 个基本类似的情况合并到了一个问题中。在此问题中，有 7 个 PI 允许未经 IACUC 批准进行动物操作的学生使用动物。由于 IACUC 政策已授权合规协调员具有批准人员进行动物操作的权利，因此协调员可要求 PI 对实验方案进行修订，并在修订的方案中添加未被批准的学生。协调员在确认学生完成所需的特定培训[如动物使用者与职业健康和安全计划（OHSP）培训]后，可以批准经修订的实验方案。另外，协调员通过方案批准后的监督检查，也未发现存在动物福利以及不当护理或使用的情况。因此，该问题仅是未经批准的人员进行动物操作的问题。

合规协调员向委员会报告的第二个问题是，史密斯博士在实施被批准的存活性动物手术时，手术记录不完整，即在手术记录中缺少动物接受术后镇痛的记录。协调员向 IACUC 报告，史密斯博士"相当肯定"他在所有手术中都提供了镇痛剂。协调员认为，需要告知史密斯博士手术记录需要包括哪些类型的信息。她已经向史密斯博士提供了一份手术记录模板，并指导她和实验室人员如何保证记录的准确和完整。因此可确定这个问题已经得到解决。

最后一个问题仅涉及一个 PI，该 PI 被批准采用毛细管在小鼠尾静脉进行采血。通过对该 PI 的走访，协调员得知由于尾静脉采血无法获得足够的血液，该 PI 采用了眼眶后静脉丛采血的方式进行采血。该 PI 表示，在他之前被批准的另一个实验方案中，眼眶后静脉丛采血是其中的一个步骤，因此他具备正确操作的技能。采用这种采血方式，他可以获得足够的血液量。协调员指出，在此次实验方案中眼眶后静脉丛采血并未获得 IACUC 批准。因此，她协助 PI 对实验方案进行了修订，将新的采血方法添加到方案中，该方案随后得到了 IACUC 的批准。她还向委员会报告，在修订后的方案获得 IACUC 批准前，该 PI 已经停止了眼眶后静脉丛采血的操作。

合规协调员在向委员会提交的报告结束时重申，她已解决所有报告中的问题，并建议 IACUC 无须采取进一步行动。她指出，虽然眼眶后静脉丛采血是在未经

IACUC 批准的情况下进行的，但这位 PI 之前与 IACUC 合作得很好，并且一直向 IACUC 提交涉及动物的实验方案以获得批准。因此，她认为主要问题已经确定并得到解决。

IACUC 委员认为协调员已解决了上述不合规的问题，并对合规协调员提出的关于无须采取进一步行动的建议进行了讨论。在讨论过程中一位委员提出，审议和解决不合规案件是委员会的责任，如委员会应该审议不合规事件，必要时向政府机构报告，并制定程序以确保这类问题不再发生。

经过进一步讨论，委员会作出以下决定：关于人员未获授权的问题，IACUC 同意协调员的意见，无须采取进一步行动。委员会指出，该决定是基于 PI 对出现的问题及时进行了纠正并完成了对新人员的培训。委员会未接受协调员对其他两个问题的建议。委员会指出，原始记录不完整的问题，以及在未经 IACUC 批准的情况下进行可能会给动物带来痛苦的操作是违规行为，必须向实验动物福利办公室（OLAW）报告。

法规要求及参考资料

（1）PHS 政策[Ⅳ(B)(4)，第 12 页]要求"IACUC 需对机构中涉及动物饲养管理和使用的问题进行审查"。

（2）PHS 政策[Ⅳ(C)(7)，第 15 页；Ⅳ(F)(3)，第 18 页]中要求在发生以下情况时需通过机构负责人（IO）向 OLAW 和 PHS 资助机构自行进行汇报：①发生严重或持续的不遵守 PHS 政策的情况；②发生严重偏离《实验动物饲养管理和使用指南》（以下简称《指南》）的情况；③IACUC 暂停活动时。

（3）AWAR[2.31(c)(4)]中规定"要求 IACUC 审查并在必要时调查涉及研究设施中动物的关怀和使用的问题"。

（4）AWAR[2.31(c)(3)和(d)(7)]要求：①之前批准的活动被暂停；②重大缺陷未在规定的纠正措施截止日期后的 15 个工作日内得到纠正时，通过机构负责人（IO）向美国农业部（USDA）和联邦资助机构主动报告。

动物福利相关事件的调查及报告

在对 ACUP 的管理过程中，IACUC 可能会遇到一些违反联邦标准的事件。IACUC 必须对这类事件进行调查并处理。

机构必须制定相关的程序，以保证向 IACUC 报告特定的违规事件，例如，合规协调员在对 PI 进行走访时发现的问题、动物饲养人员或公众上报的问题、IACUC 成员在常规设施检查中发现的问题，或者由首席兽医师、IACUC 主席发现的问题以及匿名上报的问题等。

　　IACUC 需对收到的所有涉嫌违反动物福利标准的事件报告进行调查。参加 BP 会议的 IACUC 管理员需就如何进行调查提供建议。

实施调查

方法一

　　成立一个咨询分委会，收集相关信息，向 IACUC 报告调查结果，再由 IACUC 决定下一步行动。在首次接到违规情况的报告时，IACUC 主席可要求一名或多名人员收集有关违规情况的其他信息。收集的信息将反馈给 IACUC，并由 IACUC 对这些问题或疑问的可信度作出判断，以决定是否成立调查分委会。在大多数情况下，该分委会包括 IACUC 管理员和其他相关研究合规工作人员，如合规协调员和审查后监督员。在其他组织中，调查分委会由管理 IACUC 的行政人员和 IACUC 成员组成，还有一些组织选择一名兽医和一名具有特定专业知识的委员会成员（例如，利用具有使用小鼠经验的专家来解决啮齿动物违规问题）。

　　在大多数情况下，调查由担任研究管理职能的人员（如 IACUC 管理员、IACUC 主席、IACUC 副主席）、IACUC 高级成员或不受涉嫌违规事件影响的兽医主导进行。机构代表表示，他们的分委会成员熟悉该事件，并可通过采访相关人员进行调查。例如，除匿名报告的事件，某个涉嫌违规事件是由动物饲养管理技术人员报告的，分委会可能会首先与动物饲养管理技术人员会面。如果报告是匿名的，分委会成员可能会随时审查书面报告。如果违规活动涉及 PI，分委会将走访 PI 以及与该问题相关的工作人员。

　　分委会随后收集并整理了相关信息，并为 IACUC 准备了一份报告。该报告通常总结并核实涉嫌违规活动的合法性。在某些情况下，分委会可能会在向 IACUC 报告之前尝试解决该问题，如分委会可能会鼓励涉嫌违规的 PI 主动停止动物使用活动，直到 IACUC 完成调查（只有 IACUC 可以暂停活动）。

　　在 IACUC 完成调查并确定是否发生不合规行为之前，无须报告该事件。分委会可能会帮助 PI 制定修正案，以修改 PI 的实验方案，或帮助 PI 解决任何其他相关问题（例如，制定完整的记录或在实验方案中添加人员）。

　　由于 IACUC 是审议并发布与涉嫌违规事件调查相关决定的机构，因此，分委会完成调查后作出的建议需提交给 IACUC。按照 IACUC 计划举行会议进行最终审议，并作出最终决定。在一些机构中，这些类型的会议（调查审查）在定期召开的 IACUC 会议期间举行；而在其他机构，这些会议作为 IACUC 特别会议举行，其唯一目的是审议和决定分委会确定的结果。

方法二

涉嫌违规的问题将直接报告给 IACUC，在委员会上将进行面对面的讨论。BP 会议的与会者指出，组织面对面讨论的会议在很大程度上依赖于 IACUC 管理员。IACUC 管理员需要熟悉涉嫌违规的事件，安排相关工作人员出席委员会会议，并安排收集与讨论相关的表格或文件，以便进行调查。

根据机构章程，IACUC 管理员可以先总结委员会成员的活动，然后开始讨论涉嫌违规事件。机构通常给委员会成员一段时间来讨论涉嫌违规事件，然后与相关个人进行面谈。在采访过程中，IACUC 通常会要求当事人澄清与活动有关的任何活动。在会议期间，IACUC 在对这些问题审议的基础上作出结论，并决定是否应该实施防止未来类似事件再次发生的制裁。

实验活动的暂停

在调查过程中的某些情况下，IACUC 可能会发现某些环境因素损害动物福利的情况。有时，IACUC 也可能会发现研究人员正在开展未经 IACUC 批准的活动。针对此类情况，IACUC 可能要求 IACUC 成员履行暂停研究活动的责任。此外，机构负责人（IO）也可以暂停该类活动，但必须确认，IO 无法重新激活已被 IACUC 暂停的实验方案。

如果 IACUC 暂停了已批准的动物饲养管理和使用活动，其必须向相关资金和监管机构报告暂停情况。例如，如果已批准的 IACUC 活动的全部或部分被暂停，并且该活动是由公共卫生服务机构[如美国国立卫生研究院（NIH）]资助的，则必须向 OLAW 和相应的资助部门报告暂停情况。IACUC 向资助机构报告时，宜提供基金编号和 PI 名称。

如果该机构的 PHS 担保承诺所有动物饲养管理和使用项目将得到同等评估，无论该项目是否由 PHS 资助，必须向 OLAW 报告暂停。

如果该项目涉及美国农业部（USDA）管辖范围的家兔或豚鼠等物种，暂停也必须向 USDA 报告。如果 PHS 资助的研究活动暂停，则 PHS 资金在暂停期间不能用于支持该项目。例如，在暂停期间，维持啮齿动物繁殖群体的每日津贴不能由 PHS 资金提供。

BP 会议的与会者建议，IACUC 只有在所有其他选择都已完全用尽时才应暂停动物实验活动。与会者建议的一个选项是暂停个人使用动物的资格，而不是暂停研究活动。然而，根据监管机构代表的意见，如果被暂停进行动物研究活动的个人是授权书上的 PI，则必须向 OLAW 报告他或她的动物使用资格的暂停。在这种情况下，如果合格且经过培训的个人能够并愿意在 PI 暂停期间担任研究活动的角色（即通过 IACUC 批准的修正方案将 PI 的角色更改为另一个人），则可以继续研究活动。

调查报告

机构已经建立各种方法来确定何时以及何种类型的事故应报告给联邦机构。一些机构不承担向合规办公室人员（通常是 IACUC 管理员）报告违规行为的责任。在其他一些机构中，由委员会决定在确认涉嫌违规事件后需要上报哪些机构（如 USDA、OLAW、AAALAC）。BP 会议与会者一致认为，如果对上报 OLAW 的报告存在疑问，应咨询 OLAW。机构还可以审查 OLAW 通知"根据 PHS 关于实验动物人道护理和使用的政策，及时向 OLAW 报告的指南"（http://grants.nih.gov/grants/guide/notice-files/NOT-OD-05-034.html）。

在大多数情况下，针对 IACUC 暂停的活动，澄清者需要通过以下方式向所有机构报告。

• 如果该机构获得认证，则还必须向 AAALAC 报告 ACUP 中的重大缺陷。该项内容可以在违规时上报，也可写在向 AAALAC 提交的年度报告中。认证机构通常也会将 AAALAC 出具的缺陷报告发送给 OLAW 和/或 USDA。

• 如果 PHS 资助的某项活动明显偏离了《指南》，或者 PHS 保证平等考虑所有动物时，则必须通知 OLAW。

• 如果某一重大缺陷写入半年检查报告，但未在 IACUC 规定的时限内得到纠正，且该缺陷涉及 USDA 管辖范围的物种，则必须在 15 个工作日内通知 USDA。如果指出的缺陷不显著，但它是上次检查报告已发现并指出的问题，IACUC 则应根据存在持续问题的事实，将状态更改为"显著"。IACUC 必须制定并执行新的纠正计划和时间表，否则将要求作为持续不符合项进行报告。

• 机构通常会通过电话或电子邮件在发现涉嫌违规问题后通知相关机构来提交报告草稿。如果报告草稿没有根据，可以联系相关机构撤回报告草稿。

一旦机构的 IACUC 作出最终决定，就可以向相关部门提交正式报告。最终报告应包括事件总结、IACUC 讨论、决定和任何强制纠正措施。由于向联邦机构提交的报告受《信息自由法》的约束，因此在报告中允许使用各种代码，提供识别代码的参考由接收报告的机构负责维护和解释。

纠正措施

通常状态下，IACUC 必须制定纠正措施来解决不合规问题。BP 会议的与会者一致认为，分层方法是最有用的（除非最初的事件令人震惊）。参加历届 BP 会议的机构代表确定了一种共同的分层方法。

很多时候，对初次违规的纠正措施很简单。例如，IACUC 主席通常会向违规者发出通知，并抄送该人员的主管。几位 BP 会议与会者指出，他们的机构要求那些不符合规定的人接受再培训，并在培训后与 IACUC 主席和/或 IACUC 管理员进行面对面会议。在某些情况下，IACUC 可能会向 PI 提供相关管理规定的复印件，并要求 PI 以书面形式确认他们已经收到并阅读了相关文件。

对于同一个人的第二次或后续违规行为，BP 会议与会者认为 IACUC 应考虑附加培训、更高级别的监管建议、与机构高级成员的会议、限制动物使用资格、终止动物使用资格、终止协议，以及在最为恶劣的情况下，向机构提出终止聘用的建议。第二次（或更多）违规行为通常涉及 IACUC 主席和/或其他成员访问 PI 实验室，并要求进行具体且覆盖面广的培训。

（付　瑞 译；岳秉飞 校；贺争鸣 审）

第七章 IACUC 方案和基金申请书一致性审查

场 景

大东方大学（GEU）的一名项目负责人（PI）获得了美国国立卫生研究院（NIH）的资助，受资助项目为评估创伤瘢痕最小化的临床治疗方法。这是一项为期 5 年的研究，研究分为两个阶段：第一阶段（即前 3 年）为皮肤撕裂伤的治疗方法和第二阶段（即后 2 年）为烧伤的治疗方法。该 PI 向 IACUC 提交了一份研究方案，仅含第一阶段的研究。他计划在编写三年期项目报告时再提交第二阶段的研究计划（即烧伤治疗方法评估部分）。

IACUC 管理员与 PI 会面，讨论 PI 提出的三年研究计划。这项计划概述了 PI 如何切割实验动物的皮肤，还描述了包括新型治疗方法在内的各种医学方法，能促进瘢痕愈合并减少瘢痕。在第三年研究结束时，PI 能够证明其治疗皮肤撕裂伤的方法是有效的，即患者留下的瘢痕很小。

PI 向 IACUC 管理员解释，研究的下一阶段是评估二度和三度烧伤造成的皮肤损伤的治疗方案。同时，他表示在研究过程中实验动物将被麻醉，随后剃掉其被毛，使用不同方法造成动物二度和三度烧伤。他还补充说，这些动物将接受相同的医学治疗，证明其对撕裂伤有效。

IACUC 管理员向 PI 表示，她将帮助他准备三年一次的报告。同时 IACUC 管理员也提醒他，机构有一项规定禁止涉及实验动物的烧伤相关研究。PI 解释其研究为 NIH 资助的项目，研究周期为 5 年；并且该研究的主要目标是研发用于治疗烧伤的创新技术方法，烧伤研究是实验设计的重要组成部分。他反复强调前期实验已取得的成功，完成烧伤研究是获得 NIH 资助的条件之一，所在机构已获得研究经费。

IACUC 管理员告知 PI，由于烧伤研究是 NIH 基金项目的一部分，在向 IACUC 提交的初步方案中应加以说明。她解释说，GEU 采取这种做法是为了确保在收到资助经费之前，所有基金申请书中描述的动物实验都通过 IACUC 的审查和批准。PI 答复说，虽然向 IACUC 提交的文件中未包含烧伤研究计划的细节内容，但基金项目包含的所有实验动物（脊椎动物）已提交给委员会进行评估。他指出，根据 GEU 的政策，IACUC 每 3 年审查一次在研项目。他还解释说，同样依据该政策，他最初向 IACUC 提出的申请包括了前 3 年开展研究的细节，其余（后 2 年）动物实验操作计划随后将提交给 IACUC。他重申，他向 IACUC 提交的报告中包含了他的整个研究计划，其中包括一份基金项目复印件。PI 表示，通过其已提交的材料，IACUC 应知晓其烧伤研究方案，并且他也提出期望委员会在总体研究设计（包括烧伤研究）中有任何问题时都与他联系。

由于各机构的 IACUC 必须在接受资助资金之前对基金项目所描述的动物饲养和实验进行审查与批准，并向公共卫生署（PHS）提交。机构须制定一套流程证明和记录该过程。在此特殊案例中，PI 向 IACUC 提交了研究计划方案，其中列出了他在三年内将开展的活动。除此之外，他还向 IACUC 提供了一份基金项目的复印件，其中讨论了随后几年将要开展的研究。由于整个研究计划已提交给 IACUC 审查，因此 PI 认为委员会已知晓烧伤研究，最终将在 IACUC 审查和批准后进行。该机构确实根据最初的方案向 NIH 提交了协调备忘录。结论是该机构未遵守 PHS 政策，因为烧伤研究在 IACUC 最初审查中未获批准。此外，如果烧伤研究未得到 IACUC 批准而最终开展，那么 PI 也无法满足 NIH 基金资助的条款和条件。由于不满足资助的条款和条件，该机构可能被要求将获资助资金返还给 NIH。

法规要求和指导文件

（1）PHS 政策要求 IACUC 审查和批准 PHS 资助的项目申请与合同中的研究方案（使用脊椎动物的部分），以确保拟资助的研究符合 PHS 政策[ⅣC(1)]。此外，PHS 政策要求机构向资助方提供书面证明，证明申请中描述的与动物饲养管理和使用有关的程序在被资助之前已经过 IACUC 审查和批准[ⅣD(2)]。

（2）NIH 基金政策声明中包括机构为获得资助须满足的条款和条件。在基金政策声明中有一个特定部分，讨论了机构在收到基金资助之前的责任：确保基金申请中描述的动物实验活动已通过 IACUC 审查和批准。

（3）Ⅱ：NIH 基金资助的条款和条件（A：总则——第 2 卷，共 5 卷）表明作为获得经费的前提条件，机构应同意"IACUC 应确保项目申请书中描述的研究符合 IACUC 的要求并已对其进行审核和批准"。

（4）OLAW 常见问题；D（方案审查），问题 10："IACUC 是否需要审查基金申请书？"常见问题中讨论了确保方案信息与基金申请中提供的信息一致性的重要性。尽管 PHS 和 NIH 基金政策都不要求对申请书与研究方案进行逐项对比，但是一些机构使用逐项对比程序能够确保 IACUC 已审查和批准了在基金申请书中列出的所有与动物饲养管理和使用有关的程序。

背　　景

涉及脊椎动物活动的研究须遵守联邦法规和政策；这些研究在启动前必须经过 IACUC 的审查和批准。

大多数机构的 IACUC 使用方案模板来获取其需要的信息，用于评估拟评审的动物饲养管理和使用活动。该模板包括一系列由 PI 填写的问题，IACUC 通过这些问题的信息以确保拟审批的动物使用活动符合联邦法规和政策。设计方案模板的目标是确保 IACUC 能获得作出明智结论所需的所有信息。

方案模板中描述并提交给 IACUC 审批的动物实验活动应与 PI 基金申请书中描述的动物使用活动一致。在接受拨款时，该机构保证拨款的研究方案中所述的活动和研究将如期开展。因此，IACUC 方案中应全面描述与基金申请书中所述具体任务或目标相关的所有活体动物的实验活动。

科学家经常向 NIH 等机构申请资助，以开展他们的研究活动。申请过程通常包括填写一份详细的计划书（即基金申请书）并提交给资助机构。申请书的内容相当广泛，涵盖研究者所有的研究活动。该研究计划可以全面讨论体外实验程序、生化分析的过程和 DNA 测序方法；还可包括以往研究和实验结果，以验证或延续此申请中提出的研究。此外，申请书还可包括预算、合作科学家的资格证明以及动物研究活动。由于 IACUC 方案模板包含的信息和详细程度不同于基金申请书，最常见的做法是由"动物伦理委员会"审查 IACUC 方案，而不是审查基金申请书。

在科学家将其基金申请书中的相关信息填报到 IACUC 方案的过程中，存在基金申请书中提供的某些信息不能准确或完全地填写到 IACUC 方案中的可能性。如果该机构在收到资助经费之前，未审查基金申请书中的所有动物饲养管理和使用程序，该机构就会因不符合PHS政策的规定和资助条款与条件声明而面临风险。如前所述，联邦政策要求受资助者核实 IACUC 是否审查和批准了所有由 PHS 和该机构资助的涉及动物的研究。机构通常不让其 IACUC 审查和批准 PI 的基金申请书。他们通常通过建立某种程序确保基金申请书中描述的所有动物饲养管理和使用活动都包括在提交给 IACUC 的方案中。

在这方面的通常做法是，机构指派 IACUC 管理员确认基金申请书中描述的所有动物实验都得到了 IACUC 的批准。该流程通常被称为"IACUC 方案和基金申请书一致性审查"。根据机构的最佳实践，在执行强有力的一致性审查之后，IACUC 管理员将研究方案转发给 IACUC 进行审查，或向 PI 发出"一致性备忘录"。随后，一致性备忘录或 IACUC 的方案批准证明将被转发给资助机构拨款办公室和/或资助机构；只有这样，经费才会发放给受资助机构。

由于该机构有责任[PHS 政策，IV.c（1）]确保在接受 PHS 资助之前进行核实，因此多数时候，IACUC 方案和基金申请书的一致性审查是通过该机构的 IACUC 办公室进行的（如通过 IACUC 管理员）。BP 会议与会者指出，58%的研究方案和基金申请书的一致性审查是由 IACUC 管理员负责实施的。其他机构会将这项责任交给资助基金办公室的工作人员、主治兽医（AV）或 IACUC 主席。

是否需要一致?

至少是所有新获得 PHS 资助的动物研究项目都需要一致性审查。由于联邦法规和政策不要求对非 PHS 资助的研究进行类似的一致性审查流程,因此对资助的研究进行一致性审查流程因机构的不同和资助机构的不同而不同。BP 会议与会者讨论了机构是否应对所有项目进行一致性审查,还是只对那些由联邦机构资助的项目进行一致性审查。2009 年 9 月,一项针对 33 名 IACUC 管理员的调查显示,73%的时间都在对所有外部资助的项目进行研究方案和拨款的一致性审查。

与该调查相反,参加早期 BP 会议的大多数 IACUC 管理员认为,一致性审查只需在必须满足要求的情况下进行,如 PHS 资助的研究。讨论的重点是一项为期5 年的研究设计可能会在资助期间发生变化。事实上,在基金申请书中描述的某些研究只能根据初步实验结果开展。因此,为了有效管理,BP 会议与会者同意 IACUC 管理员应只在联邦政府或授权机构的政策要求时才进行一致性审查。IACUC 管理员还同意,当对 PHS 资助的研究活动进行一致性审查时,在 3 年重新审查时接受对将进行或计划进行的程序的粗略解释。

BP 会议与会者一致认为,科学家的目标是为了达到总体研究目标而开展其已确定的必要研究,IACUC 的作用是确保动物研究遵守法规和政策要求。科学家的动物使用程序在启动前已得到 IACUC 的批准;因此,通过 IACUC 方案审查,科学家和 IACUC 都履行了保持一致性的义务。大多数 BP 会议与会者都认为,一致性审查对动物的健康和福利没有任何影响。因此,科学家和 IACUC 须履行的唯一义务是满足 NIH 基金政策要求,没有必要对非 PHS 资助的项目进行审查。

合作与 IACUC 方案和基金申请书一致性

在有些情形下,研究经费资助给某个机构,但该机构又将动物实验分包给其他机构的合作伙伴。PHS 要求受资助方应确保受资助项目符合规范的条款和要求。换句话说,如果要分配资助资金,PHS 希望主要受资助人(即接受 PHS 经费的机构)持有证明文件,证明动物使用程序得到了 IACUC 的批准。因此,如果动物研究活动是在合作者的机构中进行的,受资助人须建立一种方法来证明所有动物饲养管理和使用程序在接受经费之前都得到了 IACUC 的批准。

因此,当某些机构与合作单位建立分包合同以开展基金项目中的动物研究活动时,须要求合作单位提供文件说明其 IACUC 已审查并批准了动物饲养管理和使用活动。任何受资助人接受资助之前,都要遵循该程序。

BP 会议与会者提出了一种常用方法,即要求合作机构提供批准该研究方案的副本,并已经对方案进行了一致性审查。某些机构介绍了另一种方法,受资助机构和分包的合作机构都要有一份经批准的 IACUC 方案,由受资助机构对这两份方案进行一致性审查，即要求合作机构批准的方案包含相同的信息。一致性的关键是确保申请书中描述的所有饲养管理和使用活动都包含在经 IACUC 审查和批准的方案中。然而，IACUC 方案中应包含比基金申请书中更多的程序细节。

下面是 IACUC 管理员已确定用于研究方案和基金申请书一致性审查的三种常用方法。

常见的做法

方法 1

- 机构制定一项政策，要求 PI 向 IACUC 提交每项基金项目的研究方案。
- 提交给 IACUC 的研究方案标题须与基金申请书标题一致，提交研究方案时须同时提供申请文件的副本。
- 在提交给 IACUC 的研究方案中，PI 须列出基金申请书中描述的所有动物使用程序，一旦获得 IACUC 批准，该研究方案在整个资助期间保持不变。

作为形式预审的一部分，IACUC 管理员对基金申请书与 IACUC 研究方案作逐项对比。

- 首先，IACUC 管理员在一致性审查表上记录基金申请书中列出的所有动物饲养管理和使用程序。
- 然后，管理员将对照一致性表格和研究方案，交叉审阅并勾选一致性表格上列出的程序。
- 审查完成后，表格上的任何未被包含的动物研究活动须通过方案修改程序添加到提交给 IACUC 的研究方案中，然后提交给 IACUC 进行审查。
- IACUC 管理员与 PI 联系，讨论在启动研究方案审查之前须进行的修改。
- 直到所有涉及的动物研究活动都包括在研究方案中，IACUC 方案和基金申请书才被确定为一致。
- 在将资助经费拨付给 PI 之前，IACUC 管理员须验证是否进行了一致性审查，以及 IACUC 是否批准了该研究方案。

从管理角度看，BP 会议与会者一致认为这种方法是最准确的。当提交给 IACUC 的研究方案和申请书从标题到内容都相匹配时，就可以轻松地直接进行比较。由于 IACUC 管理员可以很容易地确保基金申请书中的所有动物研究活动都列在 IACUC 方案中，因此当 IACUC 成员审查和批准方案时，他们也在批准基金申请书中列出的程序。IACUC 管理员可以很容易地确保该方案在整个资助期间保持有效。但该方法的缺点是，这会增加 PI 要提交给 IACUC 的方案数量和 IACUC 要审查和批准的方案数量。此外，当多个资助方资助同一项研究活动时，有可能会向 IACUC 提交重复的方案。总而言之，该流程会显著增加 IACUC 管理员、PI

和 IACUC 的工作量，但同时也能确保拨款中列出的涉及脊椎动物的活动已被 IACUC 批准。

方法 2

应用此方法时会遵循类似的步骤，但有一个重要变化是：多个资助来源的项目可覆盖在同一个 IACUC 方案下。

- 当多个资助方资助同一项研究活动时，须提供每一个基金申请书的复印件。
- PI 须在同一个 IACUC 方案中描述每个基金申请书中列出的所有动物使用方案。该方案获得 IACUC 审批后，在所有资助的项目期间保持有效。
- IACUC 管理员将每个基金申请书和 IACUC 方案进行逐项比较。
- IACUC 管理员重复同样工作，在标准的一致性审核表上列出每个基金申请书中的动物操作方案。这个过程在每个基金申请书中重复进行。
- IACUC 管理员交叉对比申请书与 IACUC 方案的一致性，核对申请书程序与 IACUC 方案中包含的程序。
- 如果 IACUC 方案中未包含一致性表格上的所有程序，IACUC 管理员将联系 PI 并讨论需补充和修改的内容。
- 当一致性表格（即基金申请书）中列出的所有程序都已核对，就认为 IACUC 方案和基金申请书是一致的。
- 在将资助经费拨付给 PI 之前，IACUC 管理员须验证是否进行了一致性审查，以及 IACUC 是否批准了该方案。

在管理上，这种方法已被证明有效。但其缺点是，在一份 IACUC 审批中增加项目基金的数量会增加管理负担——如研究方案截止日期和项目基金期限不同步，而且基金项目和 IACUC 方案之间的联系不易确定（即基金项目标题与 IACUC 方案标题不一致）。但从 PI 和 IACUC 的角度看，这一过程非常有效，因为大大减少了 PI 编写和 IACUC 审查的文件数量。

方法 3

虽然 BP 会议与会者确定了一致性审查的第三种方法，但大多数 BP 会议与会者和监管机构代表表示，使用这种方法应非常谨慎。

- 某些机构允许 PI 自己进行一致性审查。
- 一旦审核完成，PI 签署一份保证声明，确认两份文件是一致的。

这种一致性审查方法的优点是效率高。原因是 PI 熟悉自己的研究内容和法律法规要求，他（她）应确保满足了法规要求。这种方法的缺点是缺少问责制。换句话说，目前还没有更好的方法来确保应提交给 IACUC 进行审查的研究方案与基金申请书内容的一致性。

无论选择何种方法，重点是确保一致性。机构在执行过程中还发现，保存验证一致性要求的证明文件很重要。方法 1 和方法 2 通过一致性审核表审核，该表格将成为文件的永久组成部分并作为验证证据。方法 3 中，通过 IACUC 方案中的保证声明证明其一致性。

综上所述，确认 IACUC 方案和基金申请书一致性通常采用上述三种方法，三种方法都有效，但各有优点和缺点。

最容易管理和验证的方法是一对一核实，但会增加 PI 和 IACUC 的工作量。相反，对于 PI 来说，因为只需要一个方案，一个 IACUC 方案包含多个基金项目是最简单的方法；但对于 IACUC 管理员来说，这种方法却是最具风险的，因为当基金项目的研究内容发生变更时很难保证其一致性。

基金项目修改时 IACUC 的批准如何改变?

某些机构建立了一种方法，用于确保在基金项目研究内容被修改时，相应的 IACUC 方案也被修改。参加以往 BP 会议的 IACUC 管理员表示，IACUC 办公室收到 PI 提交给资助机构的年度拨款申请报告复印件对其非常有帮助。随后将该报告与方案进行交叉比对，以确保 IACUC 方案进行了相应的修改。如果在拨款中列出的研究内容被修改，IACUC 可能不要求重新提交方案，但可能会要求对方案进行相应的修改。

对合作机构的监督

主要受资助方有责任确保资金按基金项目所述使用。如果资金被划拨给合作机构，受资助方须确保合作机构的 IACUC 能对动物研究活动进行监督，或受资助方的 IACUC 对其进行监督。如果需要拨款给合作机构，PHS 将要求主要受资助方负责确保 IACUC 监督动物研究活动。签署表明 IACUC 监督职责的书面协议或文件已成为一种最佳实践。

（刘晓宇 译；王元占 校；贺争鸣 审）

第八章　动物饲养管理和使用项目审查

场　　景

在每年 10 月的 IACUC 会议期间，GEU 的 IACUC 要对动物饲养管理和使用项目进行审查。IACUC 管理员提醒委员会成员，必须评估项目的每个部分，以确保其符合联邦法规和政策。为保证被审查的研究项目的完整性，GEU 的 IACUC 会利用实验动物福利办公室（OLAW）的"半年项目审查和设施检查清单"（Grants.nih.gov/Grants/Olaw/Sampledoc/Index.htm）作为审查指南和参考文件。IACUC 管理员告知委员会成员需要系统地审查清单上所列的每一项内容。

在审查会议上，IACUC 管理员首先要宣读审查清单上的第 1 部分内容（动物饲养管理和使用项目），并询问是否有人对第 1 部分中列出的主题有疑问。IACUC 管理员按照此程序直至完成审查清单列出的所有内容。在审查期间，委员会成员提出的任何担忧都会被记录、讨论、解决，并报告给机构负责人（IO），最终由 IO 完成每半年一次的项目评审。GEU 的 IACUC 成员非常开心在 1h 之内完成了项目的评审工作。

GEU 的 IO 希望进行一个外部评估来协助 GEU 的 IACUC 进行 AAALAC 认证初审的评估准备。作为评估组成员之一的 GWU 的 IACUC 主席，要求 GEU 委员会成员陈述他们是如何进行半年项目评审的。

GEU 的 IACUC 成员向 GWU 评估团队说明他们的项目评审流程。由于担心GEU 的评审程序太过粗略而不够充分，GWU 的IACUC 主席重点对一个特定内容：灾难应急计划，进行了审查，以便能更好地了解该流程。他首先提出的问题就是在评估突发灾难应急计划时都讨论了哪些议题。GEU 委员会成员表明，在评审会期间和随后的项目审查过程中，初步结论是整体项目缺乏突发灾难应急计划。但他们解释说，主治兽医（AV）表明，尽管 IACUC 成员可能没有意识到，但本机构确实已制定和实施了一个完整的灾难应急计划。在 IACUC 成员对灾难应急计划的完整性和实施情况感到满意后，将继续讨论下一议题。GWU 评估团队询问 GEU 的 IACUC 成员，在他们的项目中是否涵盖了附属设施，是否包括紧急安乐死程序以及紧急备用电源应急计划等措施。随着评估的持续进行，当 GWU 的 AV 问到新进的动物在引入动物设施之前是否进行隔离检疫时，GEU 委员会成员显露困惑，并期望他们的 AV 来回应这个问题。

最终，GEU 的 IACUC 成员表示他们忽略了项目的细节，他们的项目审查程序未包含项目评估过程或项目组成部分的细节,而仅仅是确认能够满足 OLAW 项目审查清单要点的体系是否建立了。

虽然档案文件显示半年审查都已完成,但是否满足标准存疑。基于抽样评估的情况,委员会成员未能对机构的灾难应急计划进行审查,并且一个委员会委员承认他对已审核通过并执行的该计划的某些内容(如隔离检疫计划)不熟悉,这些情况表明 GEU 的流程没有达到项目审查的全部目的。

在最佳实践(BP)会议期间与会者告诫说,不应该使用检查清单简单地"检查"已确定的项目内容。虽然检查清单很有用,但 BP 会议与会者提醒,严格遵守清单进行检查这种方式可能会阻止更深入的讨论,不宜发现潜在有益的重要项目流程。他们鼓励同事将清单用作指导工具,以确保项目的每一部分都得到 IACUC 的充分讨论与评估。大多数与会者认为检查清单是非常有价值的参考工具,但它不应该是机构用于项目审查的唯一工具。机构还应充分考虑学校其他部门(比如安全、医疗监测、基金、法律等)的信息,以充分和彻底地评估项目的完整性与执行效果。

法规要求和资源

(1)PHS 政策(B [1],第 12 页)要求机构至少每 6 个月审查他们的动物饲养管理和使用项目,以确保符合《实验动物饲养管理和使用指南》(以下简称《指南》)要求。指南的前三章概述了一个机构项目应包含的组成部分。

(2)AWAR(2.31[c] [1])要求机构至少每 6 个月审查他们的动物饲养管理和使用项目,以 AWAR 第 1 章 A 分章第 9 款作为评估的依据。

(3)OLAW 半年项目审查清单(http://grants.nih.gov/grants/olaw/sampledoc/cheklist.htm)已作为参考资料提供,但不要求各个机构必须使用。

项 目 审 查

PHS 政策和 AWAR 规定 IACUC 每 6 个月对本机构的动物饲养管理和使用项目进行一次审查。为了实施全面的审查,IACUC 成员需设计一个评价体系以用于确认该项目是否完整,以及用于实现总体目标的流程是否符合监管标准。

只有在委员会成员确认其要求均被满足时才能算是一次有效的审查。他们系统仔细地审查用于达到标准的流程。例如,GEU 的 IACUC 正在一次召集会议上审查项目,IACUC 管理员向委员会确认,对 IACUC 成员的培训是此次审查的一部分,并已包括在本机构项目中。在培训部分符合要求后,IACUC 主席要求 IACUC 管理员描述 IACUC 成员的培训计划。IACUC 管理员说明《指南》(第 17 页)要求机构建立 IACUC 成员的培训方法,以使其正确履行职责并理解作为委员会成员的作用。IACUC 管理员向 IACUC 介绍了一个全面的培训计划,包括:①审阅讨论 GEU 项目新成员的正式培训；②关于法规、政策和指南的全面培训；③参加持续培训的机会，如网络研讨会、会议和培训班等。IACUC 主席在结束交流时会询问委员会成员，这些培训对他们作为 IACUC 成员的角色有何帮助。IACUC 管理员也询问了委员会成员的意见，培训计划是否能够满足 IACUC 成员以后开展监管工作的要求。IACUC 管理员也会向委员会成员征求改进培训工作的建议。如果没有问题或其他异议，应该认为对 IACUC 成员培训计划的审查符合联邦指令要求。

项目审查的准备

为了能对项目进行全面审查，IACUC 成员必须具备从事该工作所需的资料和知识，换句话说，进行项目审查的委员会成员必须知情并参与其中。在准备项目审查时，IACUC 管理员需要将审查项目的材料发给委员会成员，如至少要有 IO 的最新报告、指南、申请书模板、标准操作规程（SOP）和相关政策等作为相关参考资料。在某些情况下，附属设施管理人员要为委员会成员准备半年的检查报告，其中应包括动物在附属设施内的饲养管理、兽医照料和突发灾难应急计划等内容。作为项目审查的一部分，委员会成员还可以评估涉及动物饲养管理和使用部门的 SOP。例如，在项目审查时经常会抽查农业、畜牧业和水生动物设施的 SOP。对于获得 AAALAC 认证和 PHS 保证的机构，可以提供最新的项目书以及 PHS 保证文本待查。此外，对于在美国农业部（USDA）登记的研究设施而言，IACUC 管理员经常会提供最新的 USDA 年鉴和检查报告作为相关材料。虽然使用 OLAW 提供的检查清单不是必需的，但被审查机构经常会使用该清单以确保项目的所有要素得到全面审查。在 OLAW 网站资源栏（Grants.nih.gov/Grants/Olaw/Sampledoc/index.htm）可以查到最常用的审查清单。在问及 BP 会议与会者时他们均表示，在计划项目审查前至少 1 个月会向委员会成员提供必要的材料。一些 BP 会议与会者指出，虽然主要依据 OLAW 清单进行审查，但在审查过程中他们会根据其所审查的项目内容对审查表作出一些修改（如，没有灵长类？删除与猕猴相关的问题）。

项目审查的最佳实践

以往的 BP 会议与会者会提供许多开展项目审查的有效方法。他们认为有很多因素会影响项目审查的效果，如某些机构规模不大且项目数量也不多（如场所内仅饲养小鼠、试验方案不超过 20 个）。像这样的机构可以在每月定期召开的会议上将项目审查作为一项议程加进来。

相反，对于规模比较大且项目内容复杂（如涉及多个物种、多个建筑和数百个动物使用项目）的机构而言，已有一些成功的做法。一些机构采用分委会的形式，每个分委会只关注项目的特定组成部分（如职业健康和安全计划或兽医护理等），然后分委会在全体委员会上向 IACUC 报告。也有一些机构召开专门目的的审查会。有些机构还通过更新其 PHS 动物福利保证或 AAALAC 认可的动物饲养管理和使用项目文件开展项目审查活动。

BP 会议与会者认为有三种常规程序可用来进行全面的项目审查，这主要基于项目的规模是非常大还是非常小。大多数项目都属于这一范围，都可找到可获得最佳效果的评审方法。

项目审查最佳实践 1

机构在每月定期安排的 IACUC 会议期间对项目进行审查，方法如下。

（1）举办项目审查培训课程

在 IACUC 会议期间（在预定的项目审查会议之前），IACUC 管理员为委员会成员提供培训/再培训课程。在培训期间，IACUC 管理员可能会培训审查如下内容。

a. 联邦法规和政策要求 IACUC 至少每 6 个月进行的项目审查。

b. 确保机构的项目符合适用的联邦标准（如《指南》、《Ag 指南》、PHS 政策和 AWAR）的总体目标。

c. 项目审查流程使用的清单（如 OLAW 清单）或适当的参考文件，以确定必须审查的项目内容。

d. 其他可能影响项目审查质量和操作的因素（如是否有足够的信息技术人员和行政人员支持项目，是否有足够的委员会成员进行常规的研究计划审查和设施检查）。

e. 识别和解决项目缺陷的流程，包括需要 IACUC 判定缺陷为重大的还是不重大的缺陷，并由符合法定人数的绝大数 IACUC 成员投票生效的解决方案。

f. 确认项目改进建议的流程，例如，IACUC 建议增加信息技术人员的数量以确保可用于支撑该项目的适当人力资源（也需由符合法定人数的大多数 IACUC 成员投票生效）。

g. IACUC 成员表达少数意见的理由与程序，包括讨论仅有一名委员会成员不同意 IACUC 的一致意见，并选择将他（她）的个人观点写入报告（如 IO 报告和 OLAW 报告）的内容。

（2）向 IACUC 成员提供项目审查材料

培训结束后，IACUC 成员会通过电子邮件收到项目审查通知和相关材料，电子邮件可包括以下内容。

a. 每位委员会成员负责审查的项目内容，每位委员会成员在一定时间（如 2 周）内通过电子邮件将自己的任何意见或问题发送给 IACUC 管理员。

b. 最近一次 IO 报告复印件，包含上一次的项目审查详细信息。

c. 用于参考的 OLAW 项目审查清单复印件。

d. 机构的指导方针、标准操作规程、政策和培训等信息的复印件或网站链接等。

（3）项目审查会议的准备

IACUC 管理员负责编写并通过电子邮件（大约在会议前 10 天）发出每月的 IACUC 会议议程和与项目审查有关的材料。

a. 每次提供内容相同的 OLAW 项目审查清单，以确保审查工作的一致、完整和全面。

b. IACUC 成员的审查备忘是根据相应部分整理的。例如，针对 IACUC 成员任命过程的议题将被归类在"IACUC 成员资格和职能"条目下，与安乐死或镇痛方法相关的议题归为"兽医医疗保健"条目。

（4）会议和项目审查

在过去 BP 会议上报告的信息提示，不同机构的 IACUC 主席或 IACUC 管理员（当下比例占 50%）利用如下程序开展项目审查。

a. 展示 OLAW 清单列表（如投影到屏幕上或分发纸质复印件）用于指导 IACUC 的审查工作。

b. 主持人首先要提请委员会成员注意清单上的第 1 部分"动物饲养管理和使用项目"。

c. 主持人确认只关注第 1 部分第 1 点内容项目所有成员都应承担维护动物福利的责任，他（她）强调了上次项目审查期间列出的问题，在准备评审时委员会成员通过电子邮件发出的相应信息，以及纠正计划是否已完成。

d. 委员会成员针对以下具体的主题发表意见。

i. 如果对过去审查或通过电子邮件回复的意见没有异议，并且委员会成员没有其他议题可供讨论，则主持人将按照相同的审查步骤继续讨论清单上的下一个主题。

ii. 当上次审查提出的缺陷纠正计划未完成时，IACUC 需要讨论这个问题是否构成了持续的不合规，并可修订此纠正计划以确保问题得到纠正；然后，依照相同的审查步骤进入到清单上的下一个主题。

iii. 当指出新的问题时（如通过电子邮件发出的信息或正在进行的讨论），需要 IACUC 讨论以确认问题所在，说明它为什么会成为一个问题，并决定其是否重要（即问题是否有可能对动物的健康和福利产生负面影响），并制定适当的纠正计划；然后依照相同的审查步骤进入到清单上的下一个主题。

e. IACUC 管理员宣布 IACUC 确认的所有问题和纠正计划（如果有的话）以结束审查，要求委员会提出动议并批准审查，并根据 IACUC 会议规定的法定人数的多数投票签署审查文件，结束此次评审（未表决通过的审查必须继续，直到 IACUC 确认满意为止）。

f. IACUC 管理员需要提醒委员会成员，如果他们不同意委员会的决定，有表达少数意见的权利；IACUC 管理员还需要询问是否有人希望通过必要的报告（IO 报告和 OLAW 年度报告）向 IO 或 OLAW 传达少数意见。

（5）程序完成

IACUC 管理员告知 IACUC 成员，审查的所有细节都包含在 IO 报告中，并将其提交给下次召开的 IACUC 会议进行审查和批准。

项目审查最佳实践 2

对一些拥有庞大复杂项目的机构而言，其经常选择使用 IACUC 分委会或在周期性举行的全体委员会中进行特别安排的方式开展项目的审查。这些使用 IACUC 分委会的机构的通常做法如下。

（1）举办项目审查培训课程

在定期举行的 IACUC 项目审查会议前 60 天，IACUC 管理员为委员会成员提供培训/再培训课程。培训期间 IACUC 管理员可能会审查如下内容。

a. 联邦法规和政策要求的 IACUC 至少每 6 个月进行的项目审查。

b. 确保机构的项目符合适用的联邦标准（如《指南》、《Ag 指南》、PHS 政策和 AWAR）的总体目标。

c. 项目审查流程使用的清单（如 OLAW 清单）或适当的参考文件，以确定必须审查的项目内容。

d. 其他可能影响项目审查质量和操作的因素（如是否有足够的信息技术人员和行政人员支持项目，是否有足够的委员会成员进行常规的研究计划审查和设施检查）。

e. 识别和解决项目缺陷的流程，包括需要 IACUC 判定缺陷为重大的还是不重大的缺陷，并由符合法定人数的绝大数 IACUC 成员投票生效的解决方案。

f. 确认项目改进建议的流程，例如，IACUC 建议增加信息技术人员的数量以确保可用于支撑该项目的适当人力资源（也需由符合法定人数的大多数 IACUC 成员投票生效）。

g. IACUC 成员表达少数意见的理由与程序，包括讨论仅有一名委员会成员不同意 IACUC 的一致意见，并选择将他（她）的个人观点写入报告（如 IO 报告和 OLAW 报告）的内容。

（2）指派 IACUC 分委会进行项目审查

在培训课程结束后，在某些情况下 IACUC 主席会确定 IACUC 成员作为审查分委会特聘顾问以提供指导。IACUC 主席在建立分委会时可以采用下列做法。

a. 基于专业知识指定具有资格的某人担任分委会主席以负责领导分委会开展审查工作，如 IACUC 副主席可负责"IACUC 成员资格和职能"部分的审查，IACUC 管理员领导分委会负责"项目记录和报告要求"的审查。

b. 可指定特聘顾问（根据要审查的内容）来提供专门的技术支持，如机构的生物安全官员和职业病医师可在分委会中担当职业健康和安全计划的审查职责。

c. 规定完成的时间节点（通常为 30 天）。

（3）分委会信息支持

IACUC 管理员为分委会成员准备审查所需的材料，并通过电子邮件发送给邮件可能包括以下内容。

a. 用于参考的 OLAW 项目审查清单的复印件。

b. 最近一次 IO 报告复印件，包含上一次的项目审查详细信息。

c. 可获得机构的指导方针、标准操作规程、政策和培训等信息的复印件或网站链接。

（4）分委会的活动

分委会成员仅审查指派给他们的项目，恪守以下实践。

a. 分委会主席负责安排和协调会议。

b. 在会议期间，分委会成员仅负责审查指派给他们的部分内容。

c. 分委会成员通过评审 OLAW 清单上的每项内容，以判断机构是否遵守以及如何遵守列出的标准（如是否符合进行半年项目审查的要求，如果符合，遵循什么流程等）。

d. 分委会要确认一个标准实践流程是否是符合的和有效的。

e. 审查（即调查结果和建议）总结要提交给 IACUC 管理员（至少在会议前 10 天），随后在会议期间提交给 IACUC。

（5）项目审查会议的准备

IACUC 管理员会准备 IACUC 会议议程和项目审查相关材料，并通过电子邮件（会议前大约 10 天）发送给 IACUC 成员，包括以下材料。

a. OLAW 项目审查清单复印件，以确保一致、完整和全面地审查。

b. 每份分委会报告的复印件。

（6）会议和项目审查

在过去 BP 会议上报告的信息提示，不同机构的 IACUC 主席或 IACUC 管理员（当下比例为 50%）利用如下程序开展项目审查。

a. 展示 OLAW 清单列表（如投影到屏幕上或分发纸质复印件）用于指导

IACUC 的审查工作。

b. 主持人首先要提请委员会成员注意清单上的第一部分"动物饲养管理和使用项目"。

c. 每个分委员会主席都会针对从他（她）被要求审查的项目部分发现的缺陷和改进建议发起 IACUC 讨论。

d. 针对讨论的主题，委员会成员可以就分委会的建议发表意见和/或确定其他问题。

i. 当分委会没有特别关注的问题，或其他 IACUC 成员也没有其他需要讨论的主题时，则主持人将按照相同的审查步骤继续讨论清单上的下一个主题。

ii. 当上次审查提出的缺陷纠正计划未完成时，IACUC 需要讨论这个问题是否构成了持续的不合规，并可修订此纠正计划以确保问题得到纠正；然后，依照相同的审查步骤进入到清单上的下一个主题。

iii. 当指出新的问题时（例如，通过分委会），需要 IACUC 讨论以确认问题所在，说明它为什么会成为一个问题，并决定其是否重要（即问题是否有可能对动物的健康和福利产生负面影响），并制定适当的纠正计划；然后依照相同的审查步骤进入到清单上的下一个主题。

（7）审查结束与报告形成

IACUC 管理员通过如下程序结束审查。

a. 审阅 IACUC 确认的所有问题和纠正计划（如果有的话），要求委员会提出动议并批准审查，并根据 IACUC 会议规定的法定人数的多数投票签署审查文件，结束此次评审（没有表决通过的审查必须继续，直到 IACUC 确认满意为止）。

b. 需要提醒委员会成员，如果他们不同意委员会的决定时有表达少数意见的权利；还需要询问是否有人希望通过必要的报告（IO 报告和 OLAW 年度报告）向 IO 或 OLAW 传达少数意见。

c. IACUC 管理员告知 IACUC 成员，审查的所有细节都包含在 IO 报告中，并将提交给下次召开的 IACUC 会议进行审查和批准。

项目审查最佳实践 3

正如在最佳实践 2 中所讨论的，拥有庞大且复杂项目的机构经常使用分委会进行项目的审查。然而，为了更合理地安排时间，有些机构采用分委会的形式对正在进行的项目实施审查。进行持续项目审查的人员经常采用以下做法。

（1）举办项目审查培训课程

IACUC 管理员每 6 个月进行类似于最佳实践 1 和最佳实践 2 中所述的培训课程。

（2）分委会的活动

如最佳实践 2 中所述，指定分委会开展他们的审查工作。

（3）项目审查会议

制定每 6 个月在 IACUC 每月会议上审查项目每个部分的时间表（即在每个月的会议上完成 1/6 的项目审查，6 个月后同样开始新一轮审查）。

（4）项目审查会议的准备

IACUC 管理员会准备会议议程（常规项目和针对审查机构项目的特定部分），并通过电子邮件（会议前大约 10 天）发送给 IACUC 成员，其中包括以下材料。

a. OLAW 项目审查清单对应于待审查项目的相应部分（如需要审查项目记录和报告要求，仅需向委员会提供 OLAW 清单相对应的这部分内容即可）。

b. 会议期间提供需要审查部分的分委会报告复印件。

（5）会议和项目审查

项目审查如最佳实践 2 所述进行，仅对已确认为会议议程中的内容（项目的一部分）进行审查。

（6）审查结束与报告形成

IACUC 管理员通过如下程序结束审查。

a. 审阅 IACUC 确认的所有问题和纠正计划（如果有的话），要求委员会提出动议并批准审查，并根据 IACUC 会议规定的法定人数的多数投票签署审查文件，结束此次评审（没有表决通过的审查必须继续，直到 IACUC 确认满意为止）。

b. 需要提醒委员会成员，如果他们不同意委员会的决定时有表达少数意见的权利；还需要询问是否有人希望通过必要的报告（IO 报告和 OLAW 年度报告）向 IO 或 OLAW 传达少数意见。

c. 告知 IACUC 成员，在项目每一部分审查完成后（即在 6 个月的时间期限结束时），审查的所有细节都包含在 IO 报告中，并将提交给下次召开的 IACUC 会议进行审查和批准。

动物饲养管理和使用项目审查流程的说明

在 IACUC 管理员的 BP 会议上，与会者会选择动物饲养管理和使用项目部分内容进行模拟审查，以展示通常进行的项目审查实践。下面是示例讨论。

（1）IACUC 成员资格和职能（OLAW 项目审查清单第 5 部分）

以下说明了 IACUC 是如何审查"IACUC 至少由 5 名成员组成，由 CEO 任命"的部分的。

a. IACUC 管理员组织讨论："让我们从第 1 点：IACUC 成员资格和委员会成员任命流程开始我们的审查。"

b. IACUC 管理员首先审查了上次项目中发现的问题，并陈述了以下内容："通过回顾上次项目计划审查的备忘录，我注意到我们的委员会成员是由 IO 而非公司的 CEO 委任的。当时，IACUC 要求 CEO 以书面形式授权 IO 的职责，包括已经发生的任命人员加入 IACUC 的权限。你们中是否有人对这一特定问题有其他担忧或需要进一步澄清？"

c. IACUC 管理员继续询问 IACUC 成员是否"有人对项目的某一特定部分有任何其他问题需要解决"。

d. 一名委员表示："我发现在非机构委员长期丧失行为能力的情况下机构没有指定候补委员，这令人担心。"为了便于讨论，IACUC 管理员将 IACUC 名册投在屏幕上供委员会审查和商议。IACUC 管理员提醒委员会成员，任命候补委员不是联邦法规的要求，但也承认，如果社区委员在较长一段时间内不能作为有表决权成员履责，那么委员会组成就存在问题，因而无法进行正常工作。

综合所有相关信息，IACUC 认为这种情况并没有造成项目缺陷。然而，委员会同意，如果另一名社区成员被确定并任命为 IACUC 的候补成员，该项目可以得到改进。尽管已满足了项目预期，但委员会还是制定了一个确定候补社区成员的计划。有关计划的详细信息以及讨论的所有相关要点都会记录在会议记录上，并在半年报告中提交给 IO。

e. IACUC 管理员继续这一过程，再次询问 IACUC 成员是否有人有与该项目的某一特定部分有关的任何其他问题希望解决。

f. 在没有其他问题时，IACUC 管理员继续进行项目审查的下一部分。

（2）人员任职资格和培训（OLAW 项目审查清单第 9 部分）

以下举例说明 IACUC 是如何实施这部分内容的审查的。

a. IACUC 管理员引导大家讨论："作为委员会成员，我们的培训计划是否满足监管期望，可以通过自问如下问题判定：①是否含所有必需的内容？②是否确保所有的动物管理和使用人员都经过培训？③是否提供继续教育的机会？④是否确保动物使用者经过培训，能够按照提交给 IACUC 的程序进行操作？⑤培训是否包括记录的过程？"

b. IACUC 管理员通过询问委员会成员对上述 5 点的满意程度来开始讨论。

　i. 当被问及"如何在我们的培训计划中包含所有必需的内容"时，委员会成员讨论了基于网络的法规培训、兽医人员提供的实践培训以及 EHS 提供的安全培训。确认培训计划均完成后，IACUC 管理员继续随后的内容。

ii. "我们如何记录完成了所有培训的要求？"IACUC 讨论了由培训专员维护和管理的培训数据库。他们认为，所有培训记录都已经提交给了协调员，并在研究方案获得批准之前输入了数据库。在确认项目包含了记录培训记录的有效措施后，IACUC 管理员继续推进对后续各部分内容的审查。

记录项目审查

IACUC 管理员通常负责记录项目审查的细节。审查的细节会写入会议纪要和递交给 IO 的半年报告中。该文档通常包括参与项目审查的委员会成员名单、被评估的项目领域以及发现的所有项目缺陷。

当项目缺陷被识别之后，IACUC 必须判定其属于重大的还是轻微的缺陷，并在递交给 IO 的报告中进行概述。此外，审查必须包括解决每个主要缺陷的书面计划和时间点。报告完成后经符合法定人数的 IACUC 会议审核并签署确认，最后提交给 IO。

（韦玉生 译；朱德生 校；贺争鸣 审）

第九章 设施半年检查

场　　景

GEU 的 IACUC 建立了一个工作流程，用于监督本单位分散的动物饲养设施。这些设施包括位于主校区的 4 个实验动物园区和 3 个位于校园以北 50mile 的农用动物研究站。此外，其还包括 GEU 的科学家在美国境内运行的 3 个动物饲养设施，一位鱼类学家在阿拉斯加州建立的鲑鱼研究设施，一位野生动物学家在科罗拉多州饲养的一群北美黑尾鹿的设施，以及一位免疫学家在位于加利福尼亚州圣迭戈、由公共卫生署（PHS）资助的饲养实验大鼠的设施。

IACUC 管理员安排至少两名 IACUC 委员每半年对校内实验动物园区和农用动物研究站进行实地检查。由于检查偏远地点的设施路程远和耗时较长，且检查费用高，因此，很难安排对偏远地点设施的实地检查。基于此，IACUC 制定了替代方案来进行检查。

经过全体委员会会议讨论，GEU 的 IACUC 批准了一项关于使用音频和视频技术远程检查动物饲养设施的标准操作规程（SOP）。SOP 具体描述了应该如何制作检查所需的视频。其中要求摄像师一旦进入动物房的大门就开始录制。要求他（她）首先平移拍摄整个房间，包括四面墙壁、天花板和地板，这有助于委员会成员评估墙壁、地板和天花板所用材料的适用性以及清洁度。为了帮助委员会评估通风口、排水管和水槽的清洁度，要求摄像师提供所有特写镜头，并且提供所有特写镜头相关房间的记录——如温度和湿度、每日动物检查与健康记录等。最后，要求他（她）缓慢拍摄房间里的每只动物，并提供至少 25%笼内动物的特写镜头。同时，还要求摄像师对检查情况进行解说，并向委员会提供整个过程的相关细节。在实时检查时，委员会成员将在全体委员会会议上审查这些录制材料，并通过电话会议与设施管理人员进行讨论。

该场景包括了受《动物福利法条例》（AWAR）管理的一些种属（例如北美黑尾鹿），受 PHS 政策管辖的 1 个物种（例如实验大鼠），以及按照《实验动物饲养管理和使用指南》（以下简称《指南》）进行管理的一个物种（例如鲑鱼）。因此，IACUC 需要建立一套适用于 AWAR、PHS 政策及其他适用的指导文件规定的 SOP。AWAR[第 22 页，231(c)3)]和 PHS 政策（第 12 页，脚注 8）的规定均允许 IACUC 采用其自由裁量权以最佳方式完成设施半年检查，但是 AWAR 要求至少有两名 IACUC 委员参加。因此，GEU 的 IACUC 决定将视频和音频技术作为检查偏远地点动物设施的最佳方式。但是，为了符合 AWAR 的要求，在利用音视频实施检查时，要在全体委员会会议上对音视频进行审查。

参加过 BP 会议的美国农业部（USDA）代表表示，AWAR 不限制使用数字技术（例如视频或照片）进行检查。不过，他们建议，最有效的方式是在全体委员会会议期间将视频直接传输给 IACUC，以便于在检查过程中进行交流讨论。OLAW 的代表也赞同使用数字技术进行远程设施的检查。不过联邦同事表示，无论是哪种情况，都不应该出于方便的原因而使用数字技术，而是在检查地点禁止访问或实际情况不允许的情况下才使用数字技术。

法规要求和参考资源

（1）PHS 政策（Ⅳ. B. 2，第 12 页）要求所有机构的 IACUC 将《指南》作为评估的基本要求，至少每 6 个月对本机构所有动物设施（包括附属设施）进行一次检查。

（2）OLAW 常见问题，问题 1：项目审查和设施检查（http://grants.nih.gov/grants/olaw/faqs.htm#prorev_1）阐明了 IACUC 对附属设施（PHS 政策认定为在管辖中心或核心区之外的，或饲养动物超过 24h 的隔离区域）、动物研究区（由 AWAR 定义为饲养 USDA 管辖的动物超过 12h 的区域）和手术操作区域进行检查的责任。

（3）AWAR[2.31(c)(2)，第 15 页]要求各机构的 IACUC "至少每 6 个月对研究机构的所有动物设施进行一次检查，包括动物研究区，评价的基本依据是标题 9 第 I 章，A 分章——动物福利"。

设 施 检 查

PHS 政策（第 12 页）和 AWAR（第 15 页）要求各单位的 IACUC 至少每 6 个月对动物饲养管理和使用项目相关的设施进行一次检查。作为项目监督的一部分，IACUC 必须确保在研究、教学和试验过程中的相关设施（例如，动物饲养和手术区域）符合脊椎动物管理和使用的政策与法规。为确保检查的全面和彻底，IACUC 管理员必须设计一个系统以确保 IACUC 能够对各区域做到应检尽检。

建立有效流程的关键是 IACUC 管理员首先确定委员会必须检查哪些区域。IACUC 管理员的一般做法是建立与维护一个必须访问和检查的区域列表。虽然有些机构采用复杂的商用电子数据管理系统来实现这一目标，但 IACUC 管理员采用的最佳实践是维护一个简单的数据库（例如使用 Excel 或 Access 系统），方便在安排设施检查时用于参考。该列表通常包括动物饲养区、手术操作区和辅助区（例如洗笼区、药房和饲料储存间）等所有区域。

IACUC 每半年必须检查哪些设施？

饲养设施

最需要 IACUC 检查的设施就是动物饲养设施。动物饲养设施通常定义为任何用于圈养动物或保护它们免受诸如冬季风暴或夏季阳光等极端环境影响的建筑或设备。饲养设施应包括一级和二级饲养单元。例如，奶牛场饲养设施不仅包括牲口棚，还包括隔间和牧场。农用动物设施通常包括用栅栏围起来饲养动物的一块土地（牧场）。由于围栏是用于圈养动物的，因此它和牧场一起组成一个需要 IACUC 进行检查的饲养设施。

IACUC 还必须检查各机构的附属设施（PHS 政策）和研究区域（AWAR）。AWAR 将研究区域定义为核心设施之外用于饲养动物超过 12h 的区域。PHS 政策将附属设施定义为核心设施之外用于饲养动物超过 24h 的区域。许多 BP 会议与会者表示，他们机构的 IACUC 制定并通过了一项规定，要求无论是什么物种的动物，如果要在动物饲养室外饲养超过 12h，必须事先获得 IACUC 的批准。该规定的目的是无论它们 PHS 政策还是 USDA 管辖的物种，对所有脊椎动物物种都应用相同标准。

手术区域

除饲养区域外，IACUC 还应该检查该机构的所有手术区域。尽管 AWAR 认为活体手术必须在专用的无菌设施中进行，但没有明确指出 IACUC 必须每半年检查一次该设施。而 PHS 政策则要求进行外科手术的区域（大手术、小手术、活体手术或非活体手术）必须每半年接受一次 IACUC 的检查。与附属饲养设施类似，大多数机构的 IACUC 都制定并实施了较为保守的政策。IACUC 至少每半年检查一次所有手术设施，并在首次手术前检查一次，以确保手术场所和设施能够满足外科手术所需的条件，这种做法可确保同时遵守 AWAR 和 PHS 政策。

特殊动物实验室

IACUC 必须对机构的特殊动物实验室进行检查，例如兽医、设施管理人员和 PI 在动物设施中确定的特定区域，以便进行特定的操作。主治兽医（AV）可能会指定一个特定区域进行放射学研究和尸体解剖。设施管理人员也可以指定一个用于饲料制备和储存的特定区域。PI 通常会在其实验室中指定区域用来实施安乐死和专门仪器设备的操作。IACUC 要求至少每半年检查一次上述区域。

辅助区域

IACUC 还必须检查动物设施的辅助区域。IACUC 委员必须检查动物设施的物料存储区域，例如，用于储存包括饲料和垫料、药品、生物制剂与废弃物，以及笼器具和水瓶备用品等物品的房间或区域。其还应该检查动物饲养技术人员的辅助区域和更衣室。

设备区域

IACUC 委员还应检查设备辅助区域，例如清洁笼具和脏笼具的清洗区域。有的机构还规定检查拖车、汽车和货车等动物运输车辆。因为动物在转运过程中处于其中，将动物转运车辆认为"运输动物设施"。在这个移动设施中虽然动物停留的时间可能很短，但是 IACUC 仍然有责任确保在运输过程中尽最大可能照顾到动物的利益，尤其是当运输工具为非本机构车辆（例如是 PI 个人的汽车）的情况下。除动物管理的相关问题外，如私家车使用不当，可能会在完成动物运送后对私家车乘车人造成潜在的健康影响。

暖通空调和应急监控系统

IACUC 成员还应对机构的动物设施环境控制和应急监测系统进行评估。例如，委员会应确保每个动物房都满足《指南》（第 46 页）规定的换气次数要求，还应确保明/暗周期计时设备和计算机化监控系统的正常运行。在退役军人事务部（Department of Veterans Affairs，VA）制定的动物饲养管理和使用项目（ACUP）中，供暖、通风和空调系统必须在检查期间由 IACUC 重新认证，确保符合其主要指导文件《VA 手册》1200.7 中所述的最低要求。有些机构要求至少每年对供暖、通风和空调系统进行一次重新评估，以确保环境条件持续符合规定。所有获得AAALAC 认证的机构都必须在实地考察后的 12 个月内对供暖、通风和空调系统进行评估，以确保维持认证状态。

项目审查的准备工作

培训/再培训

为了使 IACUC 委员能够全面、彻底地检查设施，应定期对他们进行此类检查的培训。培训时，IACUC 管理员通常会准备一份设施半年检查清单，以备委员会成员在进行检查时参考。尽管各机构的检查清单可能有所不同，但是在 OLAW 网站的资源部分可获取一个常用清单模板（http://grants.nih.gov/grants/olaw/sampledoc/checklist_html.htm#2a）。接受咨询的 BP 会议与会者认为，他们会在预计设施检查前至少 1 个月向 IACUC 委员提交检查清单，并简要审核检查标准。

制定检查计划时间表

一个机构的检查时间表通常取决于项目的规模。例如，一些机构的项目可能包含了数百个设施场所，必须每 6 个月进行一次检查。这些机构通常会在半年周期内的 6 个月进行检查。在这种情况下，一个机构可以在 5 个月的时间内每月检查其大约 20% 的设施。在每月一次的会议上讨论当月检查的结果。在 6 个月的周期内，IACUC 管理员将过去 5 个月的结果整合到半年一次的设施检查报告中，提交给 IACUC 和机构负责人（IO）批准。这一过程可在下一个半年周期重复进行。这种连续的检查过程能使机构更有效地分配与设施检查相关的人力资源和工作量。

如果项目较小，机构经常采用每年两次 3～10 天的周期进行设施检查，如在每年的 3 月第 1 周和 9 月第 1 周进行设施检查。这一流程既明确了检查的时间点，确保其符合联邦标准，也为委员会成员做好检查工作安排提供了可能。

检查时间的协调

在以往的 BP 会议上，与会者提出了这样的担忧，即设施检查的时间很难与 IACUC 委员的时间协调。许多 IACUC 管理员表示，由于个人原因或与教学和研究相关工作冲突，委员会成员很难参加检查。有些与会者表示，每年在同一时间安排检查有助于委员会成员计划参与检查的时间。他们建议，新的委员每年至少参加两次机构检查。大多数 IACUC 管理员认为，他们要求委员每 6 个月至少抽出 2 天时间（大多数实际检查持续 2～3h）参与设施检查。IACUC 主席和 IACUC 管理员还应该强调设施检查的重要性，如果不实施检查，ACUP 将无法运行。

哪些人应该成为检查组成员？

IACUC 管理员通过成立检查组为开始来做好设施检查时间的协调工作。IACUC 管理委员会的一贯做法是由至少两名 IACUC 委员和 IACUC 管理员组成检查组。尽管监管标准没有要求，但越来越多的机构将本单位的其他人员作为关键人员纳入检查组，参与检查工作。

根据相关要求，IACUC 应该建立设施检查的相关流程。由于 AWAR 要求，在涉及 USDA 管辖的物种时，每个检查组至少应该包括两名 IACUC 委员，因此，IACUC 通常会建立一个让委员会成员能主动参与检查的流程。许多 BP 会议与会者表示，他们的机构一般规定每个检查组至少包括两名 IACUC 委员。BP 会议与会者一致认为，无论是否涉及 USDA 管辖的物种，这种方法均可加强审查和检查流程。

在以往的 BP 会议上，IACUC 管理员认为，PHS 政策为 IACUC 提供了选择评价机构动物设施最佳方法的灵活性，允许有资质的顾问参与检查动物设施。因此，当不涉及 USDA 管辖的物种时，在 IACUC 的指导下，有些机构邀请审查后监督员、IACUC 管理员、聘用顾问和/或兽医参与检查。

参加过 BP 会议的许多 IACUC 管理员认为，成立检查组的主要目的不仅是把法规作为评价设施的标准，还要确保满足动物健康和福利的需求。因此，许多 BP

会议与会者认为，每个检查组中必须要有一名兽医，兽医可以帮助回答用于研究的动物健康和福利相关问题。

尽管许多 IACUC 管理员认为兽医参与每次的设施检查很重要，但是他们也在纠结让主治兽医（AV）作为检查组的正式成员是否会造成利益冲突。最主要的问题是，AV 将会参与检查他（她）自己直接或间接管理的区域。例如，检查过程包括对兽医护理计划的评价，而这恰恰是 AV 的主要职责之一。如果出现关于兽医护理计划充分性的问题，AV 作为正式成员参与评价他（她）的管理计划是否符合联邦要求将受到质疑。因此，有些机构不允许兽医参加对本人管理的区域的检查。因此建议，实验动物兽医可检查农用动物设施或 PI 管理的设施，而农用动物兽医或作为顾问的当地兽医可检查实验动物设施。

大部分 IACUC 管理员认为，如果 AV 总是参加检查，特别是检查由其本人管理的设施，在检查过程完整性上会出现严重问题。因此，建议最好是 AV（或 AV 指定人员）参与 IACUC 的检查，回答关于动物健康的问题，而不是作为检查组委员会的成员。

除参与设施检查的兽医和 IACUC 成员外，IACUC 管理员（几乎 100%是被机构派遣参加过 BP 会议的工作人员）或他（她）的一名行政下属参与所有的设施检查。IACUC 管理员的主要职责是记录检查过程和检查结果，并与设施管理人员、PI 和机构负责人（IO）沟通基本信息。IACUC 管理员（或其指定人员）还应确保 IACUC 检查组巡查了每一个设施。

尽管 BP 会议与会者识别出最大限度地减少参与检查人数的好处（例如降低疾病传播风险），但他们认为后勤部门的工作人员参与设施检查很有帮助。例如，一些机构的检查组中包括公共设施工程管理部门（OPP）的代表。因为 IACUC 管理员认为，许多问题都与设施维护有关，团队中有 OPP 代表可以快速地纠正问题。在检查过程中与 OPP 成员共事过的 IACUC 管理员指出，OPP 代表通常能够协助 IACUC 确定问题并及时高效地制定纠正计划。例如，OPP 成员可以拍摄存在问题的设施照片，确定问题的具体位置，并在检查期间对相关问题进行提问，然后帮助委员会在现场制定适当的纠正计划。IACUC 管理员表示，有时问题会立即得到解决，或在当天检查结束之前得到解决。

除 OPP 代表外，一些机构还会派一名负责环境健康与安全（EHS）工作的人员参与检查过程。BP 会议与会者强调，从 EHS 办公室中挑出具有公共卫生背景的人员非常重要，他进入检查组的目的是更好地解决与职业健康和安全计划（OHSP）相关的问题。在检查过程中，EHS 办公室代表能承担环境风险评估的任务，从而满足 OHSP 定期开展设施风险评估的要求。

此外，设施管理人员必须是检查组的关键成员。一些机构要求被检查区域的管理人员参加检查。让被检查区域的设施管理人员参与检查，能显著提高检查效率。例如，假如出现缺少文件资料的问题，设施管理人员能很容易帮助解决，因为资料可能就保存在他的办公室档案中。

检查组的人数

　　由于各种原因，检查组的人数应仅限于进行全面检查所需的人员和特定专家的人数。检查组人数太多可能会带来生物安全风险，会分散注意力；在某些情况下，较小的区域也无法容纳较大规模的检查组。因此，检查组的人数应保持在最低限度。

　　由于各机构的工作人员和专家数量不同，因此每个机构应制定适合自己的计划和程序。例如，一些机构从其 EHS 办公室任命某个工作人员（如生物安全官员）为 IACUC 服务。在这种情况下，生物安全官员可以满足 OHSP 的要求，进行定期的环境风险评估，并作为 IACUC 成员进行设施检查。也有些机构任命行政专业人员（如 IACUC 管理员、基金或资助团队人员）到 IACUC，使他们能够在作为 IACUC 成员进行检查的同时履行行政职责（如报告）。

通知检查

　　核心团队和时间表确定后就要发出检查的通知。由于 AWAR 要求所有 IACUC 成员都能有机会参加每半年一次的检查，因此，许多 IACUC 管理员通过电子邮件等电子通信形式向 IACUC 成员发送通知。该邮件应提醒核心团队成员检查日期，邀请 IACUC 所有其他成员参加，并保留满足监管要求的文件（如证明邀请了所有成员参加）。

　　各机构在是否要提前宣布检查这个问题上的管理和处理存在差异。许多机构尝试了这两种方法，并最终决定能最大化提高效率（如确保实验室人员在场）的唯一方法是通知检查。在进行突击检查时，检查组经常发现 PI 和工作人员不在实验室，因而需要重新安排检查时间。

　　许多机构将检查安排在固定的时间范围内（如星期四上午 9 时至中午之间），以适应检查组的时间安排，同时又能体现某种程度的未通知性质。此外，大多数机构要求 PI 或其一名工作人员应该在这个时间段到场参加检查。

检查的准备

　　由于 IACUC 成员是检查过程的关键，其他成员发挥辅助作用（如 OPP 人员主要解决维护问题），BP 与会者一致认为，定期对 IACUC 成员进行检查流程的培训至关重要。在进行设施检查之前，许多 IACUC 管理员会对设施检查流程进行简短的再培训。此外，他们还向检查组提供以往的相关设施的检查报告。这些报告提醒 IACUC 成员以前都发现过哪些问题，以便他们核实这些问题是否持续或还在重复发生。此外，一些 IACUC 管理员还会在会议期间讨论出现较多的问题。例如，IACUC 可以讨论机械设备维护的常见问题和减少这些问题的办法。

在检查 PI 所辖区域时，IACUC 管理员应向检查组成员提供一份检查流程的副本。建议一般在检查前 30 天将副本用电子邮件发送给检查组成员，并要求检查组委员会的每个成员提出几个问题，以便向 PI 提问。

为了方便检查 PI 管理的动物饲养管理和使用区域（如附属动物设施、手术区域和特定动物实验区域等），IACUC 管理员至少在检查前 30 天通知相关 PI。首次通知一般采用电子邮件方式，简单说明 IACUC 将在某"日期"进行半年的设施检查，并要求 PI 或正在使用动物的特定实验室成员到场以方便检查。此外，IACUC 管理员通常应向 PI 提供一份检查清单，列出 IACUC 在设施检查时审查的项目，以及在以前的检查中记录的任何问题。应给 PI 预留大约 10 天的时间，以便确定他（她）是否可以参加检查。如果在 10 天内没有收到确认，IACUC 管理员应打电话给 PI，直到收到确认信息。

半年检查的实施

动物饲养区域检查

IACUC 成员普遍认为不同的饲养环境需要不同的检查方式，如：检查组成员检查农用动物饲养设施与检查实验动物设施应采用不同的标准。首要的是选择恰当的适用标准，例如，在检查实验室或生物医学动物饲养设施时，可采用《指南》或适当时采用 AWAR 作为标准；考察饲养非 PHS 机构资助的用于食品和纤维素研究的农用动物的饲养场时，采用《研究和教学中农用动物饲养管理和使用指南》（《Ag 指南》）。尽管如此，在所有情况下 IACUC 成员首要关心的是动物的福利和安全。BP 会议与会者指出，在检查过程中了解特定区域的最有效方法之一是与该区域的一名动物操作人员进行交流。

实验动物设施

尽管 BP 会议与会者认为有必要保证饲养设施符合相关规定，但他们也认为，检查组的首要任务是关注动物福利的相关问题，如必须确保动物健康、笼盒清洁干燥、饲养空间不能过度拥挤、使用适当的丰容装置。检查组成员必须接受相关培训以了解所检查区域内各种动物的需求和福利。

在许多情况下检查组不可能对动物饲养场中的所有笼盒进行检查，但需检查每个房间，并抽样查看每个房间的笼盒，以确保动物健康并按相关规定饲养。

检查组一旦确认动物健康且饲养得当，就可以转而留意日常观察记录及设施清洁记录等文件。检查组还应考虑设施的状况，如房间表面应防潮且易于消毒，不应存在油漆剥落和生锈等现象，以免影响对房间消毒的效果。

检查组可与一名动物饲养技术人员进行交谈，以了解在动物需要临床护理时应当如何通知兽医，如采用什么方法通知兽医？饲养人员如何知道何时进行兽医随访？使用什么程序来跟踪接受兽医护理的动物的健康状况？此外，IACUC 成员也可以借此机会对 OHSP 进行评估，如询问技术人员是否参加了 OHSP，以及他们是否知道其工作区域存在何种生物危害。

然后应对检查组在此过程中收集的信息进行评估，确保其符合相关规定。

检查实验动物房舍

IACUC 成员检查小鼠饲养设施常采用以下最佳实践。

动物 进入房间后，检查人员对动物进行观察并逐一检查笼盒。

• 小鼠应该表现出健康动物的体貌特征。它们应表现活跃、在笼盒中自由走动，进行筑巢或理毛、进食和/或饮水等活动。

• 一般认为小鼠是群居动物，所以一个饲养单元应饲养两只或以上的动物（通过 IACUC 批准的方案除外）。

• 每个笼盒里的垫料应清洁干燥，粪便量应在机构规定的范围内；切记笼盒应每 2 周更换一次（《指南》第 70 页）。

• 食物和饮水应当清洁且无粪便污染。

丰容 检查人员核验是否达到丰容预期。

• 在实际操作时，应在每个笼盒内放置丰富动物环境的设备（如巢屋、PVC 管或其他可用作动物藏身地的装置）。

• 如果动物必须单独饲养或因科研原因不能使用丰容装置，则应在经批准的 IACUC 方案中包含这些额外的规定。

• 动物不应过度拥挤，应特别注意确保幼崽按照适当的时间离乳。

环境 进入动物房后，检查组成员应注意房间的环境条件。

• 暖通空调系统正常运行，能保持房间与走廊之间适当的气压差与稳定的房间温度和湿度，并确保房间有足够的新鲜空气供应。

• 房间温度和湿度应在可接受的参数范围内。小鼠的适宜温度范围是 68～79°F（20～26℃），湿度范围是 30%～70%。

• 检查组应在进行检查之前确定适当的房间气压差，该信息通常记载于机构的项目说明中，尤其是当该项目已被 AAALAC 国际认可时。在房间压力应与走廊呈正压的情况下（如免疫缺陷动物），动物房间气压应高于走廊气压。对于负压区（如检疫、感染动物、大多数啮齿动物空间），动物房内气压应小于走廊气压。验证气流方向的一种简单测试方法是在稍微打开的门缝附近拿一张纸巾或纸条，正压的房间会将纸巾吹向走廊，而负压的房间会将纸巾吹入房间。

• 为确保每个动物房有充足的新鲜空气，每小时至少应有 10 次换气。进入房间后，如果检查人员闻到强烈的氨气气味或有轻微的眼部刺激，氨气水平可能过高，表明房间的换气次数过低。

- 检查人员还应确保适宜小鼠的光照强度和照明周期。
- 除非具体实验参数另有规定，小鼠的照明周期一般保持在 12h 光照和 12h 黑暗的最佳状态。该时间周期可以促进小鼠的正常生理状况，包括繁殖活动和日常摄食、饮水行为。检查人员应经常检查以确保灯光和计时器的正常运行。
- 光照强度已被证明可导致白化啮齿动物如实验小鼠的光毒性视网膜病变。因此，为了尽量降低小鼠出现这种问题的风险，检查人员应确保光照强度符合《指南》（第 49 页）的建议，即 130～325lx（笼盒水平）。

围护结构　检查人员观察房间的围护结构。

- 房间的地板、天花板和墙壁保持洁净，并且地板上没有杂物。
- 门、墙壁、地板和天花板不存在油漆剥落现象，金属不应生锈。
- 在动物房内使用和放置的所有设备（即桌子、椅子、垃圾桶、台面等）应易于消毒，并由防渗材料制成（房间内不应存放布椅或硬纸板）。
- 检查电气系统的完整性（即没有磨损的电线和带有接地故障中断系统的防水电插座）。

记录审查　检查人员应检查所有相关记录，以确保记录的时效性和完整性。

- 卫生记录。检查人员应检查卫生记录，以核实设施是否进行了定期消毒。
- 笼卡。检查人员在检查笼卡时应注意方案编号和联系人。
- 每日巡查记录。检查人员应能通过文件确定动物每天都得到检查，包括周末和节假日。例如，巡查记录（或电子录入记录）应表明工作人员每天（包括周末和假期）都在设施内查看动物。
- 临床护理（兽医）记录。保留每只接受医疗护理的动物的兽医记录。在饲养区应提供护理情况的记录。在审查临床记录时，应特别注意兽医对患病动物进行的评估与制定的治疗计划，并且在整个治疗计划中，该动物一直处于兽医的护理之下。在所有情况下，医疗记录必须记录动物的最终处置情况（即结案）。

农用动物设施

检查饲养场

IACUC 成员检查饲养场时应遵守以下最佳实践。

动物

- 当检查组检查某个饲养场时，应特别关注动物的健康和福利。检查人员应检查动物是否受伤或是否存在其他健康问题，如猪表现出轻微的咳嗽或打喷嚏，表明可能存在呼吸系统疾病，需要兽医治疗。检查组成员还需检查动物的蹄，确保它们没有蹄部疾病，如腐蹄病。

- 绵羊等农用动物被认为是群居动物，除 IACUC 批准的实验方案外，均应饲养在两只或两只以上的社会相容的群体中。
- 农用动物居住区和饲养区应清洁、干燥且无过多的粪便。

围护结构与饲养设备　对动物的健康和福利进行评估后，检查组通常会关注围护结构和饲养设备。由于该设施是一个工作饲养场，检查组成员应确保发现可能危及动物福利的物理设施问题。

- 饲料库、金属结构建筑、窗户、围栏或棚舍用料上突出的尖锐边缘有可能伤害动物。
- 饮水设备漏水可能会造成局部过度潮湿，带来动物健康隐患。
- 谷仓油漆脱落问题需要解决，要防止油漆脱落污染动物饲料或水源。
- 检查组应确保以汽油为动力的设备，如滑车和拖拉机，不会将汽油等泄漏至动物饲养区域。

设备和支撑设备　检查组应检查饲养场中工作人员日常使用的设备和其他设施，确保其完整性。

- 运输拖车应保持良好状态并定期消毒。
- 牛槽和产仔箱等设备应牢固，无锋利边缘。
- 检查组应检查有代表性的牧场围栏，以确保不会伤及动物。
- 如果有为放牧动物提供的防雨棚，检查组应检查这些棚屋是否完好无损。

记录审核　检查组成员应审查所有相关记录。

- 兽医记录。检查组应审查兽医记录。
- 记录常规疫苗接种和其他相关操作，如羊的断尾、去势和去除猪的獠牙等。
- 兽医记录还必须记录从最初治疗到最终处置（如健康或安乐死）的临床护理。
- 对实施外科手术后的动物（如有瘤胃瘘管的牛）应进行持续记录，应记录手术场所是否根据已有的兽医操作程序进行维护。

野外观测站

有些野外观测站是科学家在远离校园设施的野外进行野生动物研究时建立的，在这种情况下，IACUC 必须建立检查观测站的方法。通常 IACUC 与 PI 合作，使用录像带或其他合适的方式进行检查。

BP 会议与会者建议，如果 IACUC 有机会现场参观野外观测站，可以通过审查实验方案和在偏远现场发生的相关活动，为检查做好准备。例如，如果正在进行手术，IACUC 应该确保 PI 已经为进行手术或收集组织样本确立了一个特定的区域。

在进行检查时，委员应与 PI 讨论和审查发生的具体的动物使用程序、OHSP 相关问题以及相关物种的相关事项。此外，检查人员还应审查所有有关的研究和实地记录。

笼具清洗和辅助区

检查组应检查清洗区域和其他辅助区域。确保建立适当的人员安全操作规程。例如，笼具洗涤区存在噪声，应适当使用听力保护设备。对视力有害的区域应使用护目镜。

除人员安全问题外，IACUC 还应核实笼具清洗消毒设备是否达到了笼具消毒所需的温度，而且必须保存这些记录，同时记录笼具是否已经有效消毒。自动洗衣机的温度监测记录应该记录洗涤或漂洗水的温度达到 143～180℉（61.7～82.2℃，《指南》，第 71 页）。如果没有使用机械笼式洗衣机，检查组应确定是否有 ·种能确保供应品充分消毒的监测方法。检查组常常进行微生物测试，以确保手洗物品的消毒效果。

操作和特殊区域

存活与非存活手术室

检查组应每半年检查一次手术设施。在检查期间，检查组必须考虑在特定区域进行手术的动物种类。美国农业部（USDA）管辖物种的手术必须在手术室进行，因此必须将 AWAR 作为检查的标准。在检查用于美国农业部管辖的非啮齿动物的手术室时，IACUC 检查员应确保手术室在手术期间专用于手术操作。此外，手术室必须在无菌条件下维护和运行。因此，检查组应审查手术室内的消毒记录，并确保所有程序都是无菌条件下进行的。检查组成员还应确保有适当的做法对手术设备进行消毒和储存，确保有一个专门用于术前和术后护理的区域，以及一个供外科医生术前准备的区域。

检查组应审查手术记录并确认其完整性和准确性。记录可以放置在动物附近，也可以保存在外科医生的办公室，可能需要多次反复进行适当的检查。手术记录应包括正在进行的手术的描述、使用的麻醉和镇痛方法的类型以及外科医生的姓名。此外，手术记录应该记录围手术期的生理参数。例如，对于啮齿动物，可以考虑诸如体温、眼睛状态和呼吸等基本信息。

BP 会议与会者一致认为，如果一组啮齿动物在同一天接受了相同的手术，则应为每只动物保留单独的手术记录。然而，AAALAC 的同事指出，在某些情况下，小鼠组群的手术记录也应该保存。他们指出，组群的手术记录至少应包括 IACUC 编号和正在进行的手术的描述。

BP 会议与会者一致认为，对手术记录的更改应一次全部确定好并签字，不应使用 Wite Out® 或类似产品，不能划掉任何记录。在任何情况下，都必须保存所有动物恢复过程中的术后护理记录。

特殊房间或实验室

在某些情况下，特殊操作在分开的区域（如 PI 实验室或专业设备区）执行，与标准动物支持区分离，IACUC 必须检查此类区域。例如，PI 可能在其实验室中放置用于动物实验的行为测试设备或小动物核磁（MRI）装置。

在检查 PI 管理的区域时，BP 会议与会者建议直接与监督该区域的科学家对话。在讨论过程中，检查组成员应引导 PI 讨论其实验的细节，而不是使用标准短语，如"我完全按照我的方案中所述执行程序 XYZ"。

安乐死室

IACUC 还应检查实施安乐死的区域。对于啮齿动物设施，委员应检查气体净化系统（如果使用）并审查安乐死记录。检查组应就所采用的方法向 PI 提出问题，可能会问如下问题，如小鼠失去意识需要多长时间，或者通常使用什么类型的第二种安乐死方法确认。为确保气体安乐死室内没有预先充气，IACUC 成员应确保在将动物放入安乐死室之前，安乐死室未充满 CO_2。一旦确认，检查员可询问用于安乐死期间逐渐增加 CO_2 水平的 CO_2 流速。

管制药物储存区

动物实验偶尔会使用管制药物。IACUC 管理员应汇报 IACUC 核实了所有药品的保存和使用均符合禁毒署（DEA）的规定。委员至少应确认使用双锁系统保护受管制药物。双锁系统通常被定义为保存箱（冰箱）和保存房间均上锁。最终，需要使用管制药物的研究人员需要通过一个由双锁组成的系统才能获得药物。

除确保药品安全外，检查组还应审查管制药物接收和使用的记录。管制药物记录应明确药物的来源和接收时间。记录还应提供有关药物使用方式的相关信息。例如，记录应表明从库存中转移特定药物的时间和人员、药品的使用方式，以及库存中剩余的数量。此外，记录应记录到期后从库存中移除（即销毁）的药物。

确定、记录和纠正缺陷

IACUC 成员应该清楚半年进行一次检查不仅仅是为了发现问题。在检查过程中，与 PI 和设施管理人员沟通他们正在做的事情也很重要！此外，委员会成员应提醒动物使用人员并始终强调 IACUC 可为其提供帮助。如果 PI 和管理人员被问到他们有什么需要 IACUC 帮助的，他们将会有参与感和责任感。

除鼓励设施管理人员和 PI 外，委员会成员还应当指出缺陷。然而，有必要通过提供正确的建议纠正错误。有时，IACUC 成员可能会发现一些 PI 或设施管理人员屡次犯错（即累犯）；这一问题可能需要 IACUC 直接提出，并重点关注其反应。

IACUC 管理员经常陪同检查组，并记录发现缺陷。如果检查组发现缺陷，则将其分为重大缺陷或轻微缺陷。在大多数情况下，可能危及动物健康和福利的问题被认为是重大缺陷；尽管如此，IACUC 应制定一项政策以明确区分重大缺陷和轻微缺陷。在记录缺陷时，IACUC 管理员应记录问题、位置、PI 和小组是否将问题确定为重大缺陷或轻微缺陷，以及谁（如 AV、PI 或机构管理人员）负责纠正问题。检查组在完成当天的检查后，IACUC 管理员将总结发现的问题，让委员会成员对每个缺陷发表意见。

在 IACUC 主席确认存在缺陷后，IACUC 管理员将向责任方发出缺陷通知。向相关个人发出的整改通知包括在规定的时间线（包括具体要求的完成日期）内纠正问题的计划。如果 PI 未回复，则发送第二次通知，并将问题提交给 IACUC 以采取纠正措施。纠正计划和时间线通常由缺陷类型决定。例如，动物房地板的期限可以是 3 个月；但当存在福利问题时，IACUC 可能需要立即纠正。但是，如果检查期间有两名 IACUC 成员在场，则检查组应纠正对动物健康和福利造成直接威胁的任何问题。然后，检查组将在下次计划会议上将该问题和解决方案通知给 IACUC。

IACUC 可以更改纠正时间表，但应在全体委员会会议期间进行更改，并在会议纪要中说明更改理由，可能作为 IO 报告的附录出现或作为数据库的一部分提供。

重复缺陷

有时，缺陷未在规定时间内得到纠正，并在连续检查中得到后续确认（即重复缺陷）。以与其他缺陷相同的方式记录和处理重复缺陷。但是，当发现重复缺陷时，许多机构建议对 PI 进行额外培训以及后续绩效检查（例如，IACUC 成员、合规联络员或委员会主席的突击访问），以杜绝再次发生。针对屡犯者的缺陷通知按如前所述进行处理。但是，IACUC 主席可致电 PI 的上级或以书面形式将重复缺陷通知给他（她）。此外，可邀请 PI 参加 IACUC 会议或担任委员会成员。

（杜小燕　李长龙 译；陈振文 校；贺争鸣 审）

第十章　实验动物饲养管理和使用项目的监督

场　　景

大东方大学实施大规模实验动物饲养管理和使用项目（ACUP）已超过 10 年。该机构 IACUC 审查了由大约 120 名科研人员实施的约 425 个实验方案。在每半年一次的设施检查中，IACUC 经常发现不符合法规和政策的情况。例如，在春季检查期间，IACUC 成员发现，一位科研人员在进行啮齿类手术时没有保存相应的手术过程和术后记录。检查还显示，一些科研人员在没有获得 IACUC 批准之前就开始进行动物实验，在某些情况下出现了偏离批准实验方案的情况。在半年一次的检查完成后，检查组向 IACUC 提交了三个潜在违规的案例以进行调查。

在 IACUC 全体委员会上，委员会不仅解决了上述问题，而且认为有必要集中精力防止违规行为再次发生。IACUC 管理员为准备这次会议而整理了该机构为期 3 年的违规数据，这些数据表明，在 3 年期间报告的违规事件每年都在增加。IACUC 管理员还对这些资料仅反映了半年度检查期间观察到的实验方案情况而表示担忧，因为还有大约 80% 的实验方案细节没有得到监测。根据所提供的信息，委员会认为 IACUC 批准的方案没有受到委员会的充分监督，这可能与 ACUP 的缺陷有关。委员会成员还对加强监督过程的多种方法进行了讨论。

尽管许多委员会成员指出该项目存在一些不足，但一部分人认为违规问题是孤立的事件，主要是与个别 PI 有关，在他们看来在设施检查期间对批准的实验方案进行监督检查是充分的，因此，他们建议检查组应在半年检查期间多花些时间在那些 PI 身上，并利用这次检查对他们进行教育。

其他委员会成员认为，重复缺陷的出现以及趋势表明监督检查过程是无效的。他们建议安排专门人员负责对个别 PI 的研究项目进行独立的监管评估，通过合规联络员与科研人员会面，讨论他们的实验进程，并在每月一次的会议上向 IACUC 报告结果。这一建议引起了长时间的讨论，焦点是这样的一个过程是否意味着 IACUC 成员对 PI 的不信任。

最终，委员同意启动一个为期 3 个月的独立检查，并在检查结束时评估该过程的细节。委员会一致认为，如果问题是由个别 PI 和孤立事件造成的，那么随机检查是不会出现整体性问题的。

在接下来的 3 个月中发现了许多问题，如评审人员注意到经常发生未经培训的人员进行动物实验研究。调查组还发现记录保存问题，未经 IACUC 批准而修改动物使用程序，以及未向兽医人员报告研究动物的不良事件。在此评估期间，IACUC 批准的实验方案被修改的次数显著增加。委员会的解释是，评审人员正在帮助 PI 确定必要的纠正，并帮助他们意识到满足法规要求的重要性。

根据为期 3 个月的评审结果，IACUC 决定将该计划延长至本年度末，以确定该计划是否会对半年一次的检查结果产生影响。到研究年度末，IACUC 证实，这项独立检查计划解决了 IACUC 对批准的实验动物饲养管理和使用项目过程监督不充分的缺陷。

法规要求和指导文件

（1）PHS 政策[Ⅳ. B(1～8)，第 12 页]要求 IACUC 必须监督机构的实验动物饲养管理和使用项目。

（2）AWAR[2.31(c)]要求 IACUC 必须监督机构的实验动物饲养管理和使用项目。

引　言

联邦法规和政策要求 IACUC 必须确保机构的 ACUP 符合适用的法规，如 PHS 的政策要求 IACUC 以《指南》作为每半年一次项目审查的依据。IACUC 必须以联邦法规为标准，至少每半年审查一次机构的项目。委员会必须检查动物饲养设施以确保它们符合标准，IACUC 成员必须确保实验动物饲养管理和使用程序按照联邦标准进行。为确保科研人员按照规定的标准进行动物实验操作，IACUC 成员必须了解实验动物饲养管理和使用程序是如何实施的。

IACUC 必须确保实验动物饲养管理和使用活动遵守联邦标准。这个过程可以从 PI 详细阐述实验动物使用方案并提交给 IACUC 开始。该申请方案应详细阐述实验动物饲养管理和使用的具体细节。方案一旦提交后，IACUC 成员将对申请方案的细节进行评审以确保其符合联邦标准，如 IACUC 成员必须确保包括外科手术的详细信息的方案细节（即描述术前准备、止痛药物的使用、手术方案等）以及方案的描述应符合联邦动物管理和使用的标准。如果 IACUC 成员认为方案中实验动物的使用是合适的，委员会就会批准该研究方案，然后其就可以实施了。为了使 IACUC 确保研究方案的实施持续遵守规定，许多机构出台了一种管理办法，以确保实验动物饲养管理和使用活动按照 IACUC 已批准的方案执行。

IACUC 已批准实验方案的监督

最佳实践（BP）会议的与会者提出了机构确保 ACUP 符合标准和预期的两种主要方法。尽管当前的术语"审查后监督"（PAM）通常用于描述一个用于监督已批准方案的特定系统，但是并非所有与会者都接受这一观点。一些与会者认为正式的 PAM 是监管蔓延的一个例子，而其他人则表示他们使用 PAM 是为了符合之前提到的监管要求。

　　一些与会者对"审查后监督"这一术语表示担忧，认为"监督"一词的使用暗示了侵犯、"操纵别人"或不必要的干扰。这些机构更喜欢使用像"合规联络员""研究合作伙伴"或"研究团队成员"等术语。其目的是弱化监督者的监督干预，并鼓励建立一种专业的关系，如联络人、合作伙伴或团队成员。

　　一些机构在开展与动物饲养管理和使用项目相关的其他工作时，会持续审查已批准的 IACUC 实验方案。例如，在设施检查期间，许多机构至少派遣两名 IACUC 成员前往研究地点，以确保在该特定地点开展的实验工作符合要求。在这次访问期间，IACUC 的代表与 PI 进行交谈，以确认他们正在遵循批准的方案开展工作。检查小组可能会要求 PI 或其实验室技术人员描述如何执行特定的操作（如颈椎脱臼安乐死）。委员会成员通常可能会询问执行该项目的 PI，然后要求特定的人员描述一些详细信息。在此过程中，委员会成员执行评估程序（如所描述的内容是否合适）。IACUC 管理员通常会在检查过程中记录对话的详细信息，并在他（她）返回办公室后核查其是否符合批准的实验方案。

　　第二个有效的监督过程是在进行常规兽医巡查时有专业兽医师的参与。在兽医检查期间，兽医可以判定 PI 是否遵守人道终点、疼痛管理和有效的监测程序。兽医可以审核批准的操作程序，以确认操作是否正在按照已批准的方案实施，或是否符合该机构 SOP 或制度。

　　一些 IACUC 管理员建议，最好的合规联络员是那些每天管理实验动物的人。实验动物饲养技术人员有日常观察的优势，可以评估 PI 是否及时解决了动物福利问题。

建立监督计划以完善体系

　　绝大多数的 IACUC 管理员认同机构使用 PAM 程序，目的是补充建立 ACUP 的监督体系。IACUC 管理员 BP 会议 2005～2012 年的调查数据表明，PAM 的实验项目或程序增加了 200%。大多数与会者的一个担忧是，PAM 程序可能被视为一个质量保证的程序。PAM 程序的更好体现是可作为机构的保险措施，确保这个机构确实在履行对动物、资助机构和公众的义务。

　　大多数 IACUC 管理员同意这样一个观点，在机构中执行这些评审的人员变得越来越普遍，而且通常这些人员是单独负责监督方案某一方面的特定人员。BP 会议与会者认为，监督项目的理想方法（即最佳实践）应包括特定的人员，如专职的合规联络员、兽医以及动物饲养管理人员和研究人员。这些人将使用各种方法（如方案审查、重点程序审查、日常观察和/或实验室内部自我评估）来监测项目。监督会议将以不同的频率召开，并且根据 IACUC 确定的标准进行分析，如风险评估、方案危害分析、特定实验室的历史变化趋势，以及动物种类或者操作程序。在这个框架下，每个机构的监督过程看起来会有所不同，但却会有相同的结果目标。

进行重点评估的简单方法

BP 会议与会者一致认为，一种简单的方法是通知 PI，合规联络员将访问他们以审计他们的动物研究项目。在过去的 BP 会议上讨论了多种通知 PI 的方法，如在项目涉及侵入性实验时（如肿瘤生长和观察的研究），作为 IACUC 实验计划批准文件的一部分，机构包括合规联络员将对其研究进展情况进行全年审查。在其他情况下，合规联络员将直接与 PI 沟通并通知他（她）：在特定项目中已批准的特定动物使用操作的实施过程将被审查。

在审查之前（一般是 30 天，至少是评审前 2 周），会书面通知 PI 审查时间。这个通知反映出了友好沟通是审查工作的基础，如通知可能会说："您和我（在某些情况下，生物安全员或兽医技术人员也可参加）可以坐下来一起讨论您的研究方案是如何实施的。我们可能会讨论在您的实验方案中描述的一些具体操作，以及解决您可能遇到的任何问题。"这个通知还可能会明确讨论大约需要进行多长时间（如 BP 会议与会者表示平均需要 30～60min）。

此外，该通知将向 PI 提供其应该准备讨论的主题列表，如可能会通知 PI 将对诸如卵巢切除术之类的外科手术进行审查，并对相关记录进行评审。该通知也明确了其他具体的审查项目，示例如下。

- 从事动物实验的人员已经获得 IACUC 的批准。
- 每天对动物进行观察并做好相应记录。
- 遵循 IACUC 批准的研究中确定的术前操作。
- 止痛药物（如麻醉/镇痛）使用得当。
- 动物得到术后护理。
- 采用 IACUC 批准的安乐死方法。

在实地查看之前电话沟通可能有助于讨论审查的过程并从中获益，回答一些有关潜在结果的问题，并对一些在现场审查期间想要了解的问题进行说明。一些 IACUC 管理员发现，在审查前 10 天左右发出书面通知和后续电话沟通是最合适的。

在现场审查过程中，合规联络员应关注实验过程的改进。BP 会议与会者表示在他们认为成功的审查监督项目中，沟通语言是最重要的！注意用词可能对成功的结果产生重大影响，如科研人员发现当面交流比审查或监督会议更易于令人接受。合规联络员应尽其所能使这个过程变得友好并有益。审查的最终目标是改善行为和提高效率。合规联络员应将这次评审作为教育研究人员的机会。联络员是

IACUC 的"眼睛和耳朵"，因此联络员必须是假设性的，从不给出明确的答案，这一点很重要；联络员不能替代或代替 IACUC 及其做决定的过程。

当审查者写很多东西时，人们会感到紧张，所以尽可能减少记录对审查是有益的。将能够提供审查具体细节的要点记录下来即可，这些要点是出具审查报告所必需的，如实验操作的房间、药物的浓度、参与人员、监测频率，换句话说，可为形成一个可行的且准确的报告提供具体信息。合规联络员应在审查前告知研究人员，可能需要做一些记录，但这些记录只针对具体细节以保证报告的准确性和简洁性。联络员应精简讨论，并只提出一些开放式的问题，应避免问"是"或"否"的问题。一般来说，科研人员对他们的研究很感兴趣，并为此感到自豪。因此，他们喜欢谈论它。参与进去、表现出兴趣并发现执行良好的证据；一些问题会被真正地观察到。

建立审查后监督计划

资助监督计划

在 BP 会议上可能最常见的问题之一是"根据第八版《指南》我们如何资助一项我们认为重要且有价值的监督活动"。在有些情况下，机构将新任务分配给现有工作人员；在其他情况下，机构聘用了具有特定工作性质的员工（即专门的实验项目评审员或 IACUC、安全和生物安全委员会机构之间的兼职评审员）。还有一种情况，机构使用共享资源——让一个合规联络员服务于多个单位。拥有专门联络员的机构的与会者指出，监督活动通常由合规部门资助，资金通常来自研究副总裁办公室（或同等职能部门）。

由于经常使用常规标准软件（如 Microsoft Word 和 Excel）进行监控记录，因此在大多数情况下不需要购买专门的软件和计算机技术。因此，实施该监督计划的费用通常是与员工相关的成本（如工资、福利、计算机等）。与会者表示，当已经有可用的办公空间时，执行监督计划的成本等于因任何其他目的增加和维持一名新员工的成本。

虽然在第八版《指南》中具体提到了审查后监督的作用，但许多机构并没有准备额外增加的经费支持完成这项工作。由于资金从一开始就普遍紧张，许多机构选择遵循监督实验方案的方法作为开展正常业务的一部分（如 IACUC 半年检查、兽医日常巡查等）。少数机构已经采用新的方法，通过设立实验动物协调员或研究项目助理来确保合规性，这是一种让研究者参与扩大 IACUC 监督的一种方法。

确定和培训合规联络员

BP 会议与会者一致认为，有效联络的关键是人际交往能力。一些与会者指出，他们可以传授给他们的联络员有效监督的技能，但他们不能教会所有人变得亲切、完美沟通或友好。联络员应具有的另一个重要特点是出色的洞察能力和关注细节的能力。用来评价联络员人选的一种方法是询问该人从进入大楼至到达主管办公室的这段时间他（她）观察到了什么。最好的联络员能有效地观察他们周围的环境，并注意到他们没有被告知观察的事情。在研究实验室中，这些技能将非常有助于全面了解实验室正在进行的研究情况。

虽然机构报告说，教育和经验对于沟通与观察技能来说是次要的，但许多人认为兽医和实验室技术人员是最佳的合规联络员，因为他们接受过专业培训，包括动物福利和大多数实验方案批准的操作程序（如血液收集、监测频率、药物管理和给药等）。研究人员和科学家也可以成为好的合规联络员，但他们需要把对科学研究的兴趣放在一边，把注意力放在动物福利和正在实施的操作程序上。与会人员一致认为，如果一个人具有良好的观察和沟通能力，他（她）就有可能成为出色的合规联络员。

为避免审核员过度疲劳，IACUC 管理员建议将一些其他职责整合到联络员常规工作中。在一些机构中，合规联络员还承担培训教员的工作；在这个角色中，联络员需要花费一部分时间对 IACUC 的新成员和研究人员进行培训指导，并在课堂上担任客座讲师，讨论与动物相关的话题。机构应小心避免在研究人员的头脑中形成"动物警察"文化。联络员永远不应该把自己放在这样一个角色上。相反，他们应该将自己视为科研机构的合作伙伴，作为 IACUC 的延伸，履行该机构对高质量动物饲养管理和使用的承诺，让人们相信动物是按照规定以人道的方式被使用的，并将这些检查资料作为校园内外研究人员和潜在研究人员的教育内容。

在进行审查后监督会议之前，联络员通常要接受广泛的培训，以确保在评审期间个人行为和专业行为的适当性。合规联络员不应该站在研究项目的对立面；他（她）不应改变、干扰或试图指导正在进行的研究活动。此外，对于合规联络员来说，在实验执行过程中其只观察活动而不提供评论是至关重要的——换句话说，"做一个置身事外的观察者"。为了进行全面和准确的评审，联络员必须熟悉并全面了解 IACUC 和 PI 制定的 SOP、表格与政策。他们应该对动物福利法规和政策有一个清晰的认识。对于 IACUC 或合规主管来说，利用一些技能培训向联络员传授实施评审细节是有帮助的，例如，一种常见的做法是让新聘用的联络员审查项目，然后与他（她）的主管、另一位高级联络员或 IACUC 成员进行"模拟"PAM 会议。IACUC 必须具有一些机制来确保联络员所观察和记录的内容符合 IACUC 的监督期望。一种最佳实践是让新聘用的联络员审查实验方案（作为一个额外的审查员）以提高他们熟悉流程的技能，然后从评审饲养繁殖或教学方案（即挑战性较小或不太复杂的工作）开始，慢慢转向更具挑战性的实验方案和操作程序。

报告渠道和合规联络员与 IACUC 的关系

　　BP 会议的与会者指出，合规联络员通常有两种报告渠道。第一种是提交给 IACUC 的业务报告，第二种是行政或职务报告。

　　最常见的行政报告渠道是向机构的 ACUP 合规部门的主任或主管报告。与会者一致认为，行政报告唯一须禁止的是联络员不得向主治兽医（AV）或动物饲养管理主任进行直接报告。由于这些人在动物饲养管理的工作中发挥着主要作用，这种报告渠道将存在明显的利益冲突。事实上，由于联络员评审 IACUC 批准的实验方案（如动物实验）和 AV 批准的 SOP（如实验动物饲养管理），因此，如果联络员行政报告是向 AV 或动物饲养管理主任报告，则是在要求联络员评审他（她）主管负责工作的质量。为了重申这一担忧，联络员应面谈，并观察兽医的执行过程，以确保他们按照批准的 SOP 描述的程序执行。因此，合规联络员不能在行政上向兽医报告。参加过以往 BP 会议的 IACUC 管理员表示，联络员向主治兽医（AV）或动物资源计划处主任报告的方式是不符合监管要求的，等同于 IACUC 成员不得参加有本人参与的项目的审议。机构在确定其合规联络员的报告渠道时必须考虑潜在的利益冲突。

　　联络员也有向 IACUC 报告的合规渠道。对于大多数机构来说，合规联络员不是 IACUC 成员。这种做法的根本原因是将联络员的工作与委员会的日常工作明确区分开来。在这里有一种担心，如果联络员是 IACUC 成员，他可能会拥有更多的权力，或者研究人员可能会认为联络员的职权超过了适当的范围。联络员绝不能代替或取代 IACUC，让他们作为委员会的特别顾问将确保这种关系。作为非 IACUC 成员，联络员能够帮助 PI 解决一些小问题，并与研究人员共同合作给 IACUC 一个可能的回应，而不会让 PI 认为问题已经通过与联络人的互动解决。非 IACUC 成员角色还为联络员提供了一些余地，并允许与 PI 建立一种专业的和相互尊重的关系。

政策和标准操作规程制定

　　制定合规评估计划的机构还应制定清晰简洁的程序和政策，并让所有人都可以使用。程序文件应该是"柔和"但清晰的。例如，文件可以使用诸如"回顾""讨论"或"评审"之类的措辞，而不使用诸如"审查"和"检查"之类的措辞。例如，文件应表明联络员将协助研究人员满足监管机构的要求，协助 IACUC 准备半年度检查以及协助 PI 准备方案的修订案。

执行访问

　　在进行 PAM 访问之前，机构必须决定进行评审的频率以及将审查哪些实验方案。BP 会议与会者就审查时间和审查实验方案的类型提出了不同的建议。

在过去的 BP 会议上一些机构代表表示，他们每年对所有的项目进行审查，以确保 PI 从审查中受益。相反，另一些代表表示，他们会进行随机审查，重点放在涉及对美国农业部管辖的动物种类造成疼痛和应激等的项目上。其他与会代表表示，他们在三年内至少审查每个项目一次。还有一些人指出，每位研究人员每年接受一次评估，但在许多情况下，执行多个方案的研究人员并没有每年对每个方案进行审查。

BP 会议与会者表达的一个共同担忧是，需要审查批准的是整个实验方案还是其中的具体实验操作。来自较小机构的与会者通常注意到，他们的联络员审查了整个方案，而较大机构的联络员倾向于审查方案内的操作程序，而不是整个方案。这种程序上的差异可能是由工作人员时间和 IACUC 批准的方案数量导致的。

实施面谈

在与研究人员会面之前，联络员应决定审查哪些内容。在某些情况下，联络员可以决定仅审查实验方案中列出的外科手术程序，并通过与外科医生讨论手术过程进行审查。联络员应审查实验方案的每一个细节并在评审期间进行讨论，重点是要观察实验方案的特定部分（在这个案例中指的是外科手术），如联络员可能会审查 IACUC 批准的实验方案中列出的外科手术的细节。此外，他（她）可以评审所有 IACUC 批准的相关政策和指南以及任何 PI 制定的 SOP。BP 会议与会者表示，实施面谈评估通常比进行实际审查需要更长时间。

作为审查过程的一部分，联络员应与研究人员沟通，解释 IACUC 必须解决的问题类型与研究人员在访问时可以立即解决的问题类型之间的区别。联络员应向研究人员说明，如果发现有需要向 IACUC 报告的问题，他（她）作为联络人是为 PI 服务的，可以帮助 PI 将问题提交给委员会并最终解决它。在所有情况下，联络员都应该向 PI 保证不符合要求的问题可以得到纠正，并且他（她）可帮助研究人员将项目变得符合要求并保持合规。联络员应鼓励自我报告，并强调 IACUC 更愿意从研究团队而不是从其他来源了解潜在问题的存在。

BP 会议与会者强调了及时处理评审结果的重要性（即快速将收集的信息与批准的实验方案进行比较），及时反馈给研究团队是与他们合作的一个重要组成部分，以促进行为的有效转变和实验动物饲养管理和使用的改进。现场审查处理的即时性很重要，因为在审查期间做的注释可能会随着记忆的消退而忘掉。例如，及时回顾在审查时所做的笔记，可能会促使审查员回忆起重要的细节，而这些细节可能在审查一周后无法回忆起来。最好是在评审之后尽快处理审查问题、得出结论，并尽快提交报告。

解决偏差

联络员应尽一切努力立即解决问题。对于一个研究合作伙伴来说，允许违规事件继续发生是没有意义的。当出现动物福利或饲养管理问题时，联络员可能需要立即联系 AV、IACUC 主席、合规主管和/或机构负责人（IO）。动物福利问题需要立即处理和提供适当的兽医护理。

在其他情况下，联络员可能会发现一些重要的、必须解决的问题，如联络员发现动物没有按照批准方案所描述的那样使用镇痛剂，就可能发生严重违反动物福利条例的情况（即可能影响动物健康和福利的事件）。如果由于违规的疼痛处理方案导致实验动物经历疼痛或应激，这是一个影响动物福利的重大问题，则需要按照前面提到的报告渠道进行报告。

然而，如果动物得到有效的药物治疗并且没有经历任何疼痛或应激，但仍然存在偏离 IACUC 批准的实验方案中的疼痛处理程序问题，在这种情况下，联络员可能会告知研究人员此后必须使用由 IACUC 批准的镇痛药，并且必须告知 IACUC 不符合方案的情况。如果研究人员能够自我报告则会受到 IACUC 的好评。联络员可以向 PI 解释，必须通知 IACUC，并且他（她）将协助准备与委员会的信函。此外，联络员可能会与研究人员讨论一些观察到的相关问题：问题是什么，为什么它是一个问题，以及 IACUC 通常期望的纠正方法是什么。问题可能还包括联络员对事件可能发生顺序的解释，如联络员可能会说明当 PHS 资助的项目出现违规事件时，必须立即向实验动物福利办公室报告。IACUC 将充分考虑该报告，可能会通过与有关各方沟通调查，并要求 PI 制定解决方案，以确保问题不会继续或重复。联络员可以选择与 PI 讨论，撰写一份该问题处理结果的最终书面报告，并将这份报告提供给如 IACUC、研究团队或 IO。

有时，联络员可能会发现不太严重的违规行为，如联络员可能会发现经过培训的动物实验人员正在操作动物，但这个人并没有列入批准的动物实验方案中。他（她）可能会发现这个人的技能是适合的，并且操作技术熟练，所以唯一的问题是根据管理规定的要求 IACUC 还没有验证这名操作者的资格。在一些机构中，IACUC 已授权联络员立即通过修订实验方案将人员添加进去以解决这一问题；这可以通过行政审批程序来完成。因此，一些联络员能够立即协助研究人员，防止造成研究的不必要的延迟，并确保完全合规的氛围——这是研究人员与审查项目之间建立协作关系的重要依据。

评估后的工作（跟进）

最重要的工作是表扬 PI 他们正确地做了什么。BP 会议与会者指出，最好采用书面通知进行表扬，因为许多 PI 都会自豪地把这些通知展示在他们的实验室里。

如果发现问题，机构应该预先建立一个流程，以确保将所关注问题报告给适当的机构行政领导，如 SOP 应指出哪些问题必须报告给 IACUC 进行审查。虽然所有评审都应通知 IACUC（请记住，合规联络员是 IACUC 的眼睛和耳朵，他们的工作不能分开),但通知的方式可能会根据 IACUC 预先制定的政策而有所不同,如该政策可能首先确定哪些问题(如人员变更)由联络员代表委员会管理,然后向委员会报告。报告可能会明确指出动物福利问题的范例,说明如何将这些问题报告给 AV 进行处理,以及如何将问题提交给委员会讨论。该方针还可以确定在进行处理之前必须报告的问题,以便 IACUC 能够确定适当的持续调查、审查和纠错工作。

处罚

BP 会议与会者一致认为,应该采用方法防止问题重复发生。他们还同意,暂停实验方案是万不得已才能采用的;暂停实验方案将推迟研究,并可能导致联邦资金返还或对动物进行不必要的安乐死。IACUC 管理员表示,处罚的最佳方式是考虑那些能够在具体实验室内纠正这个问题的措施,并考虑该问题是否会从更广泛的措施中受益。这些措施可能是制定新的项目政策,将发现的问题纳入继续教育计划中,或将问题转化为 IACUC 或 PI 的培训。IACUC 管理员一致认为,尽管所有问题都是由个人引起的,但几乎所有问题都涉及一个系统的不同环节,包括允许、促进甚至鼓励不良表现。利用违规事件作为实验项目良好和有效执行的指示器,实验项目通过跟踪表现和违规趋势而获益,而其他研究人员可以通过计划周密的政策、实验计划或 SOP 而得到保护。

您的审查后监督(PAM)有效吗?

BP 会议与会者报告称,最简单的项目状况监测工具之一是 IACUC 办公室处理的实验方案修订的数量。一些与会者表示,当他们的审查后监督(PAM)工作启动时,他们会收到大量的修改请求;大约一年半后,修改数量减少了。这表明,他们的研究人员在撰写准确、完整的实验方案并保证他们的方案维持最新状态。与会者指出,PAM 报告证实了这种评审是准确的,因为随着修改数量的减少,发现的违规事件也减少了。在大多数情况下,IACUC 管理员表示,几年后研究人员开始更多地参与机构自我评估项目。机构已经看到越来越多的自我报告和研究人员要求在纠错方面提供帮助。

某些机构指出,他们的 IACUC 已经制定了一项促进机构合规化的战略计划,通常包括撰写趋势发展报告,确定不良事件数量和类型,事件发生的频率、时间和复发率,以及研究团体如何参与其中以促进机构中建立一种合规化常态。此外,IACUC 已经确定了成功趋势的客观衡量标准,以评估其 PAM 项目的成功——如收到的违规报告事件的总数减少,重大不良事件的发生减少,越来越多的研究人员实施自我报告和自我纠正措施,以及提交实验方案数量的波动情况(通常每月修订数量在项目启动时增加,在启动后 1 年或 2 年后能够稳定)。更重要的是,IACUC 开始看到提交的实验方案的质量有所提高。换句话说,随着研究人员通过接受教育而意识到自己与重要细节的确定相关，他们开始确保将这些问题包含在其提交的实验计划中。

有时，一些机构会把过去一年中联络员发现的最常见的缺陷纳入其研究机构的年度或日常培训中。在这些情况下，机构可能已经按类别跟踪了不良事件（许多使用《指南》中的章节或段落标题），然后，他们围绕过去一年中发生率最高的前 7～10 个违规问题制定年度培训计划。这个做法已被证明是确定和发展培训的一种非常有效的方法，因为它将有限的培训时间用在一些容易出现错误的特定领域。采用这种方法的机构报告称，他们通常发现在随后的一年中相同类型的重大不良事件的发生数量大大减少，并且他们认为在动物饲养管理和使用过程中，把问题以一种聚焦和积极的方式带给研究团体是另一种衡量良好伙伴关系的方法。

（赵玉琼 译；崔淑芳 校；贺争鸣 审）

第十一章 促进沟通

场　景

GEU 的动物饲养管理和使用项目呈现多样化和分散的特点。动物设施横跨校园，两处外围设施相距 10mile。动物饲养管理和使用项目人员充足，动物资源项目和研究管理办公室的人员有着明确的职责。此外，来自 EHS、职业医学（occupational medicine，OM）、公共关系（public relations，PR）办公室和科研副校长办公室的工作人员在动物饲养管理和使用项目中发挥着积极的作用。

GEU 的绵羊农场很偏僻，主要用于绵羊管理和生产的教学。在产羔季节，许多学生都来上分娩课。事实上，设施管理人员和许多学生都把接生小羊作为课程的一部分。在产羔设施工作大约两周后，一名学生开始出现流感样症状。因此，她去找职业医学医生进行了咨询和检查，经学校内科医生几次会诊，最终诊断出这名学生患了 Q 热。

医生与学生及其父母讨论了病情，包括治疗方法和可能出现的并发症。由于病情恶化，该学生无法在春季学期上课，这可能会对她的奖学金产生负面影响。

这名学生的父母主动联系了校方以确保她的病情不会影响她的奖学金。他们还要求大学管理者采取行动，确保类似的情况不会在其他学生身上发生。她的父母解决了有关奖学金的问题，但还把他们的经历刊登在当地报纸上，并在《世界新闻》上播出。该报道包括以下陈述。

- GEU 利用动物进行危险的研究。
- GEU 在操作研究的动物时没有考虑学生的安全。
- 从事研究的学生可能会因为接触实验动物而患上重病。
- GEU 没有采取措施保护学生免受与动物相关疾病的伤害。

报道一经发布，该校首席执行校长就被电话和电子邮件压垮了。由于首席执行校长不熟悉与动物饲养管理和使用项目相关的复杂细节或影响，她把所有的问题都转给了 IO，也就是负责科研的副校长。IO 立即咨询了 AV、IACUC 管理员、EHS 人员和 PR 主管，发现所有人都不知道该事件。直到 IACUC 管理员联系了大学医生，那些管理动物饲养管理和使用项目的办公室都没有对这一事件进行记录。如果 GEU 建立了有效沟通机制，这起事件可能会有一个完全不同的结果，如 OM 医生本可以将接触 Q 热的情况告知 IACUC 管理员，IACUC 管理员本可以与医生、AV、EHS 人员、IO、IACUC 主席和 PR 主管组成小组协调召开一次会议，该小组本可以集体讨论所有相关问题，并可能采取以下行动。

• IACUC 管理员本可以审查 IACUC 批准的产羔设施方案，以确认采取了适当的预防措施，保护动物操作人员免受 Q 热的影响。

• AV 本可以进行临床评估，以确认大学里羊群中是否存在 Q 热。

• EHS 工作人员本可以检查绵羊设施，并观察那些正在分娩的羊羔，以确保采取了适当和必要的安全措施。

一旦采取了这些行动，PR 主管和 AV 可能会与学生及她的父母见面，讨论 Q 热的细节。在会议期间，GEU 代表本可以向学生及其家人提供小册子或其他形式的书面材料以解释疾病和相关问题。他们本可以讨论这种疾病是如何从羊传染给人的，并回答该家庭提出的问题。例如，他们本可以解释说，所讨论的羊不是研究用的动物，获得性疾病是由羊自然携带的疾病引起的。他们可能解释说，像这样的接触更有可能发生在私人农场，而非大学环境中，因为 GEU 的动物会被定期监测 Q 热。此外，大学代表本可以讨论这样一个事实，即所有的动物饲养员都经过训练，能够识别疾病的症状，事实上，这就是疾病在他们的女儿身上没有继续恶化的原因，她知道要联系大学医生并告诉大学医生她在一个农场接生羊羔。兽医可能已通知她的父母，EHS 工作人员为产羔设施配备了个体防护装备（如护目镜、呼吸器、乳胶手套和连体服），以防止人员与动物的直接接触。对话结束后，学校管理者就可以回答任何与该事件有关的其他问题。在谈话结束后，PR 代表本可以在一个简短的新闻发布会上讨论接触的细节，并请求家属允许使用他们女儿的名字。

如果学校建立了一个非常有效的沟通程序，就能像上述场景中描述的那样及时作出反应，那么结果肯定会不同：家长将会在有关 Q 热的问题上受到更好的教育，世界新闻报道此事的可能性也会大大降低。另外，如果当地和世界新闻报道了这起事件，报道中本可以包括大学管理者向学生家长提供的细节。

有 效 沟 通

在很多情况下，内部和外部的沟通都是必需的。除关于人兽共患病的信息外，与自然灾害和动物维权人士的活动有关的情况也需要有效的沟通形式。机构要想把复杂的动物饲养管理和使用项目很好地运作起来，在推动项目的各个组成部分时会涉及多个部门，如为了确保职业健康和安全（OHS）要求得到满足，EHS 和 OM 办公室需要参与 OHS 项目活动，如 EHS 部门对动物居住和使用区域进行风险评估，OM 部门对动物使用者进行个人健康评估。除定期向社区发布信息外，PR 办公室还可能准备新闻稿，如校园里发生的动物保护活动。此外，警务部门、当地联邦调查局、IACUC 的行政人员和兽医工作人员在该项目中发挥重要作用。

为了促进项目的有效和成功，机构应制定一项沟通计划，将对动物饲养管理和使用项目运营有兴趣的所有部门的个人意见纳入其中。总体目标是确保机构各部门内部的合作。

项目管理小组之间的沟通

许多机构都建立了在不同部门之间传递重要信息的流程。BP 会议与会者经常指出，IACUC 管理员是联系人的中心，并将信息传递给该机构的动物饲养管理和使用项目所有负责人。例如，如果在大学动物设施中发生故意破坏行为导致报警，警察会立即通知 IACUC 管理员提供具体信息，IACUC 管理员会将这些信息与项目负责人共享。

根据关注程度，IACUC 管理员可以立即为动物项目联系人名单上的人员安排开会，或者仅安排与该问题相关的人员的会议。关键在于那些管理该项目的人要有一个富有成效的沟通过程，如在标准操作规程中描述。书面文件将确保机构遵循一致和有效的程序。

与 IO 沟通

动物使用项目管理标准表明，一个机构的 CEO 和他（她）的指定人员（机构负责人）对该项目负有最终责任。因此，应该建立一种有效的与 IO 沟通的方法。

在 IACUC 管理员 BP 会议上，与会者普遍报告他们的 IO 是开放的、有空的和善于交流的。能够出席会议就表明他们非常重视自己的角色。在一次这样的会议上，与会者邀请了一位 IO 参与，并提出建议以加强沟通。这位 IO 也对如何促进与 IO 的沟通提出了建议。IACUC 管理员需要意识到时间对 IO 的意义和重要性。他（她）应该准备陈述，并根据事实作出必要的决定。信息应聚焦问题的核心，并应简明扼要。

此外，IACUC 管理员应该明白，IO 的预算中经常没有解决新问题的经费。因此，IO 需要针对如何解决问题的建议，特别强调那些没有成本或低成本选项。IACUC 管理员应该认识到，没有钱并不意味着 IO 不在乎。例如，IO 非常重视重大违规问题，因为违规的做法或公众对不良行为的看法可能会损害机构的声誉。此外，IO 也明白，对违规行为不能掉以轻心。

当会见 IO 时，IACUC 管理员需要准备一份选项列表来讨论要解决的要点。其应该准备 3～4 种可能性，推荐一种或多种作为首选解决方案。一个清晰的、合乎逻辑的、有效的且尽可能轻松的解决方案，是解决问题和预防问题再次发生的最佳首选！

IO 大都很忙，他们喜欢被推荐合理有效的解决方案。因此，在与 IO 沟通时，IACUC 管理员应该以对问题的简要描述开始对话。在向 IO 提出任何问题之前，IACUC 管理员应该核实事实。需要重申的是，IACUC 管理员不仅要向 IO 提出关注的问题，还要提出解决方案。一旦准确地总结和描述了问题，IACUC 管理员应该建议 2～3 个低成本的（或无成本的）解决方案来解决问题。在与 IO 的讨论中，IACUC 管理员应该提供尽可能多的必要细节，以使 IO 有能力作出合理的决定。

IACUC 管理员应该记住，IO 几乎没有空闲时间，所以一旦该管理员准确地描述了关注的问题和选项，他（她）就应该停止讲述。如果会议涉及管理员不准备讨论的复杂问题，他（她）应该提出进一步研究此事，并在后期安排另一次会议讨论。为协助推动问题背景范围外的对话，IACUC 管理员可选择要求 IO 定期参加 IACUC 会议或检查。安排 IACUC 行政人员、AV 和 IO 之间的定期会议，讨论有关项目问题。

与 AV 及兽医人员沟通

除与 IO 沟通外，IACUC 管理员还必须建立一种与 AV 和临床人员沟通的有效方法。在过去的 BP 会议上，具有有效的沟通实践的 IACUC 管理员讨论了沟通的要点。

IACUC 管理员指出，在进行任何有意义的沟通之前，IACUC 管理员和 AV 应首先确定哪些职责将由兽医处理，哪些职责将由 IACUC 管理员处理。虽然 BP 会议与会者在讨论中指出，让 IACUC 管理员向 AV 报告可能不是最佳实践，但在出现此类安排的情况下，将由 AV 作出最终决定。当前一种新的普遍做法是机构设立一个包括 IACUC 管理员的独立合规办公室，在这种情况下，分清责任可能是至关重要的。

一些 BP 会议与会者认为，IACUC 管理员应该处理所有与研究合规相关的事宜。例如，在 IACUC 的授权下，IACUC 管理员应有权对涉嫌违规事件展开调查。他们应该遵守联邦政府的要求并向 IACUC 报告行动。IACUC 将审议结果，并决定哪些结果应向 OLAW、USDA，或 AAALAC 报告。IACUC 管理员将起草报告给有关组织，并在分发前获得 IO 的签字。

IACUC 管理员将经常跟进违规案例，以确保处罚有效落实，并将违规再次发生的可能性降到最低。在美国农业部的检查期间，IACUC 管理员经常与 VMO 会面，协调记录审核过程。在适用情况下，他（她）还将与 AAALAC 进行沟通，以负责 AAALAC 复审检查。

一旦职责划分清楚，下一步就是制定公开讨论的方法。在 IACUC 管理员和 AV 都有兴趣确保该项目满足动物的需求并遵守法规的情况下，双方应会面讨论相关的活动。

一些 IACUC 管理员安排每月与兽医人员的会议，以制定和/或审查 IACUC 会议议程。AV 和 IACUC 管理员将发现的问题定期安排在会议期间进行讨论，如 IACUC 管理员和 AV 可能同意将有关审查后监督方面的问题提交给 IACUC，同时也会将一套双方达成一致的解决方案提供给 IACUC 考虑。这一做法的优点是 AV 和 IACUC 管理员都是专门的项目人员，他们可以会面、讨论和探索项目问题的解决选项。此外，这个过程不会占用 IACUC 成员的时间，直到问题被提炼出来并明确规定了所需的后续操作。

与项目负责人沟通

IACUC 管理员还必须制定与 PI 交流的有效方法。许多 IACUC 管理员定期与 PI 会面进行与 IACUC 流程相关的非正式对话。在沟通期间，他们经常发现在这个过程中的沮丧和烦恼。然后，IACUC 管理员负责解决这些 PI 发现的问题，IACUC 管理员由此获得信任，并与研究团体建立了良好的工作关系。

一些 BP 会议与会者表示，他们定期为 PI 小组举行"问答"会议。IACUC 管理员可以在午餐时间在一种"居民会议"的氛围中召开这些会议。IACUC 管理员使用的另一种有效方法是利用一个特定的电子邮箱来接受 PI 提出的问题。这个做法可使 PI 有机会提出具体问题，可起到一对一会议或 IACUC 深入讨论的效果。

与 IACUC 沟通

IACUC 管理员必须制定与委员会沟通的有效措施。他（她）经常以顾问的身份为 IACUC 提供与研究合规性相关的服务，因此，找到一种向 IACUC 传达信息的有效方法，对于成功的 IACUC 管理员来说至关重要，如他们经常在 IACUC 会议期间举办培训课程，使成员了解当前的项目问题。此外，在拟定会议议程时，IACUC 管理员的报告经常用于向委员会成员更新自上次会议以来所处理的行政事务。许多管理员经常通过电子邮件向 IACUC 传递信息；制定一个 IACUC 成员的列表服务器（LISTSERV），这有助于在准备每月的会议时就相关事项对话交流。

（吕晓锋 译；胡建武 校；贺争鸣 审）

第十二章　野外实验研究

场　　景

　　GEU 拥有全面的动物研究项目，科学家积极地参加野外研究，如野生啮齿动物的研究。史密斯博士的研究项目聚焦于田鼠这一物种（如对美国境内新的田鼠物种进行分类）。作为她项目中的一部分，史密斯博士前往北美洲、南美洲及中美洲的偏远地区捕获田鼠。捕获动物后，史密斯博士会收集田鼠的组织样本并将其送到实验室进行基因分析。有时，史密斯博士会将田鼠安乐死并保留动物尸体作为参考样本（证据样本）。

　　GEU 的 IACUC 对史密斯博士的研究进行了彻底的审查，最终该研究获得了审批。IACUC 向史密斯博士提交了一份批准备忘录，其中包括一份声明，声明指出在获得所需的联邦和州许可之前，史密斯博士不得开展任何工作。该备忘录还提醒 PI，一切与其方案相关的活动都应遵守美国州政府和联邦政府针对野生动物管理的相关法规。

　　史密斯博士捕捉田鼠的地点位于墨西哥境内，距美国边境以南几英里远处。在此处，史密斯博士捕捉了 4 只具有不常见特性的田鼠，她认为它们可能是田鼠的另一个亚种。史密斯博士决定将其中两只田鼠安乐死并寄回实验室作为证据样本，以进行深入的基因分析。

　　根据已批准的 IACUC 方案，史密斯博士将动物安乐死，用冰块包装后运送至 GEU 实验室。在美国和墨西哥边境，她与海关官员会面解释道，自己是一名研究田鼠物种的科学家，要将田鼠样本运回美国的实验室进行研究。检查过史密斯博士的样本后，海关官员注意到该田鼠物种属于濒危物种。海关官员提醒她，濒危物种受到国际法律保护，且进口这种田鼠需要特殊的进口许可证，特别是《濒危野生动植物种国际贸易公约》（Convention on International Trade in Endangered Species of Wild Fauna and Flora，CITES）的进口许可证。海关官员要求其出示 CITES 的进口许可证才可以进口这批动物。史密斯博士表示她本来打算申请许可证但未申请，因为此次野外实验研究具有时效性，她不想错过这次机会。最后，因为她没有取得相应的进口许可证便采集了濒危物种作为样本，违反了国际野生动物条例而被捕。

　　当天结束时，事态升级，这件事登上当地新闻头条。不久后，GEU 社区的一家当地新闻分支机构报道了此事，引发了动物保护机构的抗议。迫于抗议压力，美国鱼类与野生动物保护署（United States Fish and Wildlife Service，USFWS）的联邦官员对史密斯博士的研究活动进行了检查。联邦官员发现其在美国的另一项野外实验研究也没有取得联邦政府和州政府的许可。

此事败坏了 GEU 动物研究项目的名声，因此，GEU 的公共关系办公室发表了一份声明试图缓解现状。这份声明提及 GEU 拥有 IACUC，能够确保所有的实验动物得到人道处理和对待，且 GEU 遵守了联邦政府和州政府对实验动物制定的所有法规，包括安乐死。声明还指出，GEU 了解国际、联邦和州政府下发的许可是给科学家的而不是给学校的。因此，GEU 曾希望史密斯博士在开展野外实验研究之前取得相应的许可。最后，该声明保证 GEU "会采取适当的行动来确保此类问题不再发生"。

在这种特定情况下，IACUC 只做提醒 PI 的决定，让研究人员自己去获得许可，可能不是最佳选择。管理研究活动的联邦法规并没有要求 IACUC 在研究人员进行野外实验研究之前核实其是否取得许可，但如果 IACUC 在研究开始前进行核实，就不会出现这种情况，也不会引发相应的后果。

法规要求和指导文件

（1）AWAR（第1.1节）将野外实验研究定义为：对自然栖息地中自然生活的野生动物进行的任何研究，研究不得进行侵入性操作，不危害或改变所研究动物的行为。

（2）AWAR（第2.3节）指出第1.1节所定义的野外实验研究不需要通过 IACUC 的审查。

（3）PHS 政策不能对脊椎动物进行区别对待。相反，研究机构要确保平等对待所有物种。IACUC 必须审查和批准涉及野生动物与实验室动物以及用于研究、教学或测试的任何其他脊椎动物的动物饲养管理和使用活动。

（4）联邦法规第 50 章（第 1～100 节）规定涉及野生动物物种的活动，联邦政府授权通过 USFWS 执行。

（5）野生动物研究方案审查表是在 OLAW 的官方网站上可以找到的模板。虽然并不强制使用该表单，但该表单可以供任何机构使用。

IACUC 对野外实验研究的审查

虽然研究项目可能有很大差异，但在某些情况下，对自由放养的脊椎动物进行的研究受动物福利法规和标准的约束。例如，如果研究项目中需要使用白足鼠属（鹿鼠）则需要实验方案，因为野生温血脊椎动物是 USDA 管辖的物种。而使用爬行动物进行野外实验研究不需要实验方案，因为根据 USDA 规定，爬行动物属于冷血动物。然而，如果使用爬行动物的研究受 NIH 资助，那么该研究也需要实验方案，因为 PHS 政策同时覆盖温血和冷血脊椎动物。

有时不清楚联邦法规何时需要实验方案，以及出于当地机构原因何时需要实验方案。例如，一位 PI 可能会将信号传送器粘在响尾蛇的背部以追踪其迁徙运动，同时另一个生态学家可能在观察度假者在特定区域捕获的鱼的种类。BP 会议与会者认为，研究人员对野生动物进行任何操作都需要 IACUC 的批准，但实验方案的基准可能并非从联邦政府那一方出发。上述例子都需要实验方案，但这些情况都不在美国农业部所定义的野外实验研究"对自然栖息地中自然生活的野生动物进行的任何研究，不进行侵入性操作，不危害或改变所研究的动物的行为"范围内。虽然一些机构认为将信号传送器粘在响尾蛇背部是对其生活环境的改变，但几乎所有机构都认为观察当地垂钓者捕获的鱼既不会伤害鱼类也不会在实质上改变鱼类的行为。

在其他情况下，BP 会议与会者与其机构的意见不太一致。例如，一些研究人员可能将动物最喜欢的食物放置于特定区域，引诱它们离开自然栖息地去到另一个地点，以便观察其行为模式；坐在有鸟类筑巢的田野里，用望远镜试图识别新物种；在北极的苔原上观察驯鹿的迁徙方式。针对这些研究是否需要实验方案这一问题，大部分与会者认为机构仍需要实验方案，即使不是为了 USDA，也要为了机构自身的诚信和监督要求。换言之，BP 会议与会者认为，由 IACUC 批准的实验方案为研究人员和机构提供了一定程度的保护，使其免受虐待或滥用动物的指控，即使联邦监管机构不要求提供实验方案。

一部分 BP 会议与会者报道称，如果没有处理动物或者对动物进行操作，那么该机构就不需要实验方案。因此，观察性研究或者动物活动记录不需要实验方案。有少数机构表示这种情况下虽然不需要实验方案，但仍需要研究者向 IACUC 提交一份备忘录，概述研究要开展的内容。准备该备忘录有两个目的：①确认研究不需要实验方案即可开展；②提醒机构虽然已开展的研究不需要实验方案，但可能需要国际、联邦政府或州政府的许可，还需要保护学生和研究人员的健康。

与会者指出，越来越多的期刊需要确认 IACUC 已经审查并批准了所有动物相关报告的研究稿。因此许多机构都会为有意向或希望在晚些时候公布任何动物相关的活动提供方案审查。一个最佳实践的建议是查阅美国实验动物研究所（Institute for Laboratory Animal Research，ILAR）出版的《科学出版物中动物研究描述指南》，并确认该机构的研究团队了解该出版指南在不断更新。

野外实验研究：IACUC 需要哪些信息？

进行大量野外实验研究的机构经常在其 IACUC 中配备野生动物领域生物学家，以便在实验方案评审期间提供技术专业知识。生物学家经常代表其 IACUC 向 PI 提出与野外实验研究相关的问题。大量参与野外实验研究的机构通常会在其核心实验方案表中编制一份附录，以涵盖野外工作内容。

BP 会议的与会者通常通过回答以下问题来讨论"实验方案拟定"或"实验方案不予以拟定"问题："研究会对动物造成伤害或导致动物的行为发生实质性改变吗？"考虑到对野生动物的任何干预都将实质性地改变其行为，对此问题的

"是"回答将要求 IACUC 监督该活动，而回答"否"将不需要 IACUC 的监督。

在确认需要 IACUC 监督后，委员会通常会问一些后续问题，来收集评估实验方案所需的信息。除了描述实验动物饲养管理和使用的常规问题（例如，"你会进行存活手术吗？如果是，请描述"），进行野外实验研究的人员经常被问及其他问题，具体如下。

"动物会以任何方式受限制吗？如果是，请描述。"

"如果动物被限制住并且没有安乐死的计划，受伤的动物将如何处理？"

"动物会被安乐死吗？如果会，请描述将使用的方法。"

"野生动物是否会在野外饲养超过 12h？如果是，请描述饲养条件。"

"是否会在野外进行手术？如果是，请描述手术将在哪个区域进行，以及您将如何进行无菌操作。"

"你是在研究濒危或受威胁的动物物种吗？"

方案审查和 IACUC 监督

一旦 IACUC 在提交的表格中收集了相关信息，成员就会像评议 IACUC 提交的其他任何实验方案一样考虑该实验方案。然而，在进行野生物种相关工作时，必须考虑到一些特殊情况。例如，如果 PI 计划进行野外手术或长期饲养野生动物，委员会必须制定适当的监督手段。当进行野外手术时，PI 通常在申请书的外科部分描述手术和术后护理。

问题在于 IACUC 如何检查和确认野外手术区域。IACUC 管理员代表提供了许多方法来验证野外手术地点的适当性。一种方法是，该机构将派遣两名 IACUC 成员（例如，AV 和一名具有野外生物学经验的科学家）到手术现场观察手术初期情况。这个过程允许委员会进行核实和记录在野外条件下手术尽可能无菌地进行。提供的另一种方法是，对于那些在偏远地区进行外科手术的人，允许使用视频技术。在某些情况下，PI 会拍摄他（她）的手术区域的静态数字照片，并通过电子邮件将其发送给 IACUC 管理员，IACUC 管理员会将其转发给 IACUC 以征求意见。此外，一些人还使用视频让 IACUC 观看 PI 的直播。在这种特殊情况下，IACUC 能够向 PI 提出具体问题。在这两种情况下，IACUC 都能够评估手术区域的适当性。

如果动物被放置在野外饲养区，可能会出现新的问题。IACUC 如何在饲养动物之前检查饲养设施，并每半年进行一次持续检查？BP 会议与会者提供了几种可以采用的方法。最合理的方法是让 IACUC 的两名代表参观野外饲养所在地位置。美国农业部倾向于采用实物检查方案，但其他方法也被证明是成功的，例如，视频传输是有效的。在这种特殊情况下，PI 将把饲养设施的视频传输给 IACUC，委员会成员将在进行检查时提出问题。除了提问，委员会成员还可以引导摄像师到房屋所在地的某些区域拍摄如喂食和供水系统、笼具结构和垫料等的特写镜头。许多地方无法提供无线视频信号，因此视频传输不是首选项，但让研究人员拍摄静态照片并将其邮寄或发送电子邮件给 IACUC 管理员，以与 IACUC 共享也是一个可行的选项。

野外饲养

由于野外饲养（如笼具、围栏等）限制了野生动物的自由生活，否则这些动物本来会在它们的自然栖息地茁壮成长，因此 IACUC 必须每半年对这些野外饲养区进行检查。BP 会议与会者讨论了各种野外饲养方法和 IACUC 监督方式。例如，设想一个研究人员计划使用电线将鱼类隔离到溪流的特定区域：这是否可以认为是野外饲养区域？因为鱼仍然能自行觅食，以维持其自身生存需要。BP 会议与会者提出了监督这些鱼的不同方法。一些机构采取了非常保守的做法，招募了至少两名 IACUC 成员来检查饲养区域。在其他情况下，与会者表示，IACUC 成员将使用视频进行检查，而其他人只是简单地向 PI 提出有关饲养区域的非常具体的问题，作为实验方案审查的一部分。在几乎所有的情况下，关注点其实都是一样的：动物福利和饲养（如确保水位不会下降，最终能让鱼离开水面）。与会者还报告，他们的机构需要保证对鱼类的限制不会导致被捕食风险的增加和食物供应的减少。

在第二个例子中，一位研究人员计划将野生脊椎哺乳动物隔离在一大片区域内，在这些区域内，除了活动区域的限制，可以满足动物大部分的行为需求。BP 会议与会者上报了监督的实践，IACUC 的观点与之前讨论的鱼类示例类似。在某些情况下，IACUC 成员会参观封闭区域，而在其他机构，他们会观看视频或简单地问一些具体问题。同样，主要的担忧仍与动物获取足够数量食物和水的能力、在恶劣环境下对动物的保护以及动物被捕食有关。另一个例子是，一名研究人员希望建立一个中型试验生态系统来研究河流旁栖息的生物之间的相互作用，包括鱼类、两栖动物和小型哺乳动物。BP 会议与会者指出，他们认为该生态系统与在动物饲养场中的任何其他动物饲养方式没有区别。换句话说，必须制定标准操作规程，以描述动物的护理、中型试验生态系统变化频率、饲喂和饮水方式、日常动物检查与兽医监督。大多数机构已派遣 IACUC 成员到实地检查中型试验生态系统，而其他机构则有效地利用视频或照片来完成监督和程序监控工作。

在野外实验研究中做诱饵的脊椎动物

活体动物偶尔被用作研究动物的诱饵或饲料。活体动物在用作诱饵或动物饲料前，必须按照《实验动物饲养管理和使用指南》的规定饲养。

一位研究人员提议用鸽子或小啮齿类来捕捉猛禽，用小鱼来捕捉水蛇，用兔来捕捉北美丛林狼。BP 会议与会者认为"诱饵动物"在任何情况下都应接受 IACUC 监管，且 IACUC 应考虑捕食活动带来的相关痛苦。所有机构的代表都表示，他们要求研究人员在实验计划中阐释使用活体脊椎动物而不是近期被安乐死的动物或无生命的诱饵作为诱饵的必要性。IACUC 管理员报告，他们的 IACUC 要求进行一项试点研究，在授权使用活的动物诱饵之前，需要证明使用最近杀死或无生命的动物为诱饵是无效的。

动物用于侵入性野外实验研究的情况

当包括在实验动物身上进行的研究属于野外实验研究的一部分时，需要说明使用动物的数量并予以验证。与任何其他涉及动物的项目一样，其必须遵守 3R（替代、减少、优化）原则。在考虑研究所需的动物数量时，应申请统计有效结果（即减少）所需的最小动物数量，并在 IACUC 提交的文件中予以说明。所要求的动物数量应为足以产生统计有效结果的数目。例如，如果科学家计划监测熊在冬眠期间的生理机能，就应该确定需要多少只熊才能得到统计有效结果。在他的方案中，应该包括这样的语言描述："根据统计测试，必须收集 20 头熊的数据以产生有效的结果"。他应该指出所使用的统计测试方法，并解释为什么选择它。

动物用于非侵入性野外实验研究的情况

涉及非侵入性研究的科研项目也许不那么明显。例如，让我们考虑这样一种情况：一位科学家有兴趣了解，在一个废弃的工厂里栖息的蝙蝠群体中，濒临灭绝的印第安纳蝙蝠占多大比例。简而言之，他的项目包括设置雾网以在蝙蝠离开栖息地时将其捕获。他计划捕捉这些蝙蝠，并在将它们从网中移出后辨认物种，测量并记录重量，且在最终释放它们之前给它们做上标签。这位科学家表示，他希望尽可能多地诱捕栖息地中的 3000 多只蝙蝠，以有效地确定使用工厂作为住所的印第安纳蝙蝠的比例。

BP 会议与会者一致认为，当一个项目不一定涉及实验设计时（既没有实验组，也没有对照组），尽管研究结果有效，但可能无法进行统计验证。在这个特殊的例子中，与会者一致认为科学家阐明了尽可能多地捕捉蝙蝠群的必要性，所以大多数与会者同意批准包含捕捉特定工厂区域内的、数量尽可能多的蝙蝠的项目，但需要注意的是，项目负责人需至少每年报告捕捉和参与实验的蝙蝠数量。对于 USDA 和国际实验动物饲养管理评估与认证协会（如果该机构已获该认证）年度报告的完成，要求必须有动物数量报告。如果这项研究是 PHS 资助的项目，PI 须提供可供使用的动物的大致数目。

第二个例子涉及州渔业委员会。州渔业委员会授予一名科学家许可证，以确定由工业排放导致水温升高的河流地区的外来鱼类（如罗非鱼）的数量。这位科学家的项目简介讨论了这样一个事实，即罗非鱼通常生活在亚洲和非洲较温暖的河流中，但有时其中一些鱼会被放生到较冷的美国水域。前提是一些鱼已经迁徙到美国部分水域，那里的水温由于工业排放而保持恒定的较高的温度。此外，它们还在这些水域繁衍生息。这位科学家计划在河流的工业区对鱼进行电击，以确定是否存在罗非鱼，如果存在，则确定每一河段的罗非鱼密度。BP 会议与会者表示担心，电击会影响到该地区的所有鱼类，而不仅仅是罗非鱼。实验设计仅限于识别冷水环境中的温水鱼类品种。如果这项研究是由 PHS 资助的项目，该项目还需要包括对使用动物数量的估算。虽然实验方案可能需要调整以包含罗非鱼以外的预期物种，但该项目获得批准的保证是，参与者接受了电击装置使用的培训，且州渔业委员会的许可中包含罗非鱼之外的物种。即便如此，研究人员还必须向 IACUC 报告所有受电击影响的鱼类数量，包括非目标物种。

职业健康和安全计划（OHSP）与野外实验研究

由于 IACUC 应该确保动物活动不会增加研究人员受伤或患病的风险，机构必须确保其有保护野外实验研究人员的措施。进行野生动物研究的调查人员必须参加该机构的 OHSP。因此，定期支持野外实验研究的机构应经常加强其 OHSP，纳入与野生物种相关的信息。许多支持野生动物研究的机构对野生物种及其栖息地进行了相关的风险识别和评估。例如，一个机构的风险评估官员可以确定一些与野生动物研究相关的独特的人兽共患病，并补充培训计划，包括通常针对野生物种的人兽共患病信息。研究野鼠的机构可能会开发汉坦病毒培训模块，研究浣熊或臭鼬的机构可能会开发狂犬病培训模块，而那些研究野生啮齿动物的机构可能会开发鼠疫培训模块。

除了培训模块，机构可能要求研究人员接受某些预防性免疫接种（例如，研究，蝙蝠等狂犬病毒携带者的科研人员需要当前具有狂犬病毒的保护性抗体滴度）。此外，医务人员还可以开展专门的培训课程，向科学家传授诸如莱姆病等由蜱传播的疾病。在绝大多数情况下，进行野外实验研究的机构都会补充他们的 OHSP，以确保研究人员免受相关危害。许多机构参考了亚利桑那州立大学制定的"野外实验研究人员安全指南"。

许可要求

在进行野外实验研究之前，研究人员必须获得适当的许可。许多机构把获得野外工作所需许可的责任交给研究人员。BP 会议与会者普遍表示，IACUC 要求研究人员有野外工作许可，它也确实在方案批准信中指出，科学家有责任获得野外工作所需的许可（如在启动研究之前获得鸟类束缚许可）。最佳实践是使用这样的措辞："IACUC 对这项研究的批准并不意味着科学家就不需要获得进行野外实验研究的执照和许可。"

大多数机构认为，若要运输野生动物对机构的风险更大，通常会确保备好合适的许可证。当研究人员计划将尸体或活的动物从一个机构运送到另一个机构或者跨州/国运输时，IACUC 在批准该项研究之前通常还需要 CITES 许可证的复印件。

关于许可要求，IACUC 管理员应该知道些什么？

BP 会议的与会者普遍认为，拥有野外实验研究的许可和监督要求相关的良好工作知识至关重要，尤其是涉及自由放养的野生动物物种时。

为 PI 提供指导

调查人员应确保 IACUC 物种的采集符合国际、联邦和州的要求。在利用野生脊椎动物进行研究时，除要符合动物福利法规外，还必须满足国际、联邦和州的法律。IACUC 管理员经常担任项目负责人的顾问。在许多机构中，IACUC 管理员被要求协助研究人员满足许可要求。

州法规要求

在某种程度上，每个州都监督涉及野生动物的科学活动。各个州野生动物管理局之间唯一的共同点是，制定并执行保护野生动物物种的法规。一些机构将确保项目负责人遵守州野生动物法的责任委托给 IACUC 管理员。IACUC 管理员在寻求野生动物法指导时，新墨西哥大学法学院公法研究所设立的野生动物法中心是一个宝贵资源。它的使命是教公众了解有关野生动物的联邦和国际法律知识。该中心提供的主要指导文件之一是《州野生动物法律手册》，可在其网站上查阅。该中心还提供了一份名为《联邦野生动物法律手册》的指导文件。除这本手册外，该中心还出版《野生动植物法律新闻季刊》。这本杂志的文章经常讨论与野生动物法有关的法律问题。虽然该中心的出版物没有具体讨论与野生动物研究相关的法规要求，但它们确实提供了适用法规的参考。

对于 IACUC 管理员来说，另一个有价值的资源是各州野生动物管理局网站。虽然这些网站通常侧重于露营、钓鱼和狩猎等娱乐活动，但许多网站也包括与教育和推广有关的信息。这些网站参考了各类州法规，并包括各州工作人员的联系信息，这些信息通常可以为 IACUC 管理员提供必要的信息。由于每个州的法律的许可要求都是特定的，IACUC 管理员将经常联系各州官员或研究网站，以确保在 IACUC 批准野外实验研究之前获得适当的许可。因此，当项目负责人进行野外实验研究时，由于各州规定的多样性，IACUC 管理员将需要审查并确定 PI 计划开展研究的各个州的许可要求。

联邦法规要求

USFWS 向那些计划在美国进行涉及野生物种的研究的人发放许可证。USFWS 还监管和监督涉及野生动物的活动。IACUC 管理员可以在 CFR 第 50 章的第 1~100 节中找到野生动物法规以及许可要求指南。为了能够协助项目负责人满足许可要求，IACUC 管理员应具备野生动物法规要求的工作知识。

（杨利峰 译；赵德明 校；孙岩松 审）

第十三章 人员资质和培训计划

场 景

GEU IACUC 管理员认为他们具有一套非常强大的培训计划。IACUC 管理员有一套非常有效的流程来培训 IACUC 新成员，审查实验方案，监督其所在机构的动物饲养管理和使用项目（ACUP）。一旦某个人被任命为 GEU IACUC 成员，IACUC 管理员就会为他（她）安排个性化培训，为新任命委员提供所有相关文件的电子版，包括《实验动物饲养管理和使用指南》（《指南》）、PHS 政策、《实验动物饲养管理与使用委员会工作手册》以及《动物福利法》实施条例（AWAR）。

随后，新任命人员与 IACUC 主席会面，讨论在 PHS 政策 IV.B.1～8 中明文规定的委员职责，如检查动物活动、半年一次的项目审查和设施检查等。在接下来的一年，GEU 的 IACUC 主席指派一名资深委员来担任新任命委员的指导者。在此期间，新任委员与经验丰富的 IACUC 成员共同审查并讨论每一份实验方案，直到他们的观点基本一致。

在设施半年检查中，新任委员跟随有表决权的委员实地学习。在设施检查期间，有表决权的委员识别出潜在问题，并就每一个问题与新任委员讨论。例如，如果现场检查团队成员注意到实验动物房的门上有锈迹，他们会向新的 IACUC 同事解释，动物房的所有表面都必须是防水且易于消毒的。经验丰富的委员还会向新同事解释，由于房间门与动物没有直接接触，这种缺陷不会对动物造成福利问题，因此不会被视为重大缺陷。但由于法规要求动物房间必须进行适当的消毒，因此该问题必须改正。检查团队会向培训对象说明，IACUC 将把该问题列为轻微缺陷，并要求在下一个半年周期内采取纠正措施。

在国际实验动物饲养评估与认可委员会（AAALAC）现场评审过程中，在对 GEU 的 ACUP 进行审核后，AAALAC 评审人员对 GEU 培训委员会新成员的方法表示了赞扬。但在与 GEU 的 IACUC 管理员全面讨论了培训计划后，他们了解到该机构的培训计划仅针对 IACUC 新任委员的培训，没有延伸到更广的范围。因此，AAALAC 指出，在获得 AAALAC 认证之前，该机构需要扩大其培训计划，包括对 ACUP 所有成员的培训。例如，GEU 的培训计划还应包括对动物饲养管理的技术人员、研究人员及全体职工、学生和其他接触 GEU 动物的工作人员的培训模块。

法规要求

联邦标准的主旨是，只有经过培训的人员才能参与动物饲养管理和使用活动。

（1）《指南》和《Ag 指南》要求机构对个人进行适当培训，以满足其职位的需要。例如，每个 IACUC 成员必须接受培训以监督该机构 ACUP，动物饲养管理技术人员必须进行培训，以照料他们监管的动物种类。两份指南均明确要求，只有符合资质的人才可以进行动物活动（如动物实验或动物饲养管理）。此外，两份指南都强调动物饲养管理人员应参加继续教育活动。

（2）PHS 政策没有讨论具体的培训要求，但其要求对人员进行培训。例如，PHS 政策（I.A.1）规定，可靠的机构必须使用《指南》作为其 ACUP 的基础，并且说明在《指南》中充分描述了培训的预期目标。《指南》还指出，IACUC 必须核实研究人员是否有资质实施动物饲养管理和使用程序。PHS 政策（IV.C.1.f）还规定，"正在对某种动物进行保种或研究的人员应具有适当的资质，并接受相应的培训"。PHS 政策（IV.A.1.g）还要求机构为动物使用者制定培训计划。

（3）AWAR（第 2.32 节）讨论了人员资质，并指出涉及动物饲养管理和使用活动的人员必须具备履行其职责的资质。此外，根据 AWAR（第 2.32 节，a），确保动物使用者得到充分培训是机构的职责。AWAR 还指出，IACUC 成员必须具备在委员会任职的资质，这意味着委员会成员也需要接受培训。

制定培训计划

制定培训计划是一项监管要求。科学家、教师和临床医生必须有从事与动物相关工作的资质，其资质可以通过培训计划提供或得到确认。按照监管部门的要求，参与培训项目的每个人都必须具备资质，在必要时接受培训。

虽然管理机构监管动物使用活动的标准略有不同，但均指出，参与机构的 ACUP 的个人必须经过充分培训才能满足其职责的要求。此外，法规规定，研究机构有责任提供资源和财政支持来建立与维持有效的培训计划。因此，OLAW 和 USDA 一致认为，参与机构培训项目的个人在开始履职前，必须经过培训并具备参与动物研究的资质。所以，无论个人是在审查和批准实验方案、饲养管理动物，还是进行存活手术，他们都必须具备资质或经过适当的培训才能履行其特定的职责。

使用动物的机构开展的常规培训

每个参与动物饲养、动物使用或动物监督的人员都需要进行特定类型的培训。这应被视为"核心"培训，可从商业服务或本地制作的培训模块获得。通用或核心培训计划通常包括动物使用者培训计划及职业健康和安全培训计划。

动物操作人员的培训

BP 会议与会者认同针对不同机构人群的多项培训新方案。通常情况下会采用分层培训方法，该方法涵盖每个机构中的不同人群。

例如，大多数机构对研究员、研究助理和学生都进行了初步培训。机构对研究人员的培训范围通常较广（如法规、动物使用活动及报告动物福利问题），且需要初始的和持续的培训。IACUC 必须确保动物使用者有适当的资质来从事研究相关动物品种品系的工作，并执行 IACUC 提案中列出的预定工作程序。所有培训的目标都是确保从事动物工作的人员具备适当的资质和有效的技能。

首先确定合适的指导人员是动物使用者培训计划的一个关键组成部分。在某些情况下，PI 可能最擅长进行特定程序的培训。例如，一名 PI 能够熟练地进行一项手术，这是多年来他（她）工作的一部分，因此对该外科手术程序进行培训就应该由该 PI 来完成。相反，一名 PI 可能需要参加兽医举办的培训班去接受小鼠尾静脉注射方法的培训。

为了拓展分层培训的方式，机构可以开发各种不同阶段的培训。例如，第一阶段培训由许多在线教程组成，涵盖法规、伦理、替代方案、IACUC 职能、疼痛与应激、手术、安乐死和足够的兽医护理。所有动物使用者，包括 PI、博士后、研究员、住院医师、学生和研究技术人员，通常都需要这种级别的培训。换句话说，任何与动物打交道或对动物使用负有监督职责的人都需要这种类型的培训。第一阶段培训还可以包括机构的年度再培训（在再培训一节中详细讨论）。通常情况下，成功通过简短在线测验的学生可被确认圆满完成了第一阶段的培训。成功完成第一阶段在线培训和测验可以作为 IACUC 批准动物饲养管理和使用方案的核心规定。可以通过保留学员通过相关测验的记录来确认培训完成。

第一阶段培训　启动第一阶段培训计划的流程通常用来确保 ACUP 团队成员接受所有要求的标准培训。标准中已明确机构期望让动物使用者熟悉的联邦法律和政策。许多机构选择为动物使用者开发培训模块，旨在使其了解联邦法规的重要性并遵守联邦法规。该培训模块经常通过在线培训模块或纸质会议文件包提供给动物使用者。在这两种情况下，该模块都允许使用者在方便的时候进行培训，并持续向使用者提供培训。

第一阶段培训模块通常包括与遵守法规相关的主题信息。培训可能首先涵盖相关监管机构和认证机构。该模块通常会对每个监管机构和 AAALAC 进行简要概述。例如，PHS 主导 PHS 政策资助的项目，并且项目由 OLAW 管理。任何时候 AWAR 都应涵盖用于动物活动的品种（如犬、猫、非人灵长类动物），该法案由美国农业部动植物卫生检疫局（Animal and Plant Health Inspection Service, APHIS）强制执行。如果必要的话，可在培训期间讨论 AAALAC 不是监管机构这一事实。讲师可以告知学员，AAALAC 项目的认证完全是自愿的，只需邀请该机构的一组同行评估他们的动物饲养管理项目，并根据项目评估提出建议。

培训可用来确保 PI 了解他们必须满足的特定的、强制性的监管要求。例如，经过培训，PI 应了解在开始动物使用活动之前，首先需要将相关管理文件交给 IACUC 进行审查和批准。他们应知道任何未经 IACUC 批准的动物使用活动均不得进行。PI 会被告知不遵守 IACUC 前置审批强制规定的后果，即会退还所有花在未经批准项目的资助经费。此外，对于在动物研究中发生的任何不良事件，PI 必须报告给 IACUC 和 AV。同时，只要研究在进行中，所有在研究的实验方案都不得超过有效期。例如，培训人员必须讨论在受资助期间维持 IACUC 批准的紧迫性。当 PI 获批的项目过期时，在 IACUC 再审查和批准该项目之前，不得将 NIH 的资金用于该动物使用项目。该培训课程的主要目标是让动物使用者了解，是联邦政府要求 IACUC 来监督动物使用活动，且 PI 和 IACUC 之间开诚布公沟通至关重要。

第一阶段培训也会详细说明不遵守指导标准的后果。各机构定期召开会议，介绍不符合监管预期会对研究人员和机构的动物饲养管理项目产生负面影响。例如，如果一个研究项目是由 NIH 资助的，而 PI 背离了 PHS 政策，那么可能会失去资助经费。在极端情况下，如执行未经 IACUC 批准的工作程序，其结果可能是失去全部资助经费。

第二阶段培训　第二阶段培训通常由动物品种特定的培训内容组成。参与者可以观看商用录像带、幻灯片或其他多媒体材料，作为与所用品种有关的基础生物学、动物饲养、操作和研究技术的第一阶段教育。该培训鼓励所有的实验方案参与者参加，但通常这种培训是在 IACUC 确定个人没有足够的技能来达到预期的动物饲养管理或使用水平，或者 IACUC 要求针对已经确认违规的情况而采取纠正措施的情况下进行的。

第三阶段培训　第三阶段培训传统上由实操活动组成。学生可以接受安乐死技术、手术技能或采血技巧培训。兽医、PI 或其他专业人员可以提供实操培训。

机构的通常做法是由机构 AV 制定培训方案。该方案授权兽医就所有 IACUC 批准的程序对动物使用者进行培训。这类培训方案通常涵盖标准的动物饲养管理和使用活动，如采血、实施外科手术、执行注射和对动物实施安乐死。

机构通常使用两种不同的流程进行培训。在某些情况下，AV 将访问 PI 的实验室，并对相关工作人员进行个性化培训。反之，AV 可能会在核心动物饲养设施建立一个培训实验室，并定期举办面向所有感兴趣的动物饲养和使用人员的培训课程。

在某种情况下，由 PI 培训全体工作人员。PI 可将所需培训的人员添加到实验方案中，包括该方案中培训的具体规定。PI 可以选择让未经培训的技术人员反复观看特定的工作流程（如特定的外科技术）。PI 也可以选择让受训人员参与相关工作流程的一部分，然后逐步允许他们在该程序中承担职责。

饲养员工培训 大多数机构要求兽医部门为动物饲养管理人员和兽医技术人员提供培训。此外，饲养员工和兽医技术人员的晋升通常以认证或培训水平的提高为依据。许多机构会在内部为致力于 AALAS 认证的工作人员提供 AALAS 培训计划。例如，机构为那些照顾小鼠的技术人员提供的培训计划会有以下多个组成部分。

（1）小鼠的环境。这部分培训会讨论小鼠适宜的环境参数。其中可能包括为什么实验小鼠的相对湿度必须保持在 30%～70%，以及室温必须维持在 68～79°F（注：20～26℃）。此外，课程可能会包括关于静态笼具和独立换气笼之间的区别的讨论。培训师可能要讨论氨气在静态笼具中会更快积聚的可能性，以及更频繁地更换静态笼具中垫料的潜在需要。培训师还可以决定加入一个关于房间照明的部分，不仅讨论维持小鼠适当光照周期的必要性，还讨论超过 30lx 的光照水平如何导致某些白化小鼠的光毒性视网膜病变。培训师可能会选择在小鼠环境部分涵盖其他主题，包括噪声控制的重要性、适宜的空气质量、环境丰富化的装置以及小鼠群养的重要性。

（2）小鼠饲养空间要求。关于小鼠的培训计划还可能讨论对笼具尺寸要求的理解。由于每只动物的居住面积是基于每只动物的体重，因此在培训过程中，培训师可以选择向技术人员展示不同体重的小鼠。培训师还可能希望让技术人员熟悉《指南》第 57 页的"表 3.2：常用群养实验啮齿动物最小推荐空间"，并强调知道在哪里找到适当资源的重要性。培训师可能会决定讨论诸如可以占据标准饲养笼小鼠的最大数量，以及应该何时离乳之类的问题。

（3）对小鼠进行合适的饲养。作为小鼠饲养培训的一部分，培训师不仅可以讨论小鼠自由采食的必要性，还可以讨论如何正确储存和处理饲料。内容可能包括如何确定饲料是否过期，适当的饲料储存环境指标，以及如何确保饲料不受污染。培训还可能包括讨论适合小鼠的垫料相关问题，如某些类型的环境丰富化措施如何导致健康问题（如裸鼠结膜炎），以及各种垫料的优缺点（如雪松等芳香木屑如何促进动物福利），并借此机会讨论笼具和垫料的更换对小鼠的影响。培训师可能讨论机构定期更换垫料的操作程序，以及必须监测的相关参数（如过量的尿液、粪便或气味），以确保严格遵守适当的更换周期。

（4）小鼠的健康和福利。技术人员还应接受培训，以识别实验室小鼠常见的疾病以及与疼痛和应激相关的症状。对于这一特定课程，培训师可以选择请兽医来促进讨论。兽医可能会通过讨论传染病的症状，还包括如肿瘤生长、嗜毛癖和其他饲养小鼠的工作人员可能遇到的常见问题，识别和讨论虚弱小鼠的典型特征，如弓背、被毛粗乱和无精打采。在讨论过程中，培训师可以趁此机会对技术人员说明，如何向兽医或 IACUC 报告不当使用动物的严重事件。

（5）小鼠以及特殊情况。培训师也可以选择讨论可能需要额外护理或关注的特殊情况。例如，照顾糖尿病小鼠种群的技术人员可能需要比正常小鼠更频繁地更换笼盒，因为它们往往会更频繁地排尿。培训师可以选择一些培训主题，如对生物危害污染笼盒的处理，如何使用非传统的饲养笼盒（如悬挂式金属丝笼），对免疫功能低下动物的特殊护理等。

机构应为饲养管理其他动物品种的技术人员制定和推进类似的培训计划。例如，饲养家兔种群的机构应该有一个针对家兔的类似培训计划，用于对饲养家兔的员工进行培训。一些机构选择使用计算机的在线系统对其员工进行培训。例如，机构经常使用 AALAS "学习型图书馆"或"机构合作培训倡议"（Collaborative Institutional Training Initiative，CITI）培训模块对饲养员工进行培训。这两个商用培训项目都包括一系列针对多种品种的培训模块。学生能够学习如何专门护理家兔、豚鼠和大鼠。除使用商业上可获得的在线培训模块外，一些机构还开发并使用了自己内部的特定品种培训模块。许多场所经常在兽医或是高级技术人员的推进下经常对饲养员工开展在职培训实践。在这种情况下，机构兽医通常在动物饲养室对动物饲养管理技术人员进行个性化培训。

学生培训　在教学中，作为学生课程的一部分，学生需要处理和使用脊椎动物。由于学生在一个学年可能只在短时间（如 12 周学期中的 2~3 周）内参与动物工作，机构开发了一些独特的方法来培训学生。一种常见的方法是作为课堂活动中的一部分让该课程讲师对学生进行培训。在这种情况下，PI 通常会在提交给IACUC 的实验方案中附上一份教学大纲的复印件。IACUC 成员会寻找教学大纲中包含的内容，如关于人兽共患病或安全操作动物的部分。或者，PI 可以选择提交一份涵盖培训新方案的课堂计划附件。无论哪种情况，PI 都会在课堂上讲授与脊椎动物相关的风险以及将这些风险降至最低的方法。培训计划应包括学生将要操作的动物品种的具体信息以及所有相关的安全程序。在某些情况下，为了证明每个学生都接受了培训，教员会要求学生在培训当天的考勤表上签到。

科研动物协调员（RAC）培训　一些机构已经为研究人员制定了强化培训计划，他们有时被称为科研动物协调员或实验动物协调员。这些计划旨在加强对科研实验室内专门挑选出来的人员的培训。对于活跃的实验室或有多名工作人员的大型实验室，拥有经过现场培训的 RAC 可能会对研究团队、IACUC 和动物都有价值。RAC 培训可精心设计，以满足该机构独特的需求，然而，尽管该培训通常聚焦于实验室角度的重大问题（例如，实验方案编写、实验室内部审核、识别问题、纠正和报告潜在不合规的问题），但通常它与 IACUC 成员的培训类似。

OHSP 培训

大多数使用动物的机构进行的第二个关键核心培训是职业健康和安全计划（OHSP）培训。任何从事或围绕动物工作的人都必须意识到与动物工作有关的风险。使用任何动物品种都可能会增加风险，具体取决于使用的实验试剂或对该动物实行的操作程序。例如，小鼠或大鼠的行为研究不太可能导致人兽共患病，但可能会由于接触啮齿动物毛皮或唾液和尿液中的高致敏性蛋白而引起过敏。这些风险对于大多数人来说可能并不重要，但如果动物操作人员或研究人员有病历记载的过敏史，则其可能是需要采取措施预防的严重风险。另外，做灵长类动物工作会带来特定的人员健康风险（例如，B病毒、志贺菌病、咬伤等）。在某一研究环境中，这些动物免疫力的受损可能会使受抑制的疾病变得活跃，并增加该区域内人员的风险。OHSP培训必须认识到，在对动物进行应激操作时（例如，测试试剂、药物、研究活动），与动物相关的风险可以变化（更大或更小）。同一种风险对所有人并不完全相同。OHSP培训应识别核心风险和个人风险，并提供措施保护每个人，识别风险迹象，必要时还要讨论采取纠正措施的方法。

每个机构的培训项目都应该包含OHSP部分。机构使用各种不同的方法提供OHSP培训。一些机构在当地开展基于网络的培训。另一些机构则为高风险群体提供教育培训，学生可以在闲暇时获得这些培训。还有另外一些人通过订购AALAS"学习型图书馆"或CITI等全国可用的培训模块进行培训。

OHSP培训项目通常包括人兽共患病部分。人兽共患病是可以在动物和人员之间传播的疾病。由于动物可以携带大量可能导致人类疾病的病原体，因此培训计划应包括特定的人兽共患病培训。通常，这种培训会被纳入全球职业健康和安全培训（如果校园内的人兽共患病风险是一致的）或者分地区培训（如果校园内的动物品种的人兽共患病风险不同）。人兽共患病培训可能包括一个章节，描述如何使用个体防护装备（personal protective equipment，PPE）来避免感染。例如，OHSP培训计划可能包括针对绵羊（示例1）和啮齿动物（示例2）工作的个人培训模块。

1）培训模块示例1

引起Q热的病原体：Q热立克次氏体（伯氏考克斯体）。

怎么会得Q热？您可能会从为携带病原体的母羊接生羊羔而接触到Q热的病原体。

染上Q热会发生什么？大多数人不会经历或立即出现这种疾病的症状。在某些情况下，个人可能会发高烧并伴有肌肉疼痛（流感样症状）。有些人会出现无法缓解的咳嗽和呼吸急促；一般来说，这种情况会在接触后2～3周发生。有心脏问题的人可能有更高的患病风险。

如何保护自己不得Q热？为了帮助确保您不被Q热立克次氏体感染，请使用适当的防护设备（如实验服）和呼吸器（你必须经过医学许可才能使用呼吸器）。保持良好的个人卫生也很重要，不要在产羔区进食或饮水，并定期用热肥皂水洗手。离开研究区域时务必洗手。

如果我认为自己得了Q热该怎么办？如果您认为自己可能感染了Q热，请立即到诊所就医，并告知临床医生您与绵羊接触，并且可能接触过 Q 热。

2）培训模块示例 2

过敏：实验动物引发过敏是动物工作者常见的一个健康风险。当您的身体免疫系统对动物皮屑等外部因素产生反应时，就会发生过敏。过敏反应最常见的症状包括流泪、打喷嚏、鼻塞和荨麻疹。如果您出现这些症状，尤其是在进入动物房间后不久，您应该立即联系并咨询临床医生。如果过敏症得不到及时治疗，它们可能会发展成更严重的健康问题（如哮喘）。

化学和物理危害：OHSP 培训计划还应包括与物理或化学危害相关的信息。作为实验设计的一部分，动物研究人员有时会使用化学危险品、物理危险品或放射性同位素（放射性危害）。一个机构的最佳实践是在具有危险的笼盒上贴标签。操作和处置危险品的最佳实践是在房间内进行。例如，如果一种致癌物被用来在小鼠身上诱发肿瘤，那么所有含有该致癌物的笼盒都应贴上一张标明"存在致癌物"的特定卡片。动物房的门上会贴出操作警示，说明脏垫料只能在化学通风柜中处理。警示说明应包括如何在垫料处理前作防范。

个人卫生的指导方针和政策：培训计划应包括降低风险的规范。机构应制定个人卫生指导文件，重点是最大限度地降低与活动相关的风险。例如，该机构的政策可以是禁止在任何动物饲养区或辅助区进食、饮水、使用化妆品或吸烟。该机构还应要求员工在每天开始上班时换上机构提供的实验服，下班时，员工在离开设施前换回个人服装。机构应提供淋浴，在某种情况下要求淋浴（例如，离开生物污染设施时）。培训中应经常让动物使用者熟悉这些方法，以保护自己避免遭受已知风险。

OHSP 培训计划可能会根据每个机构的风险进行扩展，包括额外的模块。例如，进行猕猴实验的机构可能会选择制定一个有关疱疹 B 病毒感染的特定培训计划，而那些使用有毒爬行动物的机构可能会制定一个关于安全操作这些动物的计划。

再培训（又称年度培训或持续培训）

再培训模块被一些机构视为核心培训。提供持续培训对动物饲养管理和使用相关操作很重要。一些机构在每年年终会设计一个专门的年度培训模块。定制培训的目标是强调前几年的问题，并关注如何在接下来的一年中尽量减少或消除这些问题的过程。制定有效培训的一种方法是将当年的合规报告作为年终年度培训模块的核心（例如，与上一年比，排名前 5~7 的不合规项目的趋势）。由于合规趋势会随着时间的推移而发生变化，因此每年使用这种方法的再培训模块都是不同的。再培训还可能包括新的法规和项目更新（例如，紧急兽医手机号码）的内容。一些机构使用每个实验方案提交的"年度进展报告"来验证所有研究人员是否完成了所要求的培训。此外，IACUC 可根据报告与动物饲养管理或使用活动有关的问题以及存在的次优的表现以确定研究人员的额外培训需求。

IACUC 成员的培训

由于 IACUC 是动物饲养管理和使用项目的核心部分，各机构必须为新成员和资深成员制定全面有效的培训计划。

新成员培训 只有有资质的人员才能从事动物工作的公理在概念上也适用于 IACUC 成员：只有有资质的人员才能审查、批准和监督动物饲养管理和使用活动。IACUC 新成员培训相当普遍，并且大多数由机构提供。进行培训的个人因机构而异。尽管一些机构聘用了培训协调员，但更倾向于由 IACUC 管理员、IACUC 主席和/或主治兽医（或其中的组合）进行新成员的培训和指导。BP 会议与会者称，大多数机构通过新成员与 IACUC 管理员或主席之间的一对一会面来启动新成员培训。在同时任命多个新成员的情况下，培训通常是集体进行的。

各机构已经建立了不同的培训方法。在某些情况下，新成员首先完成规定的网络培训（例如，AALAS"学习型图书馆"、CITI 等），然后是对模块的讨论。培养 IACUC 新成员的一种更常见的方法是由培训师，通常是 IACUC 管理员，制作一个涵盖该机构关键主题的 PowerPoint 演示文稿进行培训。然后，培训师用这些幻灯片有步骤地介绍所有相关的培训主题。

在开始培训之前，机构经常会向新成员提供参考资料。一些机构向委员会成员提供规章文件的纸质复印件，而其他机构可能会提供每个相关文件的电子副本（如 CD、闪盘或访问服务器）。大多数机构提供的材料包括《健康研究推广法案》（1985）、PHS 政策、《动物福利法案》（AWA）、AWAR、《指南》、《Ag 指南》、《实验动物管理与使用委员会工作手册》、《AVMA 动物安乐死指南》和相关机构政策。

规范教育计划 一些机构已经建立了规范教育计划来培养他们的委员会成员。与规范教育计划相关的限制通常与有限的预算相关。尽管每种类型的计划都有其好处，但派出员工参加的成本可能会有很大差异。例如，一些会议将花费机构数百美元（即差旅费、住宿费、注册费），而其他会议的费用可能仅限于小额费用以及差旅费和住宿费。

IACUC 成员的一些规范教育机会是专门为教育 ACUP 员工而开发的活动。IACUC 101 课程是一项规范活动，提供有关 ACUP 的基本信息。许多机构要求 IACUC 的新成员参加 IACUC 101 课程，以便了解 ACUP 的历史和基本原则。

此外，许多机构使用 OLAW、生物医学研究基金会（Foundation for Biomedical Research，FBR）、医学和研究中的公众责任团体（Public Responsibility in Medicine and Research，PRIM&R）、AAALAC 以及国家生物医学研究协会（National Association for Biomedical Research，NABR）网络研讨会提供的具体的培训信息。

据 IACUC 管理员报告，他们会将 IACUC 成员聚集到一个中心场所，来观看和讨论网络研讨会，并提供简单的午餐或茶点。对 IACUC 成员特别有价值的 OLAW 网络研讨会主题包括"IACUC 实验方案审查之外的责任""设施检查""起草一份好的保证书""职业健康和安全计划"以及"基金政策和一致性"。这些网络研讨会已经录制好，可以在 OLAW 网站上查看。机构可以在 OLAW 网站上注册，实时参加新的网络研讨会。

PRIM&R 为 ACUP 工作人员提供的年度会议也是规范培训的绝佳机会。这个特别的项目通常有超过 500 多名动物项目工作人员参加。项目总体安排通常是课堂授课和分组讨论，有许多出色的讲座。PRIM&R 与会者经常听取专家的意见并参加特定主题的工作组会议。

此外，IACUC 管理员的 BP 会议为委员会成员提供了与许多同行会面的机会，并就委员会成员培训计划等特定主题进行详细讨论。这些 BP 会议仅限于约 60 人参加。课程形式包括 10min 的背景介绍，然后由与会者进行 45～60min 的互动讨论。BP 会议的议程主题由与会者选择；这与大多数其他由委员会或领导团队选择主题的会议不同。这样的场合为与会者提供了询问和讨论他们在其所在机构遇到的具体问题的机会。

"本土"培训

除利用商业上可获得的规范培训外，各机构还制定了自己的内部培训计划。本土培训的优势在于，它可以根据机构的综合研究环境和机构政策进行定制。下面的讨论重点介绍了成功的培训方法和计划。

基于网络的培训模块

虽然一个机构的网络模块培训选项广泛，但许多机构选择与委员会监督和实验方案审查相关的模块。以下主题的培训模块已被证明为 IACUC 新成员奠定了坚实的基础。

"科研动物的安乐死"

"《AVMA 动物安乐死指南》"

"科研动物饲养管理和使用中的职业健康和安全"

"《动物福利法》实施条例"

"公共卫生署人道饲养管理和使用实验动物政策"

《实验动物饲养管理和使用指南》，第八版（2011 年）

"动物研究中的伦理决策"

"与 IACUC 合作"

"设施半年检查"

"IACUC 成员必备知识"

"审查后监督"

这些模块（或类似模块）可在 AALAS "学习型图书馆" 或通过 CITI 获得。每个模块都需要 30~45min 来完成，所以时间并不重要，但是由公共资源为所有 IACUC 成员提供的基础培训是很重要的。

岗前面对面培训

除在线培训外，IACUC 管理员通常还提供个性化培训。在此期间，两位成员可能会讨论多个主题。BP 会议参会者提出在他们的机构中行之有效的那些主题。例如，许多新的 IACUC 成员入职培训计划的主要组成部分之一是复习有关动物饲养管理和使用的联邦法律和政策。培训的法律和政策部分经常涉及主要的监管文件，包括 PHS 政策、AWAR、《指南》以及适用的《Ag 指南》。

PHS 政策 关于 PHS 政策的讨论通常从政策的简要历史开始。培训师通常是通过发生于马里兰州银泉的一个猴群疏于照顾事件来讨论该政策是如何制定和更新的，其中，还可能包括这样一个理念，即 PHS 政策确保政府资金只用于那些人道对待动物的项目。通常讨论中包括这样的声明，即该政策是根据《健康研究推广法案》执行的，且 NIH 的 OLAW 代表 NIH 主任执行 PHS 政策。

讨论 PHS 政策中涉及的另一个话题通常与政策的适用性有关。例如，培训师经常利用这个机会告知学员，每个由 PHS 机构（例如 NIH、CDC 以及 FDA）和国家科学基金会（NSF）资助的项目必须执行 PHS 政策。

培训师通常会讨论该机构的动物福利保证及其对项目的影响。例如，如果一个机构表示不考虑资金来源，其动物福利保证涵盖所有脊椎动物项目，那么 PHS 政策必须适用于所有项目，而不仅仅适用于通过 PHS 机构资助的项目。培训通常还包括对不遵守 PHS 政策后果的讨论。

AWAR AWAR 培训课程通常会从该法案如何制定及建立的简要历史开始。讨论的重点是在 20 世纪 60 年代中期用于研究目的的脊椎动物是如何成为主要商品的，以及宠物如何被盗并出售用于研究。历史讨论通常会总结近年来如何修订该法案，将研究机构纳入其中，并将重点放在选定的种属（如涵盖的品种）上。培训师提出的一个主要观点是，AWAR 不适用于为研究而繁殖的小鼠或大鼠、用于食品和纤维素研究的动物（即用于食品生产研究的农场动物）、鸟类或冷血脊椎动物。培训师经常提醒 IACUC 的新成员，AWAR 是联邦法律，如果某个机构违反了该法律，每次违反都会被强制执行罚款。

《指南》 《指南》培训课程的重点通常是告知新成员第八版是 AAALAC 评估实验室 ACUP 的主要标准。PHS 政策要求机构的动物饲养管理和使用项目要以《指南》为基础。讨论通常以《指南》的 5 个章节为中心展开：①关键概念；②动物饲养管理和使用项目；③环境、笼舍和管理；④兽医护理；⑤实验动物设施。

培训师通常会建议新成员，《指南》的每一章都可以用来参照动物项目中的具体要求。例如，关于兽医护理的章节可用于确认兽医护理计划必需的组成部分是否符合要求。

培训还可能包括 IACUC 成员如何使用《指南》以及 AAALAC 如何使用《指南》。学员被告知 AAALAC 在现场认证期间将使用该《指南》作为标准，评估该机构的动物饲养管理和使用项目。

《Ag 指南》 当一个机构是经营性农场，它通常会遵守《Ag 指南》。学员会被指导，在评估包括牛、羊、猪和鸡等农用动物的项目时，必须运用《Ag 指南》。与《指南》非常相似，《Ag 指南》培训课程通常侧重于该标准的章节。前 5 章集中于讨论如与政策、兽医护理和动物饲养等方案相关的问题；不过，该指南还包括详细说明常见农用动物品种（即牛、马、家禽、绵羊、山羊和猪）饲养实际操作的具体章节。

其他参考资料 还有一些其他文件是关于特定物种或特定研究类型的。培训将遵循上文所述的类似路径，但重点将放在所考虑的特定物种或活动上。例如，文件包括《动物安乐死指南》（2013 年）、《行为研究使用动物指南》、《研究中鱼类使用指南》、《野外实验研究人员指南》、《野外和实验室研究中的活两栖动物和爬行动物指南》、《研究中野生哺乳动物使用指南》、《研究中野生鸟类使用指南》、《使用动物进行外科研究培训指南》、《放血指南》。

实验方案审查培训

除了解和熟悉监管文件外，IACUC 成员还必须知道如何审查动物饲养管理和使用提案。因此，新的 IACUC 成员培训计划通常包括实验方案审查部分。机构采用了各种方法来培训 IACUC 成员候选人。

导师计划 一些机构将 IACUC 成员候选人指派为资深成员的"影子成员"。一名新成员搭档一名对实验方案审查有透彻了解的 IACUC 高级成员。实验方案将分发给 IACUC 成员及新成员。资深成员进行方案审查，新学员进行镜像审查。一旦两个人都完成了审查，资深 IACUC 成员和他（她）的学员会比较两者审查的一致性。资深 IACUC 成员提供解释性建议，并帮助新成员制定一致的审查方法，并找到实验方案不一致之处。

审核与听取汇报 许多机构让新成员在完成培训（网络和教育培训）后作为观察员参加 IACUC 会议。在会议期间，新成员掌握工作过程和会议流程，注意到反常或不寻常的问题。在第一次 IACUC 会议结束时，IACUC 主席和/或 IACUC 管理员将与新成员会面听取汇报。这为新成员提供了一个机会，询问有关看似反常程序的问题，或为管理部门提供一个机会，以确定成员是否需要额外的培训。如果一切顺利，新成员将收到文件以供审查，并将有望参加后续委员会会议的讨论和审议。

IACUC 成员的继续教育

监管标准要求机构为 IACUC 成员提供其从事委员工作所必需的资源。因此，许多机构都制定了继续教育计划，以确保其委员会成员符合现行的监管标准和伦理期望。各机构制定了各种方法，为其委员会成员提供继续教育。BP 会议与会者指出，他们的委员会成员以几种方式使自己保持在更广泛的动物饲养管理和使用团体的最前沿。

IACUC 会议期间的教育课程　许多参加 BP 会议的人表示，他们在 IACUC 会议期间进行了简短的教育课程。在这种情况下，IACUC 管理员经常在每次会议期间分配大约 15min 的时间来讨论相关主题。为准备即将召开的会议，IACUC 管理员确定一个讨论主题和相关主题的讨论引导人。有这样一个例子，IACUC 管理员选择在一次会议上讨论"为寻找疼痛程序的替代方案进行的文献检索"。他请一名图书管理员担任嘉宾主持人，并重点讲解特定主题的替代方法审查中应出现的关键词类型、应使用的数据库以及过滤选项。该讨论针对一个合适搜索引擎的标志向 IACUC 成员提供了温馨提示。会议结束后，委员会成员有机会向嘉宾主持人提问，并反思讨论的话题。

在线资源和期刊出版物　许多机构的 IACUC 管理员表示，作为继续教育的一种形式，他们经常与 IACUC 成员共享在线资源。例如，IACUC 成员可能会被要求订阅 OLAW 的 LISTSERV 或 RSS 网络系统，这将有助于他们了解与 PHS 政策和有关文件相关的最新问题。在某些情况下，IACUC 管理员直接通过电子邮件向委员会成员发送相关信息，如 AAALAC 的新闻头条和链接等。为 IACUC 成员提供继续教育的其他资源包括《实验动物》《ALN 杂志》《AALAS 行动通讯》和电子文件夹中的文章。

供动物使用者定期更新的附加培训计划

BP 会议与会者已经确定了一些额外的培训内容，这些内容有助于改进他们的 ACUP，如下所示。

PI 推进的培训　有时 PI 会进行培训。例如，PI 可能多年来一直在开展独特的外科手术，作为其研究的一部分。根据他的手术经验，PI 无疑是这方面的专家。因此，每次 PI 在其研究项目中增加新人员时，他都会进行手术培训。在这种情况下，PI 应该保存在其实验室的培训记录。在每半年一次的 IACUC 检查期间，委员会成员经常审查记录的完整性和清晰性。

设施岗前培训　动物使用者除接受所有 3 个阶段的培训外，他们还经常接受设施岗前培训。许多机构的项目参与者在有权限进入动物饲养或使用设施之前，都必须参加设施岗前培训。这个培训课程为参与者提供下列主题信息和材料的概述，诸如基本护理服务、动物订购信息、实验动物处置、安全、设施运行、PPE

使用和设施交通运输模式等。

纠正措施培训 应 IACUC 对违规再培训的要求，一些机构使用 AALAS "学习型图书馆"和 CITI 等商业培训计划进行纠正措施培训。纠正措施培训通常以"学员"与 IACUC 主席、IACUC 和/或合规总监/管理员之间的面对面访谈结束。后续课程通常用于重申培训模块中被讨论项目的重要性，并确认 IACUC 的立场，即不会容忍持续的违规行为。

IACUC 和项目监督培训 除特定物种的培训外，培训团队还可以选择一个讨论 IACUC 及其在 ACUP 中的作用的培训课程。谈话可能包括 IACUC 对动物设施例行检查的讨论，以确保动物得到适当的护理。它还可能关注这个需要：技术人员作为 IACUC 的眼睛和耳朵，帮助提高 ACUP 的质量，并鼓励他们向 IACUC 带来 IACUC 可能关注的任何问题。

培训记录维护 《指南》指出，"所有项目的人员培训均应记录在案"。因此，机构通常会采取合适的方法来记录与 ACUP 相关的个人是否接受了适当的培训。各机构使用的方法可能因其具体流程而异。

许多机构使用基于网络的系统记录培训。在某些情况下，一旦学员完成基于网络的培训，他（她）的成绩单就会自动更新。在其他情况下，IACUC 管理员可以手动更新保持的 Excel 电子表格。采用的其他方法包括记录有关已批准的实验方案的培训或会议记录，以及使用课程出勤记录。

一些机构雇佣培训协调员，负责开展或促进所有被要求的培训。在这种情况下，该协调员通常会在中央数据库中维护培训记录。培训协调员通常能够为参与动物饲养管理和使用的每个人制作培训活动记录。

培训计划有效性的评估

尽管法规要求机构为促进 ACUP 的实施要制定培训计划，但 AWAR 和 PHS 政策均规定，IACUC 有责任确定培训是否有效。IACUC 使用多种方法满足这一要求。例如，在设施半年检查期间，IACUC 成员与动物使用者交谈，以确保其熟悉该项目的关键组成部分。IACUC 成员可能会问实验室技术人员，如果他察觉到动物福利问题，他会怎么做。如果技术人员通过总结向 IACUC 成员报告动物福利问题的政策，作为回应，则委员会将以这一事件记录为有效的培训。

此外，机构经常使用违规事件来评估和完善其培训计划。例如，如果 PI 允许新员工在加入实验方案之前从事动物工作，则可能需要修改培训计划，以包含更多关于向实验方案中添加人员方面的信息。BP 会议与会者指出，经常监测项目中出现的不合规情况，可以提供很好的线索，说明何时需要进行个性化培训以及应改进何处的全球培训。动物饲养管理和使用项目是动态的，培训也必须是发展变化的，以满足不断变化的形势的需要。

新成员开始工作前的决定性操作

　　许多机构还提供具体的培训，并要求委员会成员签署一份声明，以认可这一过程并参与培训。例如，一个常见的问题是确定一个将保密要求通知给委员会成员的流程。培训课程可能会讨论对全体委员会会议期间讨论的问题进行保密的必要性。一般来说，这种培训是在面对面会议期间进行的，因此也可以审查与 IACUC 成员期望、绩效和保护有关的讨论。许多机构让新的委员会成员签署一份保密声明，以记录该培训已经开展过。

（王天奇 译；李湘东 校；孙岩松 审）

第十四章 根据实验方案追踪动物使用

场　　景

GEU 的 IACUC 审查附近一个机构的一项涉及灵长类动物的使用方案。GEU 不具有完成此项研究所需的设备，因此和拥有该设备的 GWU 研究人员合作研究。两个机构的 IACUC 均批准了研究人员使用 9 只动物开展研究项目工作。年底向美国农业部（USDA）提交年度报告时，GEU 的 IACUC 负责人收集了本机构所有动物使用方案中的动物数量。但 GEU 的 USDA 年度报告中没有公布合作机构（GWU）的灵长类动物使用情况，因为这些动物是在 GWU 使用的。约 6 个月后，USDA 检查员访问 GEU，在审查研究方案时发现有灵长类动物未在年度报告中列出。尽管 GEU 的 IACUC 管理员解释这项研究工作是在其他机构完成的，但 USDA 检查员仍指控 GEU 少报动物使用数量，原因为 GEU 持有动物的所有权。

法规要求和指导文件

联邦法规和政策都没有要求机构制定程序文件说明每个研究方案使用的动物数量。但：

（1）AWAR（2.35[b] [8]和 2.36[b] [5]）要求机构保留动物的使用记录。记录应包括经历未减轻疼痛和使用止痛药物减轻疼痛操作的动物数量。必须在年度报告中向 USDA 报告每个疼痛级别的动物使用总数。

（2）AWAR（2.31[e] [1]和 2.31[2] [2]）和 PHS 政策（Ⅳ. D [1] [b]）要求 PI 说明开展研究所需的动物数量的合理性。IACUC 应对其进行确认。IACUC 管理员应在研究方案中记录理由和开展实验所需的最少动物数量，可能的话，应基于统计学计算确定动物使用数量。

为满足相关法规要求，大多数机构都建立了一些方法来追溯每个 IACUC 审批的研究方案中的动物使用数量。BP 会议与会者一致认为，无论何时对动物进行操作，都必须对这些动物进行计数。然而，在确定哪种动物以及在什么条件下应该对动物进行追溯和计数，以及向 USDA、NIH 或 AAALAC 报告方面仍然存在挑战。

动　物　使　用

BP 会议与会者确认，其所在机构都建立了方法来追溯每个研究方案中使用的动物数量。然而，在创建他们的计数系统之前，大多数机构都难以定义"动物的使用"。两种常用的 BP 是根据研究方案来计算动物的使用数量，要么计算从其他已批准的方案转移到本方案的动物数量，或者计算购买的用于研究方案的动物数量。假设 PI 正在开展涉及家兔的研究，并通过动物资源组获得 5 只动物。在获得之日，这些动物将被记录用于特定的研究方案。尽管根据研究方案计算的数量来购买动物带来的问题很小，但其他情况通常会带来更大的挑战。

鉴别动物在不同研究方案间转移时的使用

有时，动物会从一个研究方案转移到另一个。当一只动物用于两个独立的研究方案时，必须在每个方案中都提及它们。例如，当一项研究方案获得批准时，则该方案使用的特定动物数量是合理的并获得批准的。因此，无论来源如何，特定项目只能使用特定数量的动物。例如，在项目编号 1234 中使用了 1 只家兔，其后来被转移到项目 5678 中使用，那么这只家兔在两个研究方案中都被视为"使用"。同样场景下，项目 1234 是 USDA C 级项目（仅采血），而项目 5678 是 USDA D 级项目（皮下装备植入）。当使用的动物上报至 USDA 年度报告中时，在报告中动物只计数一次，归为最高疼痛级别——D 级（疼痛能用适当的方法减轻）。

农用生产动物

许多机构（如赠地大学）在生产环境中饲养农用动物。这些动物（如牛、羊、马和猪）不仅用于研究与教学，也常用于补充经济收入。例如，肉牛、奶牛、羔羊和猪被加工成食品。除农业生产外，农用动物中有许多用于研究或教学活动。如果为了开展研究或教学而将农用动物用于研究方案中，这些特定用在研究或教学项目中的动物也要进行计数。也许一头猪从生产猪群中移出后用于生物医学研究，这头猪被视为该项目的研究动物，而猪群中的其他猪仍是生产动物。只需将研究用猪纳入 USDA 的年度报告即可。

啮齿动物繁殖种群

研究人员开展涉及实验用啮齿动物如小鼠（*Mus*）和大鼠（*Rattus*）的项目时，经常会因为他们特定的需求（例如，无法从商业途径获得该品系）而保有一个种群。应考虑繁殖啮齿动物可能会面临特定的挑战：未离乳的小鼠是否可供研究机构使用？机构是否应将淘汰的小鼠纳入研究使用数量？

USDA 将疼痛分级系统（USDA 疼痛级别 B、C、D 和 E 级）应用于研究、教学或试验用的动物中，其只适用于 USDA 管辖的物种。这种方法普遍用于整个研究界。考虑到常规操作，是否应该将接受某一操作（如卵子植入）的繁殖小鼠纳入 USDA D 级或 B 级疼痛级别？

BP 会议与会者一致认为，小鼠经受任何操作时，都应视为被机构使用（在我们的示例中，卵子植入手术视为 USDA D 级疼痛）。其他一些尽管轻微或常规的操作，但也要求将动物从繁殖级别（USDA B 级）调整到使用级别（USDA C、D 或 E 级）。如果小鼠经受安乐死淘汰（USDA C 级），或剪尾用于基因分型（USDA D 级），将视为被用于研究。BP 会议与会者指出，小鼠列入 USDA B 级唯一的情况是在没有使用情况下的出生和死亡（与研究或操作无关的死亡）。这意味着大多数机构用于饲养、基因分型或淘汰的小鼠，很少属于 USDA B 级。（注意：USDA 的年度报告不包括为研究而饲养的小鼠或大鼠，因此本次讨论涉及常规操作中用到，但并不需向 USDA 报告的动物数量）。

BP 会议与会者讨论了机构是否应将用于组织培养的胚胎也纳入研究使用中。他们一致认为，当 PI 对怀孕动物实施安乐死以收集胚胎开展组织培养时，他们只需要计算使用的孕鼠数量，无须计算收集的胚胎数量。但是，如果将胚胎用作测试对象，在安乐死母体之后，取出胚胎用于组织测评，那么计数的方式将略有不同。虽然只有母体动物作为"使用的动物"需向政府机构报告，但同时必须向 IACUC 证明所用的胚胎数量是合理的，需要特定数量的母体以获得必要数量的胚胎。

一般来说，BP 会议与会者在动物出生一段特定的时间后才开始计算出生动物数量。不同的机构确定了不同的时间点，但许多机构在"第一次换笼"时计算项目或研究方案的动物数量。原因是一定数量的动物会在出生后不久因自然原因（如突变、致死基因等）而死亡，并且很早去计数动物可能会打扰母鼠，导致同类相食，如吃健康的幼崽。因此认为，在第一次换笼时还存活的动物将继续存活，从而纳入计数。

计算孵化动物的数量

BP 会议与会者发现了另一个挑战，即计算从鸡蛋或在同一箱体或孵化器中生出的动物数量。该挑战迫使机构制定一个时间点，用于定义胚胎何时从胚胎状态转变为动物状态。例如，鱼或两栖动物在卵黄囊消失时可开始计数，而鸟类或一些爬行动物在孵化后 3 天时可开始计数。机构使用尚未设定计数时间点的动物进行研究时，这些动物仍被视为用于研究项目，且必须向 IACUC 证明动物的使用方案是合理的。作为最佳实践，对幼年动物进行计数需要进行逻辑思考，什么是实际可行的，不影响正常的动物福利和护理，并且作出良好的判断。BP 会议的与会者没有制定一个明确的适用于所有物种的计数时间点。

追溯每个实验方案中动物使用数量的方法

机构已经设计了多个程序来追溯特定研究方案的动物使用情况。在某些情况下，机构要求 PI 追溯并定期向 IACUC 管理办公室报告他们的动物使用情况，这常见于 PI 保有繁殖动物种群时。在其他情况下，机构将动物使用与每日饲养结合起来，并借助复杂的设备和群体数量记录程序（包括条形码）跟踪使用情况。有时，机构会制定流程来追溯动物采购情况，并且依据 IACUC 批准方案中规定的动物数量来采购动物。一些机构管理和维持啮齿动物繁殖种群，当 PI 提出申请时将动物转移到研究项目中。

电子记录

一些机构已经开发或使用电子管理系统来监控动物的使用。在这种情况下，动物设施管理人员常在动物笼盒或笼卡上放置条形码。条形码与特定动物（或笼盒）和特定研究方案相关联。每次将新动物添加到研究方案中时，都会为新动物或在其笼盒分配一个条形码并进行追溯，定期扫描条形码（如每天或每周）。该信息用于按日收费，并从研究方案批准的总数中减去使用过的动物。电子系统记录动物的使用情况，当研究方案快使用完所有已批准的动物时，PI 将会收到通知。

使用条形码或笼盒来反馈各研究方案中使用的动物数量时可能会存在问题。因为电子程序（条形码或笼盒计数）是假设每个笼子中的动物数量是一定的。如果一个机构确定了平均单笼饲养密度是 3 只或 4 只小鼠，条形码统计的数量可能多于研究人员在笼盒里饲养 2 只或 3 只小鼠，也可能少于研究人员在笼盒里养 4 只或 5 只小鼠。IACUC 管理员需注意，当系统报告一个研究人员超量使用动物，可能是系统本身造成的失误。在向联邦监督机构提交最终动物使用数量之前，研究人员应确认动物总使用数量。

PI 报告

在某些情况下，PI 在提交年度报告时应向 IACUC 办公室上报动物使用情况，主管部门将使用情况记录于表格中。当 PI 已使用的动物数量快达到已批准的动物数量上限时，他们会收到通知。

复审动物使用数量

PHS 要求在研究项目获批后 3 年进行复审。复审期间，IACUC 批准了可用于研究活动的动物数量。IACUC 成员应确保，使用过的动物不会在 3 年后复审时再次提交，除非研究项目还在持续使用这批动物。3 年复审时，PI 必须证实动物仅用于剩余的项目部分。例如，如果一个研究项目涉及 5 年的实验，并且每年使用 100 只动物，那么在第 3 年结束时只剩下 200 只动物。因此，复审时应仅包括剩余的 200 只动物，不应重复提交先前已批准的研究方案使用的动物。只有在无须复审时，才能在 IACUC 的研究方案到期之前对动物实施安乐死。

（韩　雪 译；吴孝槐 校；孙岩松 审）

第十五章　兽医护理计划

场　　景

GEU 的兽医需要为超过 50 000 只动物提供护理服务，包括犬和猫，生物医药实验需要用到的绵羊与猪，一小群恒河猴，一些家兔、雪貂和豚鼠，以及大约 35 000 只实验小鼠与 15 000 只大鼠。他们的兽医护理计划复杂且包含了符合规范文件的所有必要组成部分。

GEU 的 IACUC 每半年进行一次项目审查，此时委员会成员也会审查兽医护理计划。在整个审查过程中，IACUC 成员对他们参与的项目组成部分没有疑问。例如，委员会成员对上报给实验动物福利办公室（OLAW）、美国农业部（USDA）和国际实验动物饲养管理评估与认证协会（AAALAC）的年度报告要求没有疑问。他们了解半年审查流程，因为他们每半年参加一次审查；他们了解实验方案的审查过程，委员会成员了解该机构职业健康和安全计划（OHSP）的复杂性。然而，委员会成员并不熟悉兽医护理计划的组成部分。因此，IACUC 成员的理解是只要动物不生病，兽医护理计划就满足了保证动物福利的主要目标。所以，IACUC 成员同意兽医人员遵守了规范指南，兽医护理计划是符合要求的。

由于 OLAW 项目审查清单包含所有动物饲养管理和使用项目的组成部分，IACUC 成员必须每半年进行一次评估，GEU 的 IACUC 频繁地使用它作为指导性文件，以确保评估项目的所有相关组成部分。例如，审查清单将实验方案审查流程、OHSP 以及灾害应急计划作为必须进行评估的项目组成部分。它也包含一个详细的兽医护理计划的清单，这个清单必须在半年审查期内进行审查。在这种特定场景下，一般来说当 GEU 的 IACUC 推进到兽医护理内容时，IACUC 主席将会审查推迟给主治兽医（AV）。IACUC 主席将会询问 AV，兽医护理计划是否符合审查清单中列出的所有问题（即集体而不是逐一检查）。AV 通常关注一些小问题，但是最终确认所有都是符合要求的。一旦这个符合项确认，委员会将会转到该计划的下一个部分并对其进行审查和审议。

在项目审查后的 4 个月时间里，IACUC 对一些兽医问题进行了调查。最初的担忧涉及一名正在用小鼠做实验的研究人员。该项目的一个可能有危害的步骤是通过剪尾在 12h 内进行多次采血。根据实验方案，每 2 个月需要对同一只小鼠进行一次采血操作程序。在设施检查期间，IACUC 成员发现了一些尾部严重坏死的小鼠。它们的尾巴已经变色且长度只有正常小鼠的一半。委员会成员询问了研究人员，他们表明兽医提供了剪尾采血相关的技术培训。PI 也解释说，兽医技术人员定期监测动物，到目前为止他们没有发现任何不良事件，并且没有治疗过任何因剪尾带来问题的动物。

后来，IACUC 调查了第二个问题。涉及一位研究人员史密斯博士，他保有一个特殊的转基因品系小鼠。在此特定情况下，兽医人员通知研究者，他的净化品系现在感染了细小病毒。这位研究者非常担心和惊讶，他的生物安全设施已经超过 15 年没有发现细小病毒了。在 IACUC 会议中，AV 解释说，在细小病毒被确认之前几个月，他们接收了一个新研究人员的小鼠。这批小鼠被立即转移到新研究者的饲养间，这个饲养间与上述特殊转基因品系小鼠的房间相邻。这批新动物后来被确认是细小病毒的携带者，这是史密斯博士问题的来源。

在当月晚些时候的一次检查中，VMO 审查了多份兽医记录。VMO 确定了一些附加的治疗记录中没有列出经过治疗的动物的最终处置。例如，一份记录表明，一只恒河猴被同伴咬伤后，正在接受治疗。这份记录显示猴子被打了镇静剂，伤口被清创和缝合，并且打了一个疗程的抗生素以避免感染。在检查过程中，VMO 提醒这个病例发生在巡视前的至少 50 天前，尽管动物表现得很健康，但是记录并不完整，记录显示在最初的治疗后并没有随访。

经过进一步巡视，USDA 的 VMO 关注到两只被单独饲养的犬。他指出，根据该机构环境丰富化的政策，单独饲养的动物要么给予玩具以增加环境丰富度，要么由工作人员每天陪伴散步和玩耍。VMO 观察到在这些犬的笼子里没有增加环境丰富度的设备。在与动物饲养管理技术人员讨论这件事情后，他还了解到，过去几周因时间的限制，导致动物没有受到特别关注（即与技术人员一起散步或者互动）。

在 USDA 检查以后，IACUC 主席要求 IACUC 管理员总结过去 4 个月以来的问题，并在下一次定期的 IACUC 会议上安排时间讨论。

在讨论期间，IACUC 研究了 IACUC 管理员总结的所有要点。委员会成员讨论了鼠尾的坏死是一个长期慢性问题的事实（即它不可能一夜之间就发生）。他们讨论得出最终结论：坏死是兽医技术人员和 PI 监督不足造成的结果。

委员会成员也都认为，如果该机构的"新动物隔离期"政策能很好地贯彻实施，细小病毒传染事件就有可能避免。委员会成员一致认为，如果新来的小鼠根据他们的政策进行了隔离和检疫，研究人员稀有的转基因动物将不可能接触到细小病毒。

最终，委员会考虑了 VMO 在 USDA 的年度检查期间的发现。IACUC 成员特别关注到在最近的一次半年审查中，他们已经开始同意保留适当的临床记录和贯彻增加环境丰富度的政策。委员会成员非常担心，USDA 发现的问题和随后不足的兽医记录（灵长类）及不当的环境丰富度设置（犬）与他们的调查结果相矛盾。

根据委员会讨论的结果，IACUC 总结出兽医护理计划可能不像成员想的那样出色，有必要进行彻底地评估。由于兽医团队的所有成员都是 IACUC 成员，委员会决定招募一个特别顾问（即当地兽医）来执行这个评估。评估的结果是，这个计划被认为在多个方面存在缺陷。于是，GEU 的 IACUC 开展了一个行动计划和纠正时间表来改正这些不足。这个计划包含一个确保兽医护理计划保持合规的过程，其中包括在半年审查和年度检查时聘请一个外部兽医来担任特别顾问。

法规要求

（1）PHS 政策（Ⅳ [C][1][e]，第 14 页）明确将为动物提供充足的兽医护理。

（2）AWAR[2.33(b)]要求各机构制定兽医护理计划，包括以下内容：①适当的设施和设备；②适当的方法以预防、控制、诊断、治疗疾病和损伤，在周末和节假日提供急救护理；③每天观察动物；④向 PI 提供在操作、保定、麻醉、止痛、镇定、安乐死方面的指导；⑤动物接受合格的术前和术后护理。

（3）《实验动物饲养管理和使用指南》（第 4 章）概括了关于兽医护理计划的所有要求。例如，它讨论了预防医学、临床护理和管理、手术、疼痛与痛苦、麻醉和镇痛以及安乐死的细节。

兽医护理计划

机构的兽医护理计划必须满足法规中确定的要求且必须由 IACUC 监督。

兽医护理计划必须包括专业的兽医护理人员。兽医护理人员最好是具有实验动物医学方面培训和经验，并且对机构涉及的动物研究活动负责的执业兽医师。换句话说，机构应该有一个兽医成员，或者由签约的一名兽医来监督每个单位关于所研究动物的兽医护理计划。兽医必须无阻碍地接触所有用于研究和教学的动物，并且有权在机构内对任何动物实施安乐死或者药物治疗以减少动物的疼痛、应激和折磨。

机构应该制定采购实验动物的方法。采购流程中应该包括有助于确保患病动物和被感染动物不能被带入设施内的方法。机构可能希望制定流程以确保仅从信誉良好的供应商处获取动物。例如，机构可以制定一项政策，USDA 管辖的动物种类只能从 USDA 认证的供应商处购买。作为采购流程的一部分，AV 可能需要所有被带入设施的动物的健康报告的复印件。对于一些物种的动物，如小鼠和大鼠，AV 可能还要求进入机构的设施前对所有动物开展血清学检测，以确保它们不携带传染源。除接收一些动物的健康记录外，AV 也可以选择审查小鼠和大鼠等物种的繁殖记录，并发现特定的健康趋势。

机构的兽医护理计划应该包括检疫和隔离程序，以及外来研究动物的适应期。在一些机构中，检疫程序通常作为运输的一部分，由兽医或者其他受过训练的人对所有动物开展。例如，AV 可能需要检查以确保运输笼盒没有损坏，动物是所订购的动物（即正确的小鼠品系），并且动物的总体健康状况良好（即活跃且没有咳嗽和打喷嚏现象）。机构可能决定隔离任何非授权供应商的动物，并且不采用他们最初的健康评估报告。

机构隔离计划的主要目的是防止外来动物进入大群中，直到它们被净化（即没有传染病）再用于科学研究。与被用于研究的动物一样，这些隔离的动物必须有合适的（即遵循《指南》的要求）且符合特定品种动物需求的饲养场所。动物所经历的隔离时间可能因动物种类不同而不同，并可能与对它们所进行的操作程序有关。例如，将要接受生存手术的动物可能比那些因组织收集或者经历非生存手术而被执行安乐死的动物有更长的隔离期或者适应期。在某些情况下，（如处于隔离期的小鼠）这些动物可能会被隔离，哨兵动物将会被用来帮助验证它们的清洁健康状况。哨兵动物是一种通常被饲养在其他动物脏垫料中的动物。在足够的暴露期后，将采集哨兵动物的血液，用来进行血清学检测。这类动物通常被安乐死并进行尸检以确保它们没有疾病。通常的做法是将无疾病的哨兵动物等同于无疾病的研究动物。

该计划推荐包括不同物种动物应分开饲养的规定。为了尽可能地减少将不相容物种的动物饲养在一起造成的疾病传播和焦虑，BP 会议参会者指出他们的机构制定了要求将不同的物种动物进行物理隔离的政策（例如，通过物理上的房间或者隔间隔开）。

兽医护理计划部分可以由 AV 及进行过兽医培训的人员执行。例如，AV 可以训练研究人员识别患病的动物。这种培训可能有助于 PI 每天观察动物异常体征或者行为模式。训练也包括当发现不利情况时如何通知 AV 的说明。如果发现任何异常问题，应通知 AV，AV 作出相应的响应。

应制定相关程序确保患病动物受到适当的兽医护理，或者必要时人道地实施安乐死。例如，PI 或者动物饲养管理技术人员可能报告给兽医技术人员特定的动物健康相关问题。报告的形式取决于情况的严重程度，但是可以打电话或者在动物房门上做标注。打电话或者做标注会使兽医行动起来，比如治疗和建立一个医疗档案或者在严重的情况下实施安乐死。

评估兽医护理计划

IACUC 必须至少每年（在大多数情况下，每半年）审查一次兽医护理计划是否符合法规标准。由于兽医护理计划由兽医工作人员管理，各机构经常认为 AV 对其管理的项目进行审查或参与审查是利益冲突，包括参与 IACUC 关于兽医护理系统内发生的不良事件的决策。机构以多种方式进行审查。这里总结了 BP 会议与会者提供的一些方法。

在设施审查期间　一些机构选择在设施审查期间访问他们兽医护理计划的部

分内容。在这种情况下，IACUC 成员在其半年评估期审查相关兽医记录（如动物医疗记录、每日兽医巡查记录、治疗记录等）。例如，动物观察日志应该显示每日观察的动物。由于观察日志通常在常规工作日（即周一到周五）更新，因此回顾这些记录并且确认技术人员在周末和节假日观察动物通常是有益的。IACUC 成员可能还希望检查值班日志，以确保如地面、墙壁和相关设备都按计划标准进行消毒。委员会成员可能希望确保笼具清洗记录以验证笼具在每次运行期间都进行过消毒。如果制定了支持兽医护理计划的标准操作规程，IACUC 成员可能希望在检查期间对其进行审查。

在半年一次的项目审查期间 IACUC 评估该机构兽医护理计划的另一个时机是在半年一次的项目审查期间。一些机构成立了 IACUC 的分委会来对兽医护理计划进行重点评估。分委会可能包括 IACUC 成员、兽医顾问和 IACUC 管理员。分委会可能讨论该计划的所有组成部分，并向 IACUC 提供建议。另外，分委会成员可以使用 OLAW 计划审查清单作为指导文件，以确保他们考虑兽医护理计划的每个组成部分。例如，分委会可以讨论兽医分诊程序，如何向科学家提供外科手术指导，以及动物采购流程。

临床医疗记录

委员会成员还应该检查临床护理记录。对于委员会成员来说，彻底评估临床记录，有助于他们了解兽医经常用来组织医疗记录的方法。传统上，这种方法被缩写为 SOAP（subjective，主观；objective，客观；assessment，评估；plan，计划），兽医通常用这种方法来涵盖医疗记录中应该明显的组成部分。所有的记录都应该包括治疗日期、基于观察的一般诊断、基于检查和测试的特定诊断，以及最后的治疗方案。另外，记录应该记录所有特定治疗的详细信息（例庆大霉素每日的剂量）和动物的最终处置（如动物恢复并返回种群，或者治疗无效，使用 Euthasol®对动物进行适当的安乐死）。

多个项目中使用同一批研究动物

兽医护理计划还应该有一个流程来决定一个研究动物是否可用于多个研究项目。例如，研究人员可能会在一系列行为学研究中使用一只犬。一旦行为学工作完成后，这只犬可以被另一个研究人员用于其他研究活动。与之不同的是，研究人员可能会让这只犬参与包括生存手术的项目。一旦这个项目完成且犬从手术中恢复，机构可能决定此动物不能用于其他涉及疼痛和应激程序的项目。

因此，IACUC 和兽医工作人员应制定动物再利用政策。该政策应该确定一个动物何时有资格重复使用。例如，该政策可能会规定只有用于非侵入程序的动物才有资格用于其他研究项目。如果机构制定了此类政策，兽医记录应该确定对每只特定动物执行的程序类型，以确保 D 类或者 E 类程序（即疼痛或者痛苦程序）

中的动物不会再额外用于一个侵入性研究项目。

管制药物使用记录

第八版《指南》将审查药物记录和存储程序的责任划归给机构。对于用于动物研究活动的管制药物，机构已委托 IACUC 成员负责审核管制药物和相关记录。任何时候在动物研究活动中使用受控药物，IACUC 成员都负责监督。OLAW 指导文件检查表包含有关监控受控物质使用的信息。IACUC 管理员必须意识到，虽然联邦对受控物质的使用有单一立场，但是各州间的法规要求却大不相同，联邦机构通常将政策和流程交给州机构。

作为委托监督的结果，在每半年一次的检查中，IACUC 成员应该确保兽医护理计划包括并有效地使用保持准确记录和安全药物的存储方法。

对于委员会成员来说，检查药物通常分为两步。第一步是与设施管理员或者兽医讨论处理过期药物的程序。该过程通常包括将过期药物和可用于研究或兽医目的的药物物理分离的方法。此外，该做法中应包括过期药物的最终处置过程。例如，在某些情况下，根据所在州要求，必须将过期药物送回分销商（即返还分销商）进行处置。在其他情况下，在有证人在场的情况下，可以将过期的药物注射到动物的尸体中，然后将尸体焚烧，或者该物质可以单独焚烧。一旦确定了这个过程，检查员会对药物进行随机抽样，以确保可供使用的库存中没有过期药品。

委员会成员还审查了管制药物的存储方法和库存记录。管制药物必须采用双锁系统进行存储。BP 会议与会者举了几个常用的方法作为例子。一种常见的程序是使用药物保险箱。在这种特殊的情况下，如果保险箱被认为是"双锁"之一，那么它的固定方式必须不允许有人拿起它并带着它走出房间（即用螺栓固定在墙上或重型家具上）。在此场景下，第二把锁是房间的门锁。

与会者讨论的另一种流行的方法是将金属储物箱放入可上锁的文件柜中，第二把锁是房间门。除受到保护外，管制药物只能与其他受控物质一起受到保护。换句话说，可上锁的一般化学品存储设施不应将常规使用化品和受管制麻醉品混合存储。

检查过程的第二部分涉及检查记录的完整性。管制药物记录通常至少包括记录输入日期、收到的药物数量和来源、取出的药物数量和谁取的药物及存储的总量。在检查受控药物记录时，委员会成员通常会选择一种药物，如氯胺酮，并计算药瓶的数量。然后他们将数字与记录条目进行比较。

试剂级药物

机构的计划还应该包括在动物研究中使用试剂级药物的政策。在过去的 BP 会议上，与会者与 USDA、OLAW 和 AAALAC 的代表讨论了除非出于科学和临床原因的正当理由，药物必须在可用时使用。OLAW 发布了关于使用医药级与试剂级材料的具体指南，以确保 IACUC 管理员充分了解该要求。

BP 会议与会者一致认为，无论试剂是实验的重点，还是仅仅是帮助实验模型成功的工具（例如，多西环素在转基因小鼠中启动基因），除非有使用较低等级试剂的明显正当的理由，否则都需要使用医药级药物。如果使用试剂级多西环素启动转基因小鼠的基因，化学试剂中存在的杂质可能影响实验，甚至可能影响动物的健康。例如，如果其中一种杂质是内毒素，根据产品中内毒素的水平，该杂质可能会在动物体内诱发免疫反应或者导致疾病，两种结果都可能改变研究数据和研究的实用性。

然而，并没有禁止在研究中使用非医药级药物。在适当考虑这种用途时，PI 必须向 IACUC 提供令人信服的理由，即试剂级药物的使用对科学至关重要，并且纯粹从科学的角度看是合理的。例如，如果研究人员对确定非医药级药物中的杂质对健康的影响感兴趣，他（她）可以证明使用试剂级药物是充分探明其对动物影响的唯一方法。

（邱 晨 译；卢选成 李晓燕 校；孙岩松 审）

第十六章 检举政策

场　　景

访问学者史密斯博士在访问 GEU 癌症研究所期间，注意到几只啮齿动物存在肿瘤破溃的现象。由于他所在机构主张在肿瘤溃烂前对动物实施安乐死，所以他认为这些动物正在承受不必要的痛苦。

由于史密斯博士是访客，他在向 GEU 的 IACUC 当面陈述上述问题时有些顾虑，因此他决定稍后以匿名的方式进行报告。史密斯博士是其所在机构的 IACUC 成员，他认为 IACUC 应该制定一个流程，便于个人向 IACUC 报告动物福利问题，以便进行调查。当他继续参观动物设施时，他尝试寻找关于如何报告动物福利问题的说明。在参观设施期间，史密斯博士没有找到举报政策。回到家后，他仍然担心这些动物的福利问题。他在 GEU 的网站上搜索检举政策，但仍然没有找到报告动物福利问题的流程。由于 IACUC 正在监督这项研究，史密斯博士认为肿瘤破溃的动物福利问题必须写入该方案。

用于研究、教学或测试的脊椎动物管理标准要求饲养或使用单位应建立个人报告动物福利问题的方法。为使该过程有效落实，必须将其推广到设施工作人员，并让访问动物设施的所有人知悉（例如，张贴公示或公布在网站上）。在上面这个特殊案例中，就是因为没有明确的报告流程，人们注意到了明显的动物福利问题却没有报告。

法规要求和资源

AWAR（2.32[c][4]）和《实验动物饲养管理和使用指南》要求动物饲养和使用项目建立动物饲养与处置相关问题的报告制度。法规还要求相关机构对工作人员进行培训以识别动物饲养和管理方面的缺陷，并要求 IACUC 开展相应审查，必要时出具调查报告。此外，举报程序必须包括保护举报人免受歧视或可能引起的任何报复的规定。

政　　策

IACUC 需要监督和监测动物使用情况。该委员会的主要目标是确保动物得到联邦标准中规定的适当护理和对待。确保监督的一项要求和流程是每个机构都要制定举报政策。该政策的目的是为个人建立一种报告感知到的动物福利问题的方法。政策至少应包括以下内容。

（1）一份确认该机构对脊椎动物的伦理关怀和对待承诺的声明。

（2）一套报告动物相关问题的流程，包括报告问题的适当办公室和联系方式（即办公室地址、电话号码、传真号码或电子邮件地址）。

（3）一份 IACUC 将在必要时开展调查的文件。

（4）一份可以进行匿名举报和联邦法律（如 AWAR）禁止歧视举报人的声明。

政策宣贯

确保政策有效的一个关键组成部分是让每个人都能获得它。有效宣传该政策的措施包括以下几项。

（1）在动物饲养和操作区域张贴书面政策。

（2）在将动物用于教学的实验室张贴政策。

（3）在相关机构的公共网站上发布政策。

（4）每半年在报纸或新闻刊物（即高校校刊或当地报纸）上发布政策，告知设施人员和公众。

（5）为员工、学生和教员举办研讨会。

（6）面向公众举办教育课程。

政策示例 1

报告不符合政策法规或滥用动物的行为

IACUC 有责任确保 GEU 在研究、教学和测试活动中使用的所有动物都得到人道对待，并符合所有联邦、州和地方的政策与法规。

这些活动内容通过位于主街 25 号的 IACUC 行政办公室进行协调。有关 GEU 或在 GEU 主持下开展的涉及动物的项目的疑虑或问题，可提交给 IACUC 行政办公室主任（电话：[12345]；传真：[6789]；电子邮件：IAO@GEU.edu）。

发现的问题将提交给 IACUC 主席、主治兽医和 IACUC 进行调查。举报信息将保密。联邦法律禁止对提出合理调查问题的人打击报复。

政策示例 1：优点与缺点

优点

（1）相关政策简明扼要，随手可得，轻松阅读。

（2）简明的政策可以打印到 5in×8in（1in=2.54cm）的塑封卡片上，在整个机构内进行分发。例如，IACUC 管理员可以在分发卡片的同时进行半年一次的设施检查。

（3）塑封卡片可以很容易张贴在动物设施各处。

（4）简明的政策可以很容易在当地报纸和有关刊物上发布。

缺点

（1）虽然政策示例 1 强调了检举政策中应该包含的要点，但它并未明确界定该政策的意图。阅读这项政策的人不一定理解其适用性。例如，来自机构外部的相关方可能不知道该政策也适用于他。人们可能不明白，当他意识到与动物有关的问题时，也应该应用它，而不仅仅是在违反政策或法规时。

（2）政策示例 1 要求该机构在其教育计划中纳入关于检举政策的适用性和目的的信息。例如，机构教育会议将需要讨论政策的适用性以及谁可以做报告。

政策示例 2

GEU 的检举政策

IACUC 将调查与大学里使用的实验动物的人道照顾和对待有关的问题，如涉嫌虐待、忽视或滥用动物等问题。此外，违反政府标准（如《动物福利法》、公共卫生署人道饲养管理和使用实验动物政策、《实验动物饲养管理和使用指南》）的行为应向 IACUC 报告。如果偏离已批准的研究方案，或者未经 IACUC 事先批准而使用脊椎动物，也应通知 IACUC。

本政策适用于 GEU 饲养的所有动物，这些动物将用于大学主办的活动（如研究、教学、演示或测试）。例如，与大学实验室、野生或农用动物设施中的动物相关问题都可以报告给 IACUC 进行调查。

任何人如果看到他（她）认为涉及动物的可疑活动，都可以进行举报，如大学教职员工和学生。此外，关心此事的市民也可以向 IACUC 举报相关问题。

应检举人的要求，只有委员会主席和研究合规负责人知道当事人的身份。当报告提交给 IACUC 进行调查时，与检举人身份相关的信息将从文件中删除。

问题投诉流程

如果您担心大学里动物的福利问题或认为动物受到虐待，请尝试与相关人员（如 PI、设施主管或动物饲养管理人员）讨论这一问题。如果您不愿意接近该人或出于任何原因不想与参与活动的人交谈，您应该将您的问题提交给该机构进行调查。请联系 IACUC 主席（电子邮件和电话号码）或研究合规负责人（电子邮件和电话号码）讨论具体问题。如果您希望提出正式投诉，应遵循以下流程。

正式投诉应以书面形式提交给研究机构投诉办公室主管，并发送至研究机构副总裁办公室，地址为宾夕法尼亚大道 1600 号，总裁广场，邮编：12345。

投诉文件必须包括以下内容。

（1）投诉人的姓名和联系方式。

（2）问题发生时的具体日期、时间和地点。

（3）事件的完整描述。

（4）当事人签名。

GEU 应遵守《动物福利法》2.32（C）（4）的规定，任何机构员工、委员会成员或实验室人员都不应该因举报违反 AWAR 的任何规定或标准而受到指责或报复。

政策示例 2：优点与缺点

优点

政策示例 2 的主要优点是它可作为教育读者的独立文档使用。当个人阅读该文件时，他（她）就可以理解该政策适用于大学里所有的动物，涵盖任何涉及动物的不良事件，并且适用于所有人。该政策全面讨论了应该报告的行为，并涵盖了标准中建议的所有相关要点。

缺点

（1）尽管政策示例 2 是一份非常全面的文件，但如此详细的检举政策也有一些不利之处。一项复杂的政策不可能一目了然。因此，在我们场景所诉中，史密斯博士可能不愿意停下他的访问去研究这项政策。

（2）复杂的政策不宜张贴在动物使用区。例如，像一份 1～2 页的文件就需要张贴在公告板上或保存在技术人员的休息室里。在我们所述的场景下，潜在的利益相关方可能无法知悉该政策。

检举政策调查报告

检举政策为机构员工和普通市民提供了报告发现的动物福利问题的机会。因此，有可能收到与动物饲养管理和治疗有关问题的各种报告。例如，该机构可能会收到一份来自内部员工的报告，报告涉及参与癌症研究的小鼠肿瘤大小有关问题。相反，当马匹在牧场过冬时，该机构可能会收到这些牧场似乎没有避难所，马匹无法逃离恶劣的环境的报告。

虽然这两份报告都很重要，但在某些情况下，有些问题可以立即得到解决。例如，举报马匹是否可以躲避冬季天气的举报人，可能并没有意识到马厩在山的另一边大约 500 码（1 码=0.9144 米）处，马匹只是没有得到合理的安排。另外，关于小鼠肿瘤大小的举报可能更重要，因为它是由一位具有 10 多年动物饲养管理经验的技术人员提出的。

为了谨慎起见，一些机构鼓励问题举报。这些机构已经制定了筛选举报报告的流程，并且仅将证实的报告直接提交给 IACUC 进行调查。

检举报告预筛

许多机构在将报告提交给 IACUC 进行调查之前，已经由兽医、IACUC 管理员或研究合规负责人预先筛选了报告。在许多情况下，相关机构能够解决问题。在提交给 IACUC 之前，通常可以解决的问题类型包括：①逃出饲养场的动物；②未提供适当冬季住所的农用动物；③明显受伤或看似生病的特定动物，等等。例如，在这些示例中，兽医都能够解释，动物要么被送回了收容所，要么正在接受兽医的治疗。当通过简单的解释解决后，兽医会在每月会议期间向 IACUC 报告活动和解决方案。

有些报告，特别是受过培训的动物使用者（如动物饲养管理技术人员和利用动物的研究人员）所作的报告意义重大。例如，在 PI 收集尾部活组织进行基因分型后，动物饲养管理技术人员可能会注意到大部分笼子都沾染了过多的血液。因此，技术人员可能会报告出血过多，并表明项目负责人要么取了太多的尾巴进行活检，要么在将动物放回笼子之前没有止血。在这种情况下，该问题被提交给 IACUC 进行调查。

IACUC 对检举报告的调查

当报告提交给 IACUC 进行调查时，通常遵循以下流程。

（1）如果报告是正式的，IACUC 管理员将对举报人的个人信息进行隐藏，并将报告提供给 IACUC，以便在下次全体委员会会议上进行讨论。同样，如果报告是口头举报，行政工作人员将准备一份举报摘要，将在下次定期安排的 IACUC 会议上进行审查和讨论。如果有重大问题需要立即采取措施保护动物，应尽快召开紧急会议。如果这次会议不能在合理的时间范围内举行，主治兽医可停止研究活动，直到问题得到解决。

（2）在会议期间，相关方（如 PI、研究技术员）将有机会与 IACUC 会面并讨论问题。例如，此时 PI 可以提供事件的详细信息，有机会消除任何误解并共同寻找解决问题的方法。

（3）在讨论问题并考虑相关方的意见后，IACUC 可能会在解决问题前采取行动或要求提供更多信息。例如，IACUC 可能会考虑采取以下行动之一来解决问题。

 a. 投诉可能会被驳回。

 b. 该项目或项目的一部分可能会被暂停。

 c. 动物可能需要额外的兽医护理。

 d. 可能需要向 IACUC 提交方案（如新的方案或对现有方案的修改）。

e. IACUC 可以要求加强监督。

举报政策的最终目标是建立一个让有关方面向调查机构举报动物福利问题的机制。多个机构分享了他们实现这一目标的方法。以下清单概述了与会者的建议，并符合管理动物饲养管理和使用的联邦标准。

举报动物福利问题的检举政策清单

（1）该政策是否包括以下内容？

　　a. 该机构应表明其致力于动物的人道关怀和处置，从公共关系的角度来看，这是有益的。

　　b. 举报动物福利问题的流程应注明以下内容。

　　　　i. 负责的个人或职务（如主治兽医）。

　　　　ii. 联系电话和/或电子邮件地址。

　　　　iii. 邮寄地址。

　　c. 可以匿名举报，并为举报人保密的公告。

　　d. IACUC 会受理所有举报的问题并在必要时进行调查的声明。

　　e. 举报人不会受到歧视及避免受到报复的声明。

（2）相关人员是否容易找到该政策？

它应该张贴在显眼的地方，包括（不限于）以下地方。

　　a. 包括畜棚在内的整个饲养区。

　　b. 动物手术室。

　　c. 使用动物的教学实验室。

　　d. 该机构的网站。

　　e. 视情况，在内部刊物、校刊和当地报纸上发表。

（3）该流程是否包括有权预审报告并在必要时将其转交给 IACUC 进行调查的中心联系人？

　　a. 中心联系人应为高级管理层中接受过培训的个人（如研究合规负责人、机构官员、IACUC 主席、主治兽医），他们能够识别需要 IACUC 调查的情况。

　　b. 该流程包括对那些不需要调查的举报问题应该如何向 IACUC 通报的方法。例如，在每月会议期间 IACUC 管理员向 IACUC 报告相关问题。

（4）该流程是否包括保护举报人个人身份的措施？

　　a. 在将报告提供给 IACUC 进行调查之前，对举报方的名称及个人信息进行隐藏。

　　b. 口头报告的细节由联系人以书面形式陈述。该报告在提供给 IACUC 进行调查时不包括任何有关举报人的信息。

（5）报告和解决过程是否有适当的文字记录？

　　a. 在所有情况下，检举报告的处理过程都应该记录在会议纪要中。例如，由联系人处理一份检举报告时，IACUC 管理员应向委员会汇报调查情况，并集体讨论应该采取的措施。该讨论过程的要点应在会议纪要中有相关记录。

b. IACUC 调查的报告也应该有相关记录。举报问题以正式报告的形式提交给 IACUC。委员会在每月的例会上讨论该问题，并采取适当措施给予解决。调查的相关要点和讨论过程应该在会议纪要中进行记录。

c. 向投诉人邮寄 IACUC 的调查结果报告，并有相应的记录。

（康爱君 译；周　泉 校；孙岩松 审）

第十七章　职业健康和安全计划

场　　景

在 GEU，一名饲养员在进行常规笼盒更换操作时被大鼠咬伤，伤势较严重，需进行医疗介入。但该饲养员担心报告这一咬伤事故可能会导致训诫或再培训，于是他选择了不报告这一事件，而是脱下手套，清洗双手，贴上创可贴，戴上新手套，继续操作。在这种场景下，您对这样的案例有何担忧？

一个机构的职业健康和安全计划（OHSP）应能识别与减少动物管理和使用中的固有风险。一个合理的 OHSP 应包括保障和制定工作环境安全的政策，并通过人员培训来认识和遵守这些规定，鼓励在事故发生后及时报告，培养能够保障工作人员和研究人员共同利益的机构合作伙伴关系。在这个案例中，该工作人员对 OHSP 认识不清；他确信自己会因为该事件受到指责，而非得到支持；此外，他在关于如何正确清洗和消毒的程序上也没有得到充分的培训。

法规参考和指导文件

（1）《美国联邦法规》（CFR）第 29 篇：联邦法规要求机构为员工提供安全和健康的工作环境。《美国联邦法规》第 29 篇（29 CFR）列出了这些法规的汇编。这些法规由职业健康与安全管理局（OSHA）执行；它们被习惯称为 OSHA 法规，是构成 OHSP 基本要素的主要法规。

OSHA 法规适用于所有工作环境。因此，在制定动物饲养管理和使用项目（ACUP）的 OHSP 部分时，29CFR 可作为指导性文件。OSHA 法规包含诸如紧急疏散计划、噪声暴露水平、消防应急预案、危险品使用和个体防护装备使用等信息。

根据 OSHA 法规制定的安全计划需考虑该法规中定义的所有职业危险。这些法律没有特别强调与动物相关的危险。关于在研究、教学和测试中使用动物的联邦指令为制定和实施与使用动物相关的固有危险的 OHSP 提供了指导。因此，动物管理和使用相关的 OHSP 通常是机构的总体健康与安全计划的一部分。

（2）PHS 政策：接受 PHS 及其下属政府机构资助的机构必须遵守该政策。这些政府机构包括①NIH；②FDA；③美国药物滥用与精神健康管理局；④美国医疗保健研究与质量局；⑤美国毒物与疾病登记署；⑥CDC；⑦美国卫生资源和服务管理局；⑧印第安人健康服务局。其中，只有 NIH、FDA 和 CDC 支持动物活动相关项目。

PHS 政策要求机构根据《实验动物饲养管理和使用指南》（以下简称《指南》）制定动物饲养管理和使用项目。《指南》要求 OHSP 必须是动物饲养管理和使用项目的一部分，并将（美）全国科学研究委员会 NRC 的出版物《动物管理和使用中的职业健康和安全》作为建立与维持全面的 OHSP 的参考资料。

（3）《研究和教学中农用动物饲养管理和使用指南》（以下简称《Ag 指南》）：尽管 PHS 政策并未明确引用《Ag 指南》，但涉及使用农用动物的项目的机构也应考虑《Ag 指南》标准。《Ag 指南》要求 ACUP 必须包括 OHSP，同样将 1997 年 NRC 的出版物《动物管理和使用中的职业健康和安全》作为参考资料。

（4）AWAR：是由美国农业部执行的联邦法规。任何使用美国农业部管辖范围内的动物进行研究、教学、测试、实验、展览或作为宠物的机构都必须遵守该条款。美国农业部管辖的动物包括除鸟类、实验大鼠（*Rattus*，为研究而饲养）、实验小鼠（*Mus*，为研究而饲养）和非实验用马之外的所有温血动物。相反，用于食品和纤维素研究或用于旨在改善食品和纤维素质量研究的传统农用动物（如牛、家禽和猪）不受 AWAR 约束，AWAR 没有涉及，因此也不要求机构建立 OHSP。理论上，如果一个机构只使用美国农业部管辖的物种，而不接受 PHS 机构的资助，那么就不需要动物饲养管理和使用项目特有的 OHSP。

（5）其他相关指南：使用项目中可能涉及对人员和环境构成独特风险的危险品。在某些情况下，机构需要执行其他联邦法规和政策中的条款。CFR 第 40 篇提供了如何处理危险废弃物的指导，CFR 第 10 篇讨论了如何保护人员免受电离辐射。此外，NIH 的《重组 DNA 指南》为从事转基因动物研究的人员提供了规范，CDC 的《微生物和生物医学实验室生物安全》为保护人员免受致病性生物制剂的危害提供了指导。

OHSP 和认证

国际实验动物饲养管理评估与认证协会（AAALAC）对于在研究、教学或测试中使用动物的计划达到或超越法规和政策中规定的机构进行国际认证。在项目评估期间，AAALAC 现场评估员会对机构的项目进行评估。如果一个机构不需要遵守 PHS 政策和 AWAR，AAALAC 现场评估员将根据该机构使用的动物物种，以《指南》和/或《Ag 指南》中列出的标准作为评估依据。AAALAC 现场评估员负责评估机构的 OHSP 的有效性。

IACUC 管理员的作用

由于财政支持和 OHSP 是机构的责任，IACUC 管理员可与机构负责人（IO）讨论联邦规定。在会议之前，IACUC 管理员可能需要准备一份与制定 OHSP 有关的人员名单。该名单应针对具体机构，至少应包括来自医疗卫生服务、环境健康与安全、动物资源计划、公共设施工程部门和 IACUC 管理部门的代表。除潜在的项目申请者名单外，IACUC 管理员应准备一份简短的背景资料，解释 OHSP 的要求和意义。

IACUC 管理员与 IO 的初步讨论可能涉及项目制定、财政支持和长期的人员支持等主题，但最终 IACUC 管理员的目标应该是要求 IO 通过指定相关人员参与来支持计划的制定。

制定 OHSP

OHSP 应至少包括分析潜在危险、评估风险和确定有效降低风险的措施。它应该包括基于已知风险的必要培训。培训应教会人员辨识风险，并提供应对和保护措施。机构应制定程序，确保所有可能因接触动物而受伤或感染人兽共患病的人员有机会加入 OHSP。机构需为个人提供加入该计划的机会。并且，机构如果允许未加入 OHSP 的人员参加动物操作相关活动，可能会承担重大（赔偿）责任。虽然机构不能强迫任何人加入 OHSP，但也没有义务让未受保护的人员参加高风险活动或进入风险相关区域，如使用动物的设施和实验室。

OHSP 还应包括保护人员免受固有和实验特定危害而采用的方法与程序。最后，一个完整的计划还应包括行政支持，以详细记录与 OHSP 相关的活动。

危害辨识与分析

由于与动物管理和使用相关的危害会危及动物使用或饲养区域内或周围工作的人员的健康安全，各机构必需辨识和评估这些风险。不同机构关注的问题可能有所不同，但已确定的危害类型主要是与环境、研究、动物和个人健康状况有关的危害。

在某些情况下，这些危害可能并不明显。因此，《指南》中强调了选择经过适当培训的人员来进行危害辨识的重要性。例如，各机构让经过认证的职业卫生师、兽医、医生以及 IACUC 管理人员等参与危害辨识过程。

工作环境危害辨识

通常，工作环境危害是指与动物饲养管理和使用项目设施相关的危害。例如，洗笼机、灭菌锅、压缩气瓶、储存仓、拖拉机、粪池和步入式冷库等设备均对人员具有特定危害。此外，堆放物品堵塞紧急消防出口，以及插座未接地线的养鱼设施都有可能危害人员安全。最佳实践（BP）会议参会者通常采用以下两种方法来有效辨识工作环境危害。

常规做法 1

在安排环境评估前，对即将访问的设施准备一份评审清单。这份清单可以在机构的 PHS 证书或 AAALAC 认证的项目描述中找到。例如，认证的项目描述通常包括一个说明建筑名称与动物饲养区域和辅助区域总面积的表格。通常，OLAW 核发的机构 PHS 证书均包含一份类似的补充材料。本评估可能有必要将常规设施清单扩大至包括某些特定区域的范围，如以下两个例子所述。

例 1 奶牛场的一些特定评估区域可能包括：①研究畜舍；②普通饲养区和设施；③手术室和操作间；④饲料加工、装袋和食品储存区；⑤挤奶厅；⑥设备和手持工具存放区；⑦人员储物柜和休息室；⑧粪便及垃圾处理区。

例 2 常规实验动物设施的特定评估区域可能包括：①饲养设施；②笼盒清洗（脏笼盒和干净笼盒）区；③涉及有毒有害物质的实验区（如传染性物质、致癌物以及放射性同位素）；④饲养员更衣和淋浴设施；⑤储存区（如步入式冷库、动物饲料和设备）；⑥接收区。

在以上两种情况（实验动物设施和奶牛场），评估小组成员应该包括特定领域专家。通常除协调和记录活动的 IACUC 管理员外，还必须包括一个受过专业培训的人员（如职业卫生师或其他环境健康与安全专家），以辨识工作场所风险。设施主管对动物使用和饲养区的复杂情况比较了解，因此其是带领参观设施的理想人选。一些机构还发现，如医生、兽医和设施维护人员等的加入可以强化设施审查团队。

例如，职业医学（OM）办公室的医生能够辨识常规职业医学治疗中涉及的风险类型。这些特定伤害及其诱因会成为委员会的审查焦点。此外，兽医会关注与动物相关的特定风险（如人兽共患病、咬伤和其他身体伤害）。在电气系统、设备安全和/或设施维护方面具有专长的设施维护人员，可以给审查小组提供独特的专业见解。他们能够专注于电气问题，以及诸如安全使用农业机械或洗笼机等问题。

辨识与机构具体 ACUP 相关的危险是制定强有力的和有效的 OHSP 的一个重要因素。由于最终目标是制定尽量减轻和保护人员风险暴露的流程，OHSP 将基于在危害辨识过程中所收集到的信息。

评估时应确保对每个设施分配足够的时间以进行全面评估，并在最佳时间进行。在某些情况下，评估必须在一天中的特定时间进行才有效。例如，奶牛场的挤奶厅应在挤奶时进行评估。评审委员应观察以下信息，如牛如何在挤奶厅中活动，挤奶设备如何使用，设施如何清洗和消毒，以及牛奶如何处理等。同样，实验动物设施的笼盒清洗区也应在使用时进行评估。

由于很多机构的动物管理和使用涉及多个区域，进行全面的危害评估可能需要大量的数据分析和更新。因此，各机构已经开发了高效的信息采集和管理方法。

除传统数据记录方法外，还可使用图片、视频和音频等方式来记录。

尽管许多机构遵循类似的评估程序，但也有某些特定个案的评估记录。然而，大多数已确认的危险在不同机构之间似乎是一致的。例如，在农用动物设施（如牛、马、绵羊、猪、家禽、鹿和山羊）中，常见风险类型与动物种类（如人兽共患病、咬伤、抓伤和其他外伤等）、封闭空间（如储存仓和粪坑）、农业机械（如拖拉机、动力输出装置、饲料粉碎机、搅拌机和牲畜斜滑槽等）、人体工学（如饲料和设备搬运）、物理环境（如造成绊倒风险或堵塞紧急出口的维护管理问题、潮湿环境或电栅栏造成的电气风险、从谷仓坠落的风险等），以及生物和化学危害（如除草剂、杀虫剂与霉菌吸入等）有关。

各机构之间的实验动物设施风险也很相似。例如，已确认的风险类型通常与动物种类（如人兽共患病、咬伤和抓伤）、设备（如步入式冷库、洗笼机和高压灭菌器等）、人体工学（如移动压缩气瓶和重复性操作）、物理环境（如造成绊倒危险或堵塞紧急出口的维护管理问题、潮湿环境造成的电气危害、有损听力的噪声水平、眼部危害），以及化学危害（如清洁剂、研究试剂等）有关。

危害辨识过程完成后，IACUC 管理员通常会将收集到的信息整理成报告，以确定风险和减轻风险的策略，以保护人员免受伤害。

常规做法 2

第二种普遍的做法是使用 OSHA 标准作为指导原则进行危害评估，以最大限度地降低工作环境风险。由于 OSHA 标准中没有区分整体工作场所和动物设施，因此危害评估在整个机构中进行，而非特定的 ACUP 区域。

机构通常将执行 OSHA 标准的责任委托给如经常协调危害评估过程的环境健康与安全（EHS）部门主管。评估团队可以是由健康和安全专家组成的分委会，这些专家具有生物、化学和消防安全，人体工学，废弃物管理以及职业卫生等方面的专业知识。委员通常会进行独立评估，并关注与其专业领域相关的危害。例如，生物安全委员仅评估机构中涉及生物危害的区域。当小组委员完成各自审查时，总体评估就完成了。

评估团队完全应用 OSHA 法规是制定强大而有效的 OHSP 的关键要素。这些标准是专门制定的，应全面实施以确保为每位员工提供更安全、更健康的工作环境。例如，OSHA 标准表明，8h 内持续接触平均音量等于或超过 85dB 的声音，会导致听力损伤。因此，职业卫生师将确定个人暴露于何种噪声水平以及暴露时间，例如，用分贝仪评估笼盒清洗区的噪声水平。然后利用 OSHA 标准中提供的具体指导，对数据进行分析，以确定特定工作环境中的噪声级别是否有害。

危害辨识过程完成后，EHS 部门工作人员通常会整理和保存这些文件，作为机构全面 OHSP 的一部分。同时 EHS 部门工作人员提供相关报告，由健康和安全人员处理具体问题。

持续性危害辨识与风险评估

虽然环境固有危害可能不会改变（如与农场或动物设施相关的危害），但与研究项目相关的危害可能从一开始就是多种多样的，并可能随着时间的推移而改变。因此，制定涵盖持续性危害辨识的计划至关重要。例如，新引进的科学家可能会提出一项涉及一种从未在该机构使用过的病原的研究。此时，计划就应包括辨识和评估新型危害的措施。以下两种方式是参加过 BP 会议的 IACUC 管理员在新型危害辨识过程中常用的有效方法。

常规做法 1

第一种是最常见的做法之一，是基于该机构生物安全委员会（IBC）的经验判断。在某些情况下，项目负责人（PI）需说明在动物饲养管理和使用项目中，何时将直接使用危险品。PI 辨识出危险后，他（她）就会被告知，该项目须经 IBC 审查和批准后方可开展。在 IBC 审查期间，委员会辨识并评估危害，然后实施最佳实践或告知 PI 如何实施最佳实践以保护员工、环境和机构免受危害。只有在完成并批准生物安全审查后，IACUC 才会批准相关项目。此外，有些机构要求涉及生物危害（即细菌、病毒或化学物质）的动物房间使用标识，说明危害性质及个人防护方法。

常规做法 2

第二种常规做法是为 IACUC 配备能够评估新型危害的成员参与方案审查过程。在这种情况下，机构的委员会成员可能包括：一名生物安全员、一名职业卫生师和/或一名医生。收到评估材料后，相关委员会成员会确定风险以及针对相关试剂的合适的个体防护装备和最佳实践，以保护机构人员免受危害。安全专业人员担任 IACUC 成员的另一个好处是，他可在机构中发挥双重作用，如可参与设施检查。在这种情况下，IACUC 有表决权成员同时也是安全委员会成员，可以在进行动物管理和使用设施检查的同时，进行工作环境风险评估。然后其可以对危害进行量化，并将评估结果记录在提交给 IO 的半年报告中。

已识别环境危害的量化

为了确定危险源对动物相关区域工作人员构成的危害程度，需进行危害量化。专门从事安全和安全监测的人员（如注册职业卫生师）具有针对工作人员（即动物使用者）的危害量化方面的专业知识。

BP 会议参会者包括与会的安全专家，提供了关于风险辨识和量化的建议，以指导量化危害。例如，在考虑与生物和化学危害相关的风险时，OHSP 制定者应参考可用文件。比如，材料安全数据单（material safety data sheet，MSDS）明确指出了潜在风险与可以降低风险的个人防护方法（即个体防护装备和培训）。评估人员应考虑到传染性生物制品会致病，应使用生物安全柜、实验服、口罩和手套等降低风险。

此外，OSHA 法规对一些风险进行了量化。例如，法规中明确了需要听力保护的噪声级别，并讨论了何时应使用护目镜和钢趾鞋以保护工作人员的眼睛或脚部。OSHA 法规还讨论了密闭空间（如储存仓和粪坑）相关问题，并提出了确保安全的要求。

个体状况（个人风险评估）

动物饲养人员和使用人员可能会因其个人健康状况而面临固有风险。因此，机构的项目必须包括用于评估、量化以及在必要时减轻个人可能面临的任何风险的部分。

BP 会议参会者确定的最常见做法涉及动物使用者及医生。由于个人的健康状况在患者和医生之间是保密的，因此进行个人风险评估的过程应通过机构的职业医学办公室或合作医护专业人员进行协调。

评估通常始于参与者填写健康调查问卷时。该文件包括对个人健康的询问，并包括如下问题。

您有过敏史吗？

您是否免疫功能低下？

您有高血压或心脏相关问题吗？

您的破伤风疫苗在有效期内吗？

问卷完成后，由医护人员进行评估，可能需要与医生面谈。如果医生发现动物研究相关风险会加剧该人员的健康问题，他（她）可能不会允许该人员从事动物相关工作。或者，医生可能会要求已知过敏人员在与动物一起或在动物周围工作时佩戴口罩。

一些机构要求个人进入动物设施前须得到 OHSP 医生的许可，批准程序通常与研究方案审查过程关联。也就是说，提交给 IACUC 审查的方案，只有在所有列出的研究人员得到医生许可，可以从事动物相关工作后，IACUC 才会批准该方案。在某些情况下，如果不能获得医生许可，则不允许直接从事动物相关工作，可能会被重新分配不需要接触动物的工作，如体外培养工作。

在健康评估过程中，医生不仅要考虑个人的健康状况，还应考虑与个人特定生命阶段相关的固有风险。比如，怀孕的工作人员可能比男大学生具有更高风险；免疫缺陷人员可能比接受定期预防接种的兽医具有更高风险。

设想这样一个场景，工作人员在一个旧的、通风良好的谷仓内利用怀孕绵羊进行胚胎发育研究。假设此例中的 PI 提交给 IACUC 的文件中包含了各种各样的研究人员名单。PI 和 co-PI（合作项目负责人）具有丰富的绵羊相关工作经验，事实上，他们从童年起就养羊。然而，计划书人员名单上列出的第一名人员是一位刚毕业、新婚不久、有意备孕的女性；第二名人员虽然健康，但在童年时接受过肾脏移植，且正在服用抗排斥药物。第三名人员是一位大一新生，完全没有操作羊的经验，也没有已知的不良健康状况。第四名人员是一位受过训练的牧羊人，最近刚从永久性心脏瓣膜损伤的心脏疾病中康复。

在上述例子中，由于他们将与怀孕的绵羊一起工作，Q 热是所有人的固有风险。此外，应考虑参与该 PI 的研究项目中每个人的个人健康状况。经过评估，即使完全没有与动物一起工作的经验，那名健康且免疫力健全的新生更可能被医生选择和允许参与这个与羊一起工作的项目。而其他人员参与项目后所面临的风险可能会超过该机构可接受的阈值。具体来说，Q 热感染可能会导致免疫缺陷男性以及有心脏瓣膜问题的工作人员死亡，也可能会给孕妇未出生的孩子带来毁灭性的灾难。

如果上述所有人都被允许与羊一起工作，那么每个人可能需要采取不同的保护措施。但是，再说一次，根据他们的个人风险状况，一些人可能根本不适合从事某特定领域的工作。

规避和降低风险

OHSP 应包括告知工作人员已知风险以及如何保护自己的培训。某些情况下，该培训需由 AV 和 OM 工作人员进行。BP 会议的参会者确定了一些成功的培训方法。

各地的机构向相关人员（即维护人员和偶然会接触动物的人员）分发培训手册，另一些机构利用网络有效地进行 PPE 和人兽共患病培训。在某些情况下，机构为动物使用者开发了特定的、个性化的个人培训课程（如非人灵长类动物使用人员的培训）。

项目参与程度

如前所述，OHSP 必须面向所有 ACUP 中与设施（如动物饲养区域、饲养辅助区域、仓库和操作区）有关的人员。因此，该项目必须包括所有从事或支持动物管理和使用活动的研究人员、技术员、志愿者和学生。它还必须包括在教学相关活动中使用动物的教师、员工、学生和助教。此外，该计划还应涵盖其他任何仅偶然接触该机构动物或动物设施的人员（如保洁人员、设施维护人员和项目支持人员）。与建立和运营 OHSP 相关的成本需由机构自行承担（即不得向参与该计划的人员收取费用）。

哪些因素影响了 OHSP 的参与程度？

OHSP 的参与程度可能取决于个人风险或与动物接触的程度。一些 BP 会议与会者表示，计划参与程度可能与个人因接触动物或动物组织出现健康问题的经历有关。在其他案例中，一些 IACUC 管理员表示，空气传播疾病可能会影响 OHSP 的个人参与度。因此，BP 会议参会者一致认为所有人员应 100%参与，但参与程度可能因个体情况而异。

在动物设施中履行清洁工职责的工作人员所面临的风险（一般包括从污染物传播到空气传播，如过敏原）最小；因此，此类人员的参与程度可能仅限于在新员工入职培训期间收到培训手册。在这种情况下，一些机构会确定与该职位相关的风险水平，并平等对待该职位的每个人。然而在开始入职时（即提供培训手册时），即将接触动物的每个人都会被告知可能发生的特殊情况（即过敏问题）。

第二个例子涉及在课程中使用动物的学生。动物相关教学课程的学生可能只会面临某些物种（如兔毛、啮齿动物过敏原）或某些产品（如福尔马林）带来的风险；因此，他们可能只会从课程讲师那里接受关于 OHSP 的特定培训。

与动物有更多直接接触的人员可能会被要求在完成所有必须培训并获得医生许可后，方可参与动物相关工作。也就是说，列在 IACUC 研究方案上的人员可能需要完成 OHSP 在线培训以及针对特定动物物种的实操培训，并在与 OM 医生面谈前完成个人风险评估表。

机构可以识别特别关注的危害，并要求个人完成特定动物品种的专门培训。例如，非人灵长类动物相关人员可能需要完成 B 病毒培训并彻底进行医学评估。

对于 OHSP 的员工参与程度，某些机构执行另一种方案，他们要求所有与动物接触的人员（包括偶然接触动物的研究人员、后勤人员和 IACUC 成员）都需要完全参与该计划。完全参与是指完成个人风险评估、医疗评估以及获得医生许可，并参与广泛的培训课程。

（包晶晶 译；孙 强 校；孙岩松 审）

第十八章 应 急 预 案

场 景

得克萨斯州南部的 Tri Bio 公司正准备应对一场 2 级飓风。在研究所的实验动物大楼地下室，饲养着许多由 NIH 资助了数百万美元的转基因小鼠。这是世界上唯一保有这些转基因小鼠基础种群的设施。如果没有这些转基因小鼠，很多研究将无法开展，数百万美元经费还需要返还给 NIH。

由于 Tri Bio 公司已制定了应急预案（emergency disaster plan，EDP），之前也曾成功应对过 2 级飓风，坚信其价值百万美元的转基因小鼠是安全的。Tri Bio 的应急预案的内容非常全面，包括紧急事件通信程序，动物饲养管理人员的配备，在停电情况下备用发电机的启用，以及研究动物的安全转移。

然而，飓风在抵达海岸时加强为 4 级，给 Tri Bio 和周围地区带来了灾难性的影响。Tri Bio 实验室方圆 50mile 范围内大面积停电。受飓风影响地区的建筑几乎没有窗户完好无损的，房屋地下室被淹，水深至少 4in。得克萨斯州州长宣布该地区进入紧急状态。Tri Bio 即刻全面启动了 EDP。

简而言之，紧急事件联络程序包括所有主要人员使用 Tri Bio 公司发放的手机进行联络。每个动物设施都配备了可与外部取得联系的装置，设置了能使工作人员顺利找到的相关负责人联系方式。作为应急预案的一部分，Tri Bio 还与无限租赁公司（Unlimited Rent All）签订了一份合同，该公司承诺允许优先使用两台高压发电机。Tri Bio 动物设施经理兼 EDP 协调员吉娜在去实验动物大楼的路上停下车拿发电机。不料由于该州处于紧急状态，发电机已被州政府分配给了临时避难所。吉娜立即打电话给应急小组，告知他们没有发电机可以使用，应立即启动 EDP 的第二阶段，其中包括动物的转移。

吉娜一到实验动物大楼就发现，5 人应急小组中有 4 人正在大楼地下室检查动物的状况。她试图联系她的应急小组，但没有成功，随后她意识到他们的手机在地下室和大楼都没有信号。因此，她无法向现场的小组成员传达指示。更糟糕的是，应急小组组长艾伦告诉她，无法将这些动物转移至临时安置点，因为临时安置点已成为该州受灾群众的紧急避难所。此时，吉娜意识到可能无法保住 Tri Bio 最有价值的资产——转基因小鼠了，这可能会给公司带来一场金融灾难。最终，必须启动 EDP 的第三阶段，包括对这些无法受到保护的动物实施安乐死。这次事件使 Tri Bio 公司损失了数百万美元：获批的资金返还给 NIH，与生物医药公司的合同被解除而损失收益，转基因小鼠也全部死亡。

幸运的是，Tri Bio 采取了终极防范措施，使公司免于破产。该公司已在远离公司的一个基地保藏了几乎所有珍贵的转基因小鼠的冷冻胚胎。Tri Bio 公司重新建立了转基因品系，尽管确实遭受了一些收入损失，但公司最终幸存下来了。然而，Tri Bio 确实意识到了应全面考虑 EDP 所有可能的涉及面，这对 EDP 的有效执行非常重要。

紧急情况会对一个机构的动物饲养管理和使用项目（ACUP）产生巨大的影响。确保工作人员以及动物的健康和安全必须是每个 EDP 的首要目标。该计划应考虑与自然灾害相关的次生灾害，如龙卷风、飓风、暴风雪、洪水、火灾和雷暴。此外，大多数机构还应考虑到其他问题，如暴力行为、破坏和纵火。预案应尽可能全面，涵盖一个机构能想到或经历的所有可能发生的情况，包括如果第一个防灾计划不起作用时应该做什么。一些机构会准备 1 个或 2 个备用措施，以防第一个措施不奏效（通常最后一个备用措施是对动物实施安乐死）。

法规要求和指导文件

（1）《实验动物饲养管理和使用指南》（第 46 页）规定各机构应将应急预案纳入其总体的安全规划中。该预案应包含发生意外灾害时保护人员和动物安全的主要措施。动物和动物使用者面临的风险可能与犯罪行为或自然事件造成的灾害有关。在大多数情况下，IACUC 管理员在制定和维护机构的 EDP 方面发挥着积极的作用。

（2）OLAW 常见问题（常见问题 3，G，机构职责）：OLAW 已经发布了一个常见问题解答，总结了机构 EDP 的主要目标和内容，包括每个机构在制定 EDP 时应考虑的问题，并提供了引用的法规。

应急预案的制定

在过去的 IACUC 管理员 BP 会议上，与会者指出，在机构制定 EDP 之前，应该先建立一个快速反应队伍，有利于 EDP 具体细节的制定。与会者一致认为，制定 EDP 的专家团队应至少由兽医师、动物设施管理员、动物疾病诊断实验室人员、IACUC 委员、IBC 委员、EHS 人员、职业医学医生、警察、公共关系部门人员、维修人员、研究合规员组成。由于研究合规员需要经常协调与 ACUP 有关的活动，因此研究合规主管或 IACUC 管理员通常担任这个应急反应委员会的主席。

在过去的 BP 会议上，IACUC 管理员一致认为，来自每个领域的代表都有自己独特的技能，这最终有助于确保 EDP 能够应对各种各样的灾难。例如，EHS 工作人员、兽医和职业医生的代表可以帮助制定应对人兽共患病与疫源性动物疾病暴发的预案。公安机关和公共关系的工作人员可以制定处理诸如破坏公物等犯罪活动的预案。此外，维修人员可以协助制定预案，解决停电、暖通和空调故障，以及其他与建筑完整性相关的问题。

如果灾害发生，紧急灾难通信预案还应包括通知 OLAW、AAALAC 和美国农业部，这些组织往往能够提供援助和建议。

识别潜在的危害

由于多种因素可能会潜在地影响实验动物饲养管理和使用项目，机构代表应该制定指南来帮助其制定应急预案。例如，BP 会议与会者建议在考虑 EDP 的方案时使用以下定义："应急预案应涵盖可能对动物和人员的健康和/或安全产生负面影响的不良事件"。

BP 会议与会者指出，一旦建立了合适的机构代表小组，首要任务应该是进行风险评估。风险评估的过程首先是进行头脑风暴会议，以确定可能对 ACUP 产生负面影响的潜在不利事件（如自然灾害、停电、设备故障或犯罪行为导致的事件）。许多 BP 会议与会者表示，在进行头脑风暴演练时，提出以下问题是有帮助的。在识别风险时，可能最简单但最重要的问题是"如果……该怎么办？"例如，应考虑以下问题。

如果我们的动物设施停电 1 天、5 天或 10 天该采取什么有效措施？

如果我们的猕猴感染了 B 病毒该怎么办？

如果军方征用我们的动物临时安置点作为飓风救援工作的一部分，该怎么办？

讨论这些问题的 IACUC 管理员一致认为，EDP 最大的缺陷之一是机构容易忽略那些不大可能发生的问题，例如，应考虑下列问题。

如果一个机构的实验记录丢失了怎么办？

如果常规的通信方式不起作用怎么办？

如果长期无法获得资金怎么办？

机构应该考虑的另一点是动物设施的安全水平，例如，应该（或可能）考虑的要点是一群人非法闯入并对设施恶意破坏的难易程度。该机构可以确定是否有足够的警报，以便在发生未经许可进入安全设施的情况时通知执法人员。

机构的代表还应考虑应急人员是否有可能感染人兽共患病；如果这是可能的，可以制定防控措施吗？该机构还应制定措施，防止其他动物感染人兽共患病。总之，应急准备小组应考虑所有备选方案，尽可能确定 ACUP 可能遇到的潜在负面事件。

应急预案架构

IACUC 管理员在 BP 会议上确定了一个有效 EDP 的关键组成部分：为了使应急预案发挥作用，首要的是从战略上确定和培训应急小组的成员，其次是制定一个有效的沟通方案。

BP 会议与会者还决定，一旦确定了应急小组的关键成员，并且小组讨论制定了沟通方案，下一步就是制定书面方案。该方案应包括对应急预案有效性的测试。

沟通方案

BP 会议与会者一致认为，沟通方案的重要内容是确定第一联络人。由于应急预案与实验动物饲养管理和使用有关，与会者均认为，动物管理者（如 AV）通常是第一个觉察到影响 ACUP 事件的人。因此，AV 或动物中心主任应联系应急小组的负责人，由其启动 EDP 的相关部分。

应急小组负责人决定是否需要召开会议，或明确应联系和部署哪些团队成员。例如，如果事件涉及一名工作人员感染人兽共患病的潜在风险，负责人可以联系职业医生、EHS 工作人员和兽医工作人员。负责人还可以明确向相关工作人员传达信息的人员，并决定何时联系公共关系部门准备新闻稿。如果生物危险品可能对社区造成威胁，负责人应通知当地应急人员（如当地消防部门或处理危险品的工作组）。

书面方案

一旦确定了应急人员，制定了沟通方案，并确定了可能对 ACUP 产生负面影响的潜在问题，就应该制定书面方案。

BP 会议与会者一致认为，书面沟通方案不仅应确定应对灾难的方法，而且还应进行有条理的规划，对关注区域进行具体描述。例如，编制者应考虑包括设施简介、关键人员名单及其联系方式一览表、设施资源的描述、安全系统的描述和潜在威胁，以及处理任何已识别风险的措施。对动物而言，如果无法作出规定以减少对动物福利的威胁，书面方案还应包括重新安置和/或对动物实施安乐死的规定。转基因啮齿动物设施的书面方案可按以下方式制定。

设施：转基因小鼠设施，实验动物大楼。

设施描述：实验动物大楼是该研究所转基因小鼠的主要饲养场所。动物被饲养在屏障设施中，进入该设施应按照研究所张贴在屏障设施入口门上的规程执行，该规程同时也在机构服务器的 SOP 中列出。小鼠是 250 多个研究项目的关键组成部分，是公司的重要资产。

关键人员：

L.约翰逊电话：123-456-7890

A.安德森电话：098-765-4321

设施资源：以下设备对实验动物大楼的运行至关重要。洗笼机和相关设备、高压灭菌器、环氧乙烷消毒机、通风笼架与 HVAC 系统都是确保动物得到合适饲养所需的关键设备。

设施安保系统：实验动物大楼在下午 5:00 到次日上午 7:00 关闭。在此期间，虽然对实验动物大楼采用一个复杂的视频安全系统进行持续监控，但在此期间使用无声警报。当未经授权的人员进入时，该系统会自动通知警察部门。此外，动物房使用门禁卡出入系统，该系统能记录每次进出设施的人员和时间。

潜在灾害（与天气有关的）：

• 停电（如风暴引起）：停电会对设施的运行产生不利影响。当停电时，最主要的问题是供暖和通风系统的运行。断电 2min 后，应急发电机将自动启动。发电机使用柴油工作，燃油的储备应保证发电机可持续运行 2 周以上。

• 工作人员无法前往实验动物饲养大楼（如暴风雪或洪水造成的危险路况）：工作人员必须每天进入实验动物饲养大楼，查看并饲喂动物。在大约 8h 内由两个人对设施中的所有动物进行检查和饲养。该设施为至少两个人提供过夜住宿条件。如果天气状况显示管理员上午可能无法抵达实验动物饲养大楼，将提前安排至少两名工作人员在该设施过夜，以照管好动物。

• 风灾（如飓风和龙卷风）造成的建筑物损坏：实验动物大楼是用混凝土和砖块建造而成的。因此，风力破坏建筑主体的可能性不大。然而，风力过强，也有可能造成建筑物的损坏（如上层的窗户破裂）。当发生这种情况时，将通过计算机监控设备通知维修人员上门查看损坏情况。

• 危险路况（如暴风雪、洪水）导致饲料或其他物资的供应暂停：饲料储存在实验动物大楼底层的 2 号房间。食物每周运送一次，储备的食物可维持动物 2 个月的需要。如果食物供应短缺，动物房主管将讨论减少饲养的动物数量或用非标准饲料来替代。

除与天气有关的自然灾害外，一些与会者指出，机构还应考虑包括潜在的犯罪行为、动物权利保护者抗议、设备故障、地方性流行病和人兽共患病的暴发，以及常规通信方法失灵、研究记录丢失和寻求资金支持的问题。

动物处置

转移

以下是一个动物的重新安置转移程序的实例。

第二座实验动物大楼位于第一座大楼以北约 25mile 处，是一座普通的动物饲养场所，可以用来安置任何因紧急情况而需要转移的动物。如果动物需要转移，将使用环境条件可控的运输车辆转移塑料鼠笼。将动物转入运输车之前，需要调整车内环境，将温度稳定在 70~75℉（21~24℃）。一旦这些动物到达设施，它们就会被转移到动物房间，并根据标准程序进行饲养管理。

安乐死

如果所有确保动物健康和福利的方法都已不奏效，这些动物将被实施安乐死。小鼠的安乐死将由经过培训的兽医或动物饲养技术人员实施。安乐死的方法为用二氧化碳麻醉后再采用适当的辅助方法（如双侧开胸、放血等）确认。

应急预案的评估和测试

BP 会议与会者一致认为，EDP 的编制团队应该进行模拟演习来评估方案的有效性，并至少每年举行一次会议来评估方案。BP 会议与会者报告，IACUC 管理员可以作为应急队员的主要协调员。IACUC 管理员向应急小组提供相关信息，如动物权利保护组织的活动信息，应对潜在风险的建议，提醒需要关注的潜在流行病（如 H1N1 和禽流感），以及从其他机构的灾害事件中吸取的最新经验教训。

在一些机构中，IACUC 管理员还会安排模拟演习，这有助于评估方案的有效性。例如，IACUC 管理员通过宣布雷击导致大楼电力中断来启动模拟演习。根据沟通方案，设施设备管理和维护负责人应通知应急小组负责人。该负责人立即联系动物主管，确认应急发电机已经启动，并向动物饲养设施供电。该负责人又联系了设施设备的管理维护人员，确认发电机运转正常，并有足够的燃料储备，至少可以运行一周。除设施设备的管理维护人员和动物主管，该负责人还联系了警察部门，咨询停电是否对建筑的安全系统造成损坏。如果警察部门确认设施安全，该负责人便会要求 IACUC 管理员将相关信息传达给参与应急预案的所有应急小组的成员。

除模拟演习外，应急小组应该至少每年举行一次会议来评估应急预案。IACUC 管理员通常负责组织会议，并要求所有相关方在会前阅读整个应急预案。应急响应小组成员需要通过电子邮件向 IACUC 管理员汇报与演习有关的所有问题，IACUC 管理员将问题整理好后再发给所有小组成员。会上，小组成员分析模拟演习的成功和失败的原因，评估应急小组的意见，并对方案做必要的更改。此外，该小组还对 IACUC 在半年一次的方案审查中提出的任何问题进行评估。

灾难期间的持续运行

一些灾难不会破坏建筑物或物资供应，但可能使人遭受心理创伤。例如，如果暴发流感，40%的员工在家不能或不愿意来工作，IACUC 执行监督任务的能力可能会受到严峻的考验。

BP 会议的与会者表示，这种涉及大规模传染病或人员无法到达现场的情况比自然灾害更有可能发生，并可能产生同样严重的不良后果。许多机构通过创建安全网络托管服务的账户来安排远程会议，以便有需要时，IACUC 可以通过互联网或电话召开会议。一些机构创建了数据安全传输服务账户，以便与 IACUC 成员或其他项目负责人分享方案、会议记录或其他文件。这些服务通常是必要的，因为大多数机构的邮箱供应商将电子邮件附件的大小限制在 5MB 或 10MB 以内，而一个 IACUC 文件包或几个合并文档的大小通常会超过 40MB 或 50MB。

为了确保在灾害期间有效利用这些服务，许多机构每年特意使用一次或多次这些服务，以便熟悉这些服务。因此，即便发生了流行病或其他灾害阻碍人员到达现场的情况，机构也确信有能力在灾害期间使用替代方法来开展业务。

此外，一些机构制定政策，授权动物项目的某个成员（如兽医技术人员）在灾难事件中代表 IACUC 执行监督。机构还应配备后备兽医，以防紧急情况下正式兽医无法提供兽医服务。只有一名或两名兽医的机构，应考虑寻找位于附近的兽医作为后备兽医，在灾难发生时兽医不能到现场的情况下，该后备兽医能在紧急情况下提供服务；对于有几名兽医的机构，这可能不是问题。后备兽医应接受职业健康和安全培训，并与正式兽医一样熟悉应急预案。后备兽医可作为 IACUC 的成员参加每年一次的设施检查，以便进一步熟悉应急预案，或不定时与 AV 交流，审查预案的变化和改进。采用这些独特的应急预案评估方法或动物饲养管理应急方法的策略和做法是可以接受的，但应事先申请并获得 IACUC 批准以在灾害条件下使用。

（吕龙宝 译；代解杰 校；李根平 审）

第十九章　主要被授权人的作用

场　景

GEU 的动物饲养管理和使用项目获得了 AAALAC 的认证。此外，GEU 还持有与 OLAW 协商后获得批准的动物福利保证书。戴尔·希顿博士是 GEU 的分子生物学家，他获得了 NIH 的资助，用于开发一种用于治疗糖尿病的新型蛋白质。尽管他的研究涉及体内实验，但戴尔·希顿博士将只在 GEU 进行体外实验，而体内实验将由他在 Meyer's Biologics 工作的同事在兔身上进行评估。

这些兔是由 GEU 研发并拥有的用于糖尿病研究的独特品系。Meyer's Biologics 是 USDA 注册的研究机构，但未获得 AAALAC 的认证，并且目前也没有获得卫生部 PHS 的资金资助，因此没有得到 PHS 保证。

在 GEU 和 Meyer's Biologics 合作之前，必须采取哪些行动？这种特殊情况提出了在合作之前值得注意的又必须解决的复杂问题。由于 GEU 的程序获得了 AAALAC 认证，因此必须考虑认证规则。又因为有 PHS 保证的机构和无 PHS 保证的机构合作，增加了复杂性。基于以上场景，我们需要考虑这种特殊情况下的监管和认证，并确定这两个机构如何能在这个重要项目上进行合作。

AAALAC 认证

根据 AAALAC 认证规则，由于 GEU 保留动物的所有权，因此无论动物饲养在何地，GEU 均有照料兔的职责。对于一个已认证机构拥有的动物需饲养在一个未经认证的机构内，只有以下几种具体的解决方案。

AAALAC 方案 1

GEU 可以扩大其 AAALAC 认证的范围，将 Meyer's Biologics 程序中包括的动物饲养和活动区域变为其 AAALAC 认证的组成部分。换言之，GEU 需要在其书面的项目介绍中描述 Meyer's Biologics 的设施。此安排可能要包括咨询法律顾问并制定清晰明确的谅解备忘录（memorandum of understanding，MOU）。此外，Meyer's Biologics 正在进行的工作需要 IACUC 批准，而作为获得认证的实体，GEU 的 IACUC 将监督项目，并要求 IACUC 批准相关活动。

AAALAC 方案 2

Meyer's Biologics 的动物饲养管理和使用项目可获得 AAALAC 的认证。在这种情况下，基于 GEU 拥有的专业知识和技能，可以有效地指导 MeyerBiologics 完成认证过程。这通常不是一个快速的过程，因此两个机构均需要分配时间来完成认证。Meyer's Biologics 需要使用 AAALAC 提供的模板准备书面的项目介绍，提交至 AAALAC 进行审查，并安排 AAALAC 代表评估项目的时间。通常 AAALAC 代表的评估访问安排在项目介绍提交后的 1~4 个月进行。因此，综合考虑 Meyer's Biologics 准备书面项目介绍所需的时间，公司需在合作启动之前做好 6~9 个月延长期的准备。

PHS 保证书的衍生

Meyer's Biologics 的动物福利保障措施若未得到 OLAW 批准，那么来自 PHS 机构（如 NIH）的资金不能用于 Meyer's Biologics 的动物饲养管理和使用。

由于 GEU 希望与无保证书的机构 Meyer's Biologics 合作，GEU 应联系其 OLAW 保证官并说明情况。在这种情况下，OLAW 将帮助 Meyer's Biologics 取得保证书或将 Meyer's Biologics 公司作为 GEU 保证书内的组成部分，针对后者，GEU 的保证书范围可扩大到 Meyer's Biologics。

OLAW 和 GEU 将共同修改保证书，把 Meyer's Biologics 纳入 GEU 的执行地点。若要实现这一过程，需要 GEU 向 OLAW 提交正式的请求，将 Meyer's Biologics 添加为 GEU 保证书的执行地点。当 Meyer's Biologics 获批成为 GEU 的执行地点，GEU 作为主要被授权人，可以使用 PHS 资金支持 Meyer's Biologics 的动物活动。但是，GEU 有责任确保 PHS 的政策以及在 Meyer's Biologics 进行的 PHS 资助的动物活动的资助条款和条件得到满足。例如，GEU 必须确保 PHS 支持的动物活动得到 IACUC 的批准和监督。此外，PHS 政策要求 GEU 在发生任何可报告的事件（如重大违规）时通知 OLAW。

由于 Meyer's Biologics 将作为 GEU 保证书下的一个执行地点开展 PHS 支持的活动，因此 OLAW 希望 GEU 的 IACUC 监督在 Meyer's Biologics 进行的相关动物活动。在某些情况下，GEU 可能会选择制定一份 MOU，将 Meyer's Biologics 内动物活动的监督权交给 Meyer's Biologics 的 IACUC。虽然 MOU 规定了 IACUC 负责监督的条款，但最终仍由主要被授权人（即 GEU）负责确保 PHS 资金的使用符合 PHS 政策的规定、资助项目的条款和条件以及任何其他联邦政策与法规。

动物福利保证书

PHS 通过设立奖励项目在财务上支持在机构中进行的研究。有兴趣竞争这些奖项的科学家可直接向 PHS 机构（如 NIH、FDA 和 CDC）提交申请，奖励的获得者即为主要被授权人。

主要被授权人获得奖励后，必须同意满足与所获得奖励相关的条款和条件。此外，在资金分配之前，当研究内容包括脊椎动物的活动时，主要被授权人还必须满足 PHS 政策的要求，即主要被授权人需在动物福利保证书的范围内进行动物活动。

保证书是一份全面描述机构的动物饲养管理和使用项目细节的书面文件。例如，它描述了主要被授权人的 IACUC 将如何批准和监督动物活动。此外，它还描述了机构的培训、职业健康和安全计划。

只有获得 PHS 资助的机构才有资格取得和维持保证书。当主要被授权人是来自非保障机构的科学家时，其项目管理者--校外研究办公室将通知他们必须取得保证书才能获得该资助证。机构通过以下方式获得保证书：与已获保证书、进行 PHS 资助的动物活动的机构相互协商，建立机构间保证书；或者被另一机构的保证书覆盖。

确保动物福利保证书范围

协商保证书

当校外研究办公室通知未获保证的主要被授权人必须取得保证书时，该机构会启动与 OLAW 协商以获得保证书的过程。

为了启动这一过程，该机构需准备一份关于其动物饲养管理和使用项目的详细书面说明，一旦准备好，该书面项目简介就是该机构的保证书。OLAW 在其网站提供了一个保证书模板供申请机构使用。该保证书可能由多人如 IACUC 管理员、IACUC 主席和主治兽医（AV）等共同准备。虽然 PHS 政策要求保证书仅涵盖由 PHS 机构资助的动物活动，但一些机构会把该机构进行的所有动物活动均涵盖于保证书范围内。

在机构决定在其 PHS 保证书内涵盖所有动物活动之前，机构负责人应考虑其优点和缺点。首先，BP 会议与会者一致认为，无论资金来源如何，机构都应在伦理上对所有研究动物一视同仁。换句话说，PHS 资助项目中对动物有益的部分也应该应用于非 PHS 资助项目中的动物。这避免出现一组动物（NIH 资助）比另一组动物（非 NIH 资助）得到更好治疗的现象。其次，一些机构选择在其 PHS 保证书内涵盖所有动物活动，而不管资金来源如何，是由于对所有动物活动使用一套标准更容易。许多机构认为这是一种更有效的安排，可以更好地促进委员会履行义务和组织活动，并且这种理念仍然深深植根于许多动物饲养管理和使用项目的基金会中，因此许多机构仍然在其 PHS 保证书内涵盖所有动物使用活动。

IACUC 管理员在以往的 BP 会议上指出，一些机构制定的保证仅涵盖 PHS 资助的活动，特别是当这些机构的项目已经获得了 AAALAC 认证时。此外，BP 会议与会者还一致认为，无论其机构的保证书是否仅涵盖 PHS 资助的项目，都不会影响业务的开展方式。换句话说，无论资金来源如何，在一个机构的程序下发生的动物福利事件或违规活动都将受到相同级别的审查和监督。它们的主要区别在于：针对非 PHS 资助活动，OLAW 定义的以及与特定非联邦资助活动相关的可报告事件和违规行为不需要向 OLAW 报告，除非它们具有功能性或程序性，或者对 PHS 资助的动物有影响。

这一概念很重要，因为根据联邦《信息自由法》（Freedom of Information Act，FOIA），任何人都可以向联邦政府（如 OLAW）提交报告。

为了进一步扩展提交给联邦政府的文件的可获得性，请考虑以下情况：如果发生重大违规或其他可报告事件，OLAW 要求立即报告，该报告可以通过电话或电子邮件发送。"IACUC 应通过 IO 及时向 OLAW 提供有关违规、严重偏差和暂停的情况以及所采取行动的完整解释。"因此，机构应编制一份总结相关问题的最终书面报告，并通过 IO 提交给 OLAW。

该报告应包括机构的动物福利保证书编号、相关的项目或基金编号、事件可能对 PHS 支持的活动或项目产生的潜在影响的描述、事件的完整解释（即事件发生的地点和时间、涉及的物种、涉及的动物数量、机构立即采取的纠正措施、防止再次发生的项目变更以及长期纠正计划）。准备报告的详细程序可在 OLAW 网站上的"OLAW 即时报告指南，NIH 指南通知 NOT-OD-05-034"中查看。报告准备好后将提交给 OLAW，并成为联邦机构保存的文件，可通过 FOIA 查阅。

BP 会议与会者指出，一旦该文件在 OLAW 存档，个人就可以通过 FOIA 提出要求。如果需要获取报告副本，个人必须向政府机构提交正式请求。FOIA 对联邦资金相关的文件的访问，导致部分机构在其保证书下仅涵盖 PHS 资助的活动。遵循这种做法可确保只有与联邦政府所支持活动相关的报告才会提交给政府机构。

一旦机构决定其保证书将涵盖仅 PHS 支持的活动还是所有活动，IACUC 管理员或机构指定人员（如 IACUC 主席、AV、IO）完成保证书模板（为方便起见，在 OLAW 网站上提供给机构使用）的填写，并将其提交给 OLAW。OLAW 提供的保证书模板用于收集与机构的动物饲养管理和使用项目相关的详细信息。例如，模板文件的第 III D 部分要求机构描述 IACUC 的活动。在许多情况下，机构都有描述其运行的书面政策和 SOP。机构可能有用于半年度项目审查的 SOP。它可以提供确定分委会和分委会会议讨论其指定部分的方法，分委会在 IACUC 完整会议期间向委员会提交的报告以及批准分委会指定项目部分的方法。因此，IACUC 管理员或指定人员可能会发现，将信息直接从机构的 SOP 和最佳实践文件复制到保证书中最有效。

当 IACUC 管理员将所有相关信息添加到保证书中后，他（她）会将该机构列为第 1 类或第 2 类机构。第 1 类机构是其整个项目均获得 AAALAC 认证的机构，第 2 类机构要么未获得 AAALAC 认证，要么仅部分获得认证。未完全认证的机构必须提供其最近的半年度报告和项目审查复印件作为其保证书的附录，已认证的机构无此附加要求。文件准备完成后，机构将保证书提交给 OLAW 进行审查。

为确保机构的项目符合 PHS 政策的要求，保证书（即书面的项目描述）会由 OLAW 经验丰富的保证官进行审查和批准。被称为"协商保证书"的审查和批准过程是由机构和保证官共同协作努力完成的。协商过程可能涉及机构和保证官之间的口头或书面沟通，以阐明保证书中描述的不明确之处。例如，保证官可能会要求对机构指定委员审查流程进行更全面的解释。一旦机构和保证官协商后认定保证书准确地描述了机构的项目并符合 PHS 政策，则 OLAW 会批准这份保证书。该机构将会收到 OLAW 的正式通知，即该保证书已被批准，有效期为 4 年。4 年是保证书的最长有效期限，在某些情况下，保证书的有效期可能会更短。

4 年后，OLAW 会要求机构重新协商他们的保证书。此过程需要机构审查和更新其保证书，并提交给 OLAW 以协商保证书有效期延长。

机构间保证书

来自没有动物饲养管理和使用项目的研究机构的科学家可以获得 PHS 资助以支持动物相关活动。由于资金只能授予有保证书的机构，因此这部分科学家必须在保证书包括的范围内。当校外研究办公室的项目管理者通知科学家获得该资助时，获奖科学家必须说明情况。例如，主要被授权人可能会解释，他（她）的动物活动将在一个有动物福利保证书的合作机构中进行。

这种情况将要求主要被授权人的机构与合作的受保证机构建立机构间保证书。机构间保证书是项目特定的（即必须为每个基金和资助项目按编号提供机构间保证书），并且获得机构间保证书的流程从主要被授权人开始。在这种情况下，主要被授权人可以选择与多个机构建立机构间保证书。例如，主要被授权人可以通过建立一个机构间保证书，在 GEU 进行小鼠的研究，而在 GWU 进行猪的研究。

校外研究办公室的项目管理者通知来自无保证书机构的科学家，他（她）已获得如 NIH 的资助，并且 PI 表明打算在合作的获保证书机构进行动物活动。项目管理者应联系 OLAW，并要求 OLAW 就主要被授权人和项目内所有执行地点的保证书进行协商。OLAW 则联系主要被授权人，并提供机构间保证书范本的链接以供完成。主要被授权人完成需要他（她）填写的部分，并将其复制到机构的信笺抬头。完成后，主要被授权人将机构间保证书转发给有保证书机构的合作者。

机构间保证书由有保证书机构的代表（如 IACUC 管理员）通过提供所需信息（如机构名称、联系信息、保证书编号等）来填写表格，然后必须由有保证书机构的代表签署。它必须由 IO 和 IACUC 主席或 IACUC 管理员签署，以确认涵盖授权活动的方案已经通过 IACUC 审查和批准。该表格完成后，会返回给主要被授权人，由主要被授权人返回给 OLAW 以供审查和批准。一旦 OLAW 批准了机构间保证书，资金即可分配给主要被授权人所在的机构。

当机构间保证书被协商和批准后，主要被授权人所在机构必须遵守合作机构的保证书。此外，有保证书的机构同意监督由机构间保证书涵盖的机构收到的特定 PHS 资金（每个机构间保证书都是特定项目资助）支持的动物活动。这种监督包括确保动物活动得到 IACUC 的审查和批准，研究中的动物接受兽医护理，以及与项目相关的任何必要报告。此外，任何与项目相关的违规行为都必须由维护保证书的机构处理、报告和监督。

执行地点

在某些情况下，来自有保证书机构的科学家可能希望与来自无保证书机构的科学家合作，因而无保证书的机构可能会成为有保证书机构的执行地点。

考虑以下场景：有保证书的 GEU 的一位科学家想在他合作的无保证书机构大中心大学 （GCU）进行动物活动。在这种情况下，PHS 资金已授予 GEU（即有保证书的机构）。作为合作的一部分，PHS 资金需要转移到 GCU，以资助 PHS 支持的动物活动。由于资金不能转移到无保证书机构，因此 GEU 的主要被授权人（如 IACUC 管理员）应联系 OLAW 鉴证官将 GCU 列为 GEU 的执行地点。由于在项目中添加执行地点需要获得拨款项目管理人员的批准，因此 GEU 可以联系拨款管理部门，以请求获得在 GCU 开展动物活动的批准。一旦获得批准，OLAW 可以将需要涵盖的部分添加到 GEU 保证书中。

在联系 OLAW 时，GEU 的 IACUC 管理员要确定预期的执行地点和其他相关信息（如将要进行的活动、项目编号以及鉴证官要求的任何其他信息）。无保证书机构若要成为有保证书机构的执行地点，必须遵循有保证书机构的动物福利保证书进行操作。一旦此过程完成，并且 OLAW 批准添加执行地点，则有保证书机构可以在无保证书机构的 GCU 进行 PHS 支持的动物活动。

合作和合同

通过 PHS 机构资助研究时的合作

PHS 政策[V(B)，第 19 页]规定，获得资金的机构及任何合作机构（PHS 资助的动物研究活动发生地）必须在 OLAW 有存档批准的 PHS 保证书，并且在建立合作时应采取某些预防措施。此外，在获得 PHS 对动物活动的支持之前，机构必须提供 IACUC 批准的动物活动证明。因此，《实验动物饲养管理和使用指南》（以下简称《指南》）指出，合作机构应在开始合作研究之前建立 MOU，以消除歧义。MOU 为主要被授权人提供了一个确保合作方满足项目与 PHS 政策的条款和条件的渠道。例如，MOU 将允许主要被授权人验证合作者是否拥有 OLAW 批准的动物福利保证书。同时，它将记录哪个机构的 IACUC 在必要时向 OLAW 申请批准、监督和报告（如重大违规行为）。

OLAW 不要求动物活动必须获得多个 IACUC 的批准。因此，建立 MOU 的机构必须决定哪个机构的 IACUC 将监督动物活动。大多数 BP 会议与会者都表示，开展动物活动的机构的 IACUC 对动物活动进行了监督。部分与会者建议，这种最佳实践是最实用的，可以进行更有效和更全面的监督。然而并非所有 BP 与会者都同意。

机构在动物研究活动上进行合作，任何时候都应该有 MOU，特别是当合作涉及 PHS 资金时，它们就显得尤为重要。其中，主要被授权人最终负责确保 PHS 资金的使用符合 PHS 政策与资助项目的条款和条件。因此，当与其他机构合作时，主要被授权人必须签署 MOU。

MOU 可以非常简单，至少需要确定合作机构、所涵盖的具体研究、对 IACUC 批准和监督的认可以及汇报要求，并提供授权代表该机构承诺的个人签名。由于主要被授权人最终对动物活动负责，可能还需要建立方法确保向主要被授权人提供与项目有关的相关信息复印件（如审查后监督报告、检查结果和 IO 报告）。

除了建立 MOU，主要被授权人必须确保 IACUC 已经审查并批准了项目中列出的所有动物相关程序。一旦签署了 MOU，可以通过以下两种方式来完成此任务。

（1）第一种选择是让主要被授权人对自己的项目进行 IACUC 审查，即使该动物活动不在他所在的地点进行。此过程允许主要被授权人对项目方案一致性进行审查并批准项目中的所有动物活动。

（2）第二种选择被许多 BP 会议参会者使用。在他们的机构中，他们要求合作机构提交一份经过批准的 IACUC 方案的复印件作为 MOU 的附件。这个过程允许主要被授权人在资助项目和合作者的 IACUC 批准的实验方案（即批准的动物活动）之间进行一致性比较，以确保项目中描述的动物活动已经过合作者的 IACUC 审查和批准。

AAALAC 国际认证与合作

当获得 AAALAC 认证的机构与其他机构合作时，获得认证的机构需要考虑两点内容。正如《指南》中所建议的，应建立 MOU 来界定两个机构的责任。

第一点可以在 MOU 中解决。作为认证过程的一部分，AAALAC 确保认证机构所有动物的维持和使用按照 PHS 政策、《动物福利法》规定和其他 AAALAC 接受的标准（如《研究和教学中农用动物饲养管理和使用指南》）。出于认证访问的目的，AAALAC 在评估过程中必须知道拥有这些动物的机构以及它们的饲养位置。因此，当获得认证的机构与另一个机构合作时，MOU 应明确说明谁拥有动物、谁报告不良事件以及谁对动物活动进行监督。AAALAC 鼓励合作机构签订一份简洁且具有约束力的协议，明确界定哪个机构提供 IACUC 监督。

获得认证的机构要考虑的第二种情况是与未经 AAALAC 认证的机构合作的后果。有时，认证可能不再继续，或者机构可能会被暂停认证状态。因此，确定机构认证状态的一种方法是将其记录为 MOU 的一部分。如果认证状态发生变化，MOU 可能需要通知合作者。

当 AAALAC 认证机构保留在非认证机构中用于研究的动物的所有权时，认证机构必须覆盖非认证机构的动物饲养设施，将其作为其自身认证的一部分。例如，如果获得认证的机构计划使用其拥有的一种特殊品种的兔在未经认证的设施中生产抗体，那么获得认证的机构必须在其动物饲养管理和使用项目描述中包含抗体生产的兔饲养设施。同时，获得认证的机构的 IACUC 必须至少每半年检查一次抗体生产的兔饲养设施。此外，获得认证的机构的 IACUC 需要像对待自己的设施那样，为生产商的饲养设施提供监督并要求其纠正缺陷。而 AAALAC 会将兔饲养区域视为附属设施，并将在认证审查期间访问场外兔饲养区。如果获得认证的机构决定不认证附属设施，则附属设施不需要经过 AAALAC 审查。因此，AAALAC 认证的机构可能会考虑在 MOU 中添加一个问题，以确认合作机构是 AAALAC 认证的。

美国农业部与合作

尽管 AWAR 不要求合作者建立 MOU，但 USDA 强调了在研究开始之前确定哪个机构的 IACUC 将监督该项目的重要性。此外，USDA 明确了仅需要一个机构在其 USDA 年度报告中汇报动物使用情况的要求。一般来说，汇报机构为饲养动物和提供 IACUC 监督的机构。

国际合作

USDA 不监督国际研究。但是，如果国内机构与国际机构合作，则适用相同的 AAALAC 认证规则。换句话说，只要两个机构都获得认证，它们就满足认证规则。如果国际机构未获得认证，但国内机构获得认证且保留动物所有权，则国内机构必须在其动物饲养管理和使用项目中涵盖未经认证的机构。

（刘苗苗　常　在译；徐　平校；李根平审）

第二十章　信息自由法、阳光法和保密信息

场　　景

GEU 的 IACUC 主席收到一封来自特殊利益团体的信函，要求提供该机构 IACUC 过去三年的会议纪要以及纪要中列举的每项动物研究方案的复印件。该通知直接通过挂号信发送给了 IO，并表明该请求是根据 FOIA 提出的。信中指出，由于 GEU 使用联邦资金进行研究，他们须遵从该要求。来信者还表示，GEU 有 10 个工作日的答复时间。

IO 将该信函发送给了 IACUC 管理部门进行处理，IACUC 管理员告知 IO，他将回复该信件，并解释 GEU 之前已收到了一封此类信件，已转发给学校法律顾问以寻求指导。学校律师建议，FOIA 的要求仅适用于联邦机构，而 GEU 不是联邦政府机构，因此不需要遵守该要求。GEU 律师还提供了以下备忘录，并告知 IACUC 管理员对该备忘录稍作修改后（如日期），可用于回应基于 FOIA 所提出的所有请求。

作为 GEU 的总法律顾问，我们写信回复您＿〈职位/日期〉的信函，您在信中要求根据《信息自由法》（FOIA）的规定提供某些文件。我们友好地提示您，GEU 不受联邦 FOIA 约束。由于您所要求的资料包括了通常不会向一般公众提供的私有信息，因此您所要求的资料我们无法公开。如有任何进一步的询问或意见请直接向我提出。感谢您在这件事上的合作。

大东方大学总法律顾问，佩里·梅森

信息自由法

FOIA 是由联邦法院强制执行的联邦法律，仅适用于联邦机构。非政府机构不需要遵守联邦《信息自由法》。由于涉及动物研究，与政府机构紧密关联的 OLAW、USDA、国防部（Department of Defense，DOD）和退役军人事务部（Department of Veterans Affairs，VA）必须遵守联邦 FOIA。由于 AAALAC 是一个非政府机构，因此不受联邦 FOIA 约束。

"美国法典 5，《FOIA》第 552 章规定个人有权查阅由联邦政府控制的所有记录。"如果某个机构或个人要求查阅联邦政府某些具体的记录，联邦政府可要求

相关机构公布这些记录。FOIA 规定请求人必须以书面形式（电子邮件）向相关政府机构提出申请，并具体指明所申请的文件，但必须支付与准备这些文件相关的费用，包括人工费和复印费。被请求机构要求在 20 个工作日内予以回复，代理机构可以在 20 个工作日的基础上再延长 10 个工作日，但必须以书面形式告知请求者。

提供给 OLAW 或 USDA 的动物保护计划文件一定要根据 FOIA 的要求进行提交，如动物福利保障、不合规报告和年度报告。除非适用于 FOIA 豁免或排除的条款，否则政府机构必须提供完整的记录。

美国农业部采用信息自由法电子方式（E-FOIA）将被要求的文件发布在美国农业部网站上，以便相关方可以访问这些文件。

在某些情况下，可以拒绝 FOIA 的请求。一般情况下，联邦机构在收到 FOIA 请求后会联系提供 FOIA 请求文件的机构，并确定该机构是否能够确定对档案中的任何或所有材料进行修订的原因。BP 会议与会者一致认为，FOIA 的澄清要求应提交给该机构的法律顾问并进行评估。如果所要求的资料属于以下 9 种特定豁免情况之一，则可以拒绝提供，豁免信息包括以下几种。

（1）国家安全信息。

（2）其他法律豁免的信息。

（3）商业机密信息。

（4）个人隐私。

（5）执法记录。

（6）金融机构。

（7）地理信息。

（8）内部人事制度。

（9）需审议或诉讼的机构间或机构内信息。

一般来说，大多数动物方案和动物饲养管理文件不属于任何豁免类别，但被选定文件中如果涉及特定信息也可以申请豁免，从提供的文件中屏蔽掉或删除这些信息。有关个人的实验方案信息可作为受保护的私人信息豁免，研究人员或实验室独有的特定技术或方案可作为商业机密信息豁免。然而，方案很少会包含豁免类别可能涵盖的其他叙述性信息。BP 会议与会者认为，机构应仔细考虑向联邦机构提供哪些文件。法律要求的所有文件都必须提供，但是联邦文件中的附加文件或扩展叙述可能不符合机构的最佳利益。

对 FOIA 请求的回应

在某些情况下，FOIA 要求提供的信息可能符合机构的最佳利益。例如，个人可以根据 FOIA，要求某一机构提供其涉及非人灵长类动物的所有方案的复印件。

机构可以这样回复："在 GEU，我们没有涉及非人灵长类动物的动物饲养和使用活动。"不予以回应可能意味着该机构不透明或试图隐瞒某些事情。如果机构决定作出回应并能证明合规，那么就要给予回复，并可在回应 FOIA 要求时使用下列声明："我们的机构不是政府机构，因此不受 FOIA 约束；但出于礼貌，我们正在提供所要求的信息。"

州 阳 光 法

州属机构受州法律的约束：一些州有被称为"阳光法"的公共准入法。如果是根据州法规要求提供的信息，可以咨询该机构的律师。根据阳光法，可以要求提交会议记录，所以不建议在会议记录中包含姓名、方案标题、地址或其他透露以及识别个人身份的信息。在某一州的私人经营机构通常不受州阳光法的约束；有关州和地方法规的具体细节，可以咨询该机构的法律顾问。

机构信息获取准入

IACUC 管理员和办公室工作人员会接触到有关研究模型、项目和活动的大量重要机密信息，BP 会议与会者强烈建议制定信息管理政策。信息管理政策应考虑纳入以下内容：①IACUC 办公室工作人员只能向 PI 或项目参与成员、IO、PI 的部门负责人以及监管和认证官员提供方案或方案信息；②PI 可以与他（她）指定的任何人共享信息；③媒体或动物权利组织的信息请求必须经过总法律顾问、公共关系办公室和 IO 的审查。

在许多情况下，校内有些人员需要特定的方案信息作为他们的日常职责（如项目或基金员工、兽医、兽医技术人员等）。在向他们提供信息或在他们接触受保护的信息之前，这些人应收到一份安全简报并签署保密协议，以保护他们从 IACUC 行政办公室获得的所有信息。

（周智君 译；郑志红 校；李根平 审）

第二十一章　国防部和退役军人事务部法规差异

场　　景

GEU 的史密斯博士收到了退役军人事务部（Department of Veterans Affairs，VA）医学中心的额外工作。出于如下几种考虑，她打算在那里开展动物研究工作：一是那里有充足的房源，二是日常开销少，三是美国农业部也不会到 VA 的地盘来检查。为了开展她的研究工作，史密斯博士申请并获得了 NIH 的基金资助。她提议开展豚鼠活体手术作为研究的一部分。史密斯博士已编制并向 VA 的 IACUC 递交了实验方案，以供他们审批。GEU 与 VA 已签订谅解备忘录，其中写明：当使用 PHS 的资金（如 NIH）支持 VA 开展的动物研究活动时，GEU 将是主接受者（即受资助方），资金将二次分配至 VA，以支持在 VA 开展的研究活动。

史密斯博士准备并向 VA 的实验动物管理与使用委员会提交了实验方案，但被告知 GEU 的 IACUC 必须先审查并批准该方案，然后才能被 VA 的 IACUC 审批。由于史密斯博士不太熟悉 VA 的工作系统，因此对该流程感到沮丧。不过她仍然相信：在 VA 开展研究将为她提供在 GEU 无法获得的福利。因此，她向 VA 的 IACUC 管理员寻求建议，管理员帮助指导她理解并通过 VA 的 IACUC 审批流程。

法规和指导文件

（1）退役军人事务部医学中心与任何其他机构一样，也受到联邦法规（AWAR、PHS 政策和《实验动物饲养管理和使用指南》）的约束。此外，VA 的动物饲养管理与使用部门已采纳并实施《VA 手册》1200.7（科研用动物的使用），其中规定了对动物饲养和使用的管理与监督。总体而言，该《VA 手册》与其他的监管指南相类似，但执行了在 VA 设施开展动物研究活动时必须适用的附加要求。VA 系统内有一个有趣的转折，即 VA 的动物饲养管理与使用项目必须通过国际实验动物饲养管理评估与认证协会（AAALAC）的认证。

（2）国防部（Department of Defense，DOD）：在 DOD 内、外部的动物饲养管理与使用项目均受到 USDA 法规和 PHS 政策（如果提供保证的话）的约束。

（3）DOD 机构也拥有与《VA 手册》1200.7 类似的自身监管文件。其中的核心文件是 DOD 第 3216.01 号指令（《DOD 项目中实验动物的使用》）。这是一份"超级业务文件"，意味着它源自五角大楼，适用于由陆军、海军、空军或海军陆战队等开展的研究。DOD 第 3216.01 号指令中设置了使用动物的总体范围，定义了

IACUC 成员资格、培训和适用性。

（4）动物饲养管理与使用项目的二级文件标题为《DOD 项目中实验动物的饲养管理与使用》。该文件也是业务级文件，根据当前用户的服务部门设定不同的代号——如 AR 40-33（陆军）、AFMAN 40-401（空军）、SECNAVINST 3900.38C（海军）、DARPAINST 18（DARPA，国防高级研究项目局）和 USUHSINST 3203（美国军医大学）。

（5）DOD 第 3216.01 号指令还可称为"执行文件"，其中提供了 DOD 动物饲养管理与使用活动的架构和操作方面的更多细节。每个机构或设施都可另行发布实施细则，只要这些机构不偏离 DOD 第 3216.01 号指令或《DOD 项目中实验动物的饲养管理与使用》中的总体规范。

联邦资金和 PHS 保证书

虽然 VA 或 DOD 的研究人员都可申请 PHS 基金，但联邦政府禁止在联邦机构间转移资金。故此，资金不能从 NIH 直接转移到 VA 或 DOD 的设施。因此，接收政府资金时联邦机构需要与将作为资金主接受者的民间机构建立联系。

在 VA 机构内，《VA 手册》1200.7 中规定：所有 VA 的研究，必须按照机构 PHS 保证书中的描述进行。因此，VA 必须具有 PHS 动物福利保证书或者与其相关联。VA 可以具有自身的 PHS 保证，也可以被确定为民间机构保证的站点。如果 VA 决定提供自身的 PHS 保证书，则中心主任应担任 IO。如果 VA 是确认的民间机构保证的站点，则附属机构的 IO 应担任两个项目的 IO。DOD 提供 PHS 保证书的要求和规定，与民间机构的要求一致。

USDA 的监督

有时，VA 或 DOD 的研究活动可能涉及 USDA 管辖的动物。在 VA 或 DOD 设施内，USDA 的监督活动主要取决于在机构的自我执行（如《VA 手册》1200.7 或 DOD 机构的决策）。由于政府的立场不允许一个联邦机构检查另一个联邦机构；因此，根据联邦法律 USDA 并不能检查 VA 或 DOD 的设施。但是，VA 与 DOD 的要求以及研究机构自身的规定要求，其所开展的动物研究活动必须完全符合 AWA 和 AWAR。尽管联邦法律并不要求这两个机构向 USDA 提交年度报告，但由于机构的政策规定，两个机构都选择提交。就 VA 而言，USDA 检查员（兽医官员）按照《VA 手册》1200.7 的授权检查其设施。DOD 的监管文件中，并没有 USDA 的代表检查其设施的条款。与民间机构不同，VA 和 DOD 的设施均需提供相关的信息，并作为国会年度工作总结报告的一部分。所有的联邦行动均需提供动物使用报告，并详细说明所使用的动物数量、动物所遭受的疼痛或不适的类别、替代性研究策略以及每项活动使用动物的可能价值。

术语和定义

每个机构都有一些特定的术语及其职责。VA 使用一些非常独特的术语，而 DOD 的许多术语与民间机构所用的术语相同。IACUC 管理员可能要特别注意的术语包括以下几个。

首席执行官（chief executive officer，CEO）　定义为机构内最高级别的管理员。

常务副主任（associate chief of staff，ACOS）　在 VA 内部，ACOS 是履行日常职能的高级管理人员，也是研究机构 IO 的官方代表。ACOS 无权在必要时投入资源以解决动物饲养管理与使用项目中的任何问题，因此不能担任 IO。

兽医部门（veterinary medical unit，VMU）　在 VA 内部，VMU 包括动物饲养和管理人员。

兽医官（veterinary medical officer，VMO）　在 VA 内部，VMO 是获得 VA 任命的兽医，也是实验动物医学专家。注：VMO 和 USDA 检查员所使用的术语一致。

兽医顾问（veterinary medical consultant，VMC）　在 VA 内部，VMC 是 VA 签署了任命合同的兽医，是实验动物医学专家。

首席兽医官（chief veterinary medical officer，CVMO）　在 VA 内部，首席兽医官是体制内的高级别兽医官。

上校　在 DOD 体制内，上校是高级管理层的成员，通常等同于民间机构的系主任或教授。监管官员通常是上校或高级中校。担任上校的人，通常在动物饲养管理与使用方面拥有 15~20 年或更长时间的经验。

中校　在 DOD 体制内，中校也是高级管理层的成员，通常相当于民用机构的系副主任或副教授。大多数动物饲养管理与使用项目的管理人员都是中校，平均服役 15 年。

少校　在 DOD 体制内，少校是中层管理人员，通常相当于部门负责人，类似于民间机构的助理教授。

上尉　在 DOD 体制内，上尉也是中层管理人员，通常相当于诊所经理或部门经理，类似于民间机构的教员。大多数上尉有 5~8 年的军事经验，可能没有动物研究的专业经验。

中尉/少尉　在 DOD 体制内，中尉和少尉是 DOD 体系内的初级成员，通常等同于部门经理，与民间机构的教员的地位相似。

部 门 架 构

DOD 设有特定服务的监督管理机构，通常称为临床研究监管办公室（Clinical Investigation Regulatory Office，CIRO）。这些部门由 DOD 高级成员领导，并负责监督内部（通常是医疗中心）的动物使用。

动物饲养管理与使用监管办公室（Animal Care and Use Regulatory Office，ACURO）将对灵长类动物和犬的使用情况进行审查，并提供更高的总部批准，这些动物是 DOD 监管框架内的受保护物种。ACURO 还审查所有动物品种的潜在的可能给动物带来痛苦的实验活动，并支持对 DOD 研究活动监管进行改革。此外，ACURO 还要对使用 DOD 资金进行动物研究活动的机构进行审查。

DOD 建立和开发一整套系统的流程与方法。联合技术工作组（Joint Technical Working Group，JTWG）包括所有军种和 DOD 机构的代表。JTWG 每季度召开一次会议，以推荐政策和协调指导。

虽然大多数机构将动物监督部门称为 IACUC，但 DOD 偶尔使用术语 LACUC（Laboratory Animal Care and Use Committee，实验动物饲养管理与使用委员会）。尽管 DOD 内的某些机构的实验活动中继续将监督部门称为 LACUC，但其他机构已转用更为通用的称谓 IACUC。

美国海军医学和外科管理局（Department of the Navy Bureau of Medicine and Surgery，BUMED）为海军的研究活动提供审查、高级别的分类批准和流程开发。

美国空军外科医生办公室（Air Force Office of the Surgeon General，AFOSG）为空军的研究活动提供审查、高级别的分类批准和流程开发。

DOD 和 VA 培训

虽然所有动物使用机构都会提供必要的、各种不同类型的动物使用者培训，但 VA 和 DOD 的培训比绝大多数民间机构更加规范。例如，在 VA 机构内，同样的强制性培训适用于 VA 所属的所有单位。在 IACUC 的监督下，VA 的每个医疗中心确保所有参与动物研究的人员都必须接受培训，以便更好地、人道地履行动物实验的相关职责。这些人员包括 IACUC 成员、兽医、兽医技术人员、饲养人员、研究技术人员、研究人员以及对实验动物实施实验或操作的所有其他人员。例如，利用实验动物开展研究工作的科技人员必须完成各个模块的培训，并成功通过"与 VA 的 IACUC 一起工作"模块的考试。此外，VA 的研究人员必须为他们计划使用的每个动物物种完成一个基于该物种的网络课程。虽然不是必要条件，但 VA 体制承认 AALAS 的认证价值，并在《VA 手册》1200.7 中规定了 AALAS 认证的意义。

IACUC 成员也需要接受培训。所有成员必须完成培训，并顺利通过涵盖"IACUC 成员基本要求"知识的考试。

　　VA 要求每年对 IACUC 成员和相关的研究人员进行培训，采用网络培训与考试方式以保证符合联邦政府和自身的培训要求。当受训人员顺利通过考试时，则被视为达到了网络培训的教育目的。VA 要求所有考试都应有足够的难度，以保证重要的概念已经被掌握。

　　在 DOD 系统内，其培训通常与民间机构相一致。DOD 要求 IACUC 成员接受 4h 的实验方案审查培训，内容涵盖监管要求和动物使用技术。另外，每位成员都需接受至少 4h 的人道关怀与善待实验动物方面的附加培训。非机构成员需额外接受 8h 的培训，以帮助其拓展重要问题的知识面，来审查 DOD 系统内工作。培训要求针对全体成员，通常通过 AALAS "学习型图书馆" 开展培训。

半年检查流程

半年检查流程与民间机构的审查过程非常相似，但也有些特殊的方面。

VA

　　VA 制定和使用了多个独特表格，以指导半年检查过程的实施与记录。VA 在进行项目审查和设施检查时使用 VA 的 IACUC 项目和设施自我评估表（VA 表格 1）。该文件指导 IACUC 逐项完成每个流程，并记录已开展完全彻底审查这一事实。VA 还允许使用 OLAW 半年度项目和设施审查清单或类似表单，前提是该表格包含 VA 表格 1 中的全部要素。在评估项目的缺陷项时，VA 则使用表格 2（项目和设施的缺陷项列表）。该表格可确保 IACUC 在针对每个缺陷应用纠正措施计划和时间表时保持一致。此外，表格 2 还用于记录讨论缺陷和委员会为解决问题而采取的行动。当项目审查和设施检查完成后，IACUC 还要准备提交给 IO 的报告。VA 使用 VA 表格 3（审查后文件）记录与 IO 的讨论会及会议的决议。在本次会议期间，确定了所有需要注意的问题。

DOD

　　与 VA 类似，DOD 采用专门制定的表格来记录设施检查和项目审查情况，即设施检查和项目审查（表）（facility inspection and program review，FIPR）。这个 DOD 专用的核查清单在很大程度上以 OLAW 核查清单为基础，但包含针对 DOD 的条目和问题。FIPR 的管理和审查结果与民间机构相同。

IACUC 会议纪要

VA

　　在 VA 架构中，IACUC 被确定为本机构研发委员会的分委会，同时 IACUC

仍保留与民间 IACUC 同样至关重要的支配权。VA 体系中拥有专有的大纲，并要求将其纳入 IACUC 会议纪要中。《VA 手册》1200.7 中规定，IACUC 必须在会议后 3 周内编制并公布会议纪要，不得使用缩写，对后续页面必须编号。IACUC 管理员采用以下格式编写会议纪要。

应在会议纪要封面页分行单独列出相关信息，应使用粗体、大号字体。首页应包含设施名称和设施编号、正式地址、委员会正式名称与会议日期。应列出所有出席的、缺席的投票委员的名单。另外，还增加了一份无表决权的成员名单。每个成员任命的角色职能是成员名单的一部分，该职能决定了 IACUC 组成是否适当、能否正常开展业务。只有当成员以特定职能（如机构的兽医）正式加入委员会时，"离职"一词才适用。会议纪要须记录并注明出席会议是否到达法定人数，法定人数定义为有表决权成员的多数（超过 50%）。

会议纪要分为三个部分：回顾以前的会议纪要、之前开展的业务以及即将开拓的新业务。此外，在每次会议上，IACUC 都会对半年检查"缺陷纠正时间表"进行审查，并记录在会议纪要中。会议纪要用于监控完成设施检查和审查中发现的缺陷纠正的进度。

在随后的会议纪要内，所有的业务项目均保留在之前的业务条目下，直到其被 IACUC 最终批准、该项目不被 IACUC 批准或经考虑后项目被研究者撤回。会议纪要中应明确说明每个项目的最终审查处理结果。

对于正在审查中的每个项目，要把项目负责人的姓名、项目的全称列入会议纪要。而对于每个新项目，委员会投票的意向（即批准、修改后批准、延期批准、不批准）以及确切的票数（即对提议的赞成票数、反对票数和弃权票数）都应记入会议纪要中。

一旦 IACUC 会议纪要在后续会议上获得批准，IACUC 主席将签字并注明日期。《VA 手册》1200.7 中规定，一旦 IACUC 主席签署了 IACUC 会议纪要，当地官员均不得对其更改。《VA 手册》1200.7 中还规定，研发委员会须在下次会议上审查（而非批准）已签署的会议纪要副本，将其作为一项任务。

DOD

对于 DOD 而言，其常采用当地格式的会议纪要，这种格式类似于大多数民间学术机构的格式。DOD 会议纪要不需要特别的引证或信息，其内容也与民间机构会议纪要的内容相一致。

实 验 方 案

DOD 和 VA 都有自己专用的实验方案格式。

VA

VA 的实验方案表格称为研究方案的动物部分（表格）（animal component of research protocol，ACORP）。当研究项目涉及直接由 VA 资助的动物研究时，必须使用 ACORP。但是，VA 的 IACUC 也可以审查来自民间机构的其他类型资金（如 PHS 资金）资助的实验方案。对于非 VA 表格的实验方案，VA 可能需要民间机构另加补充性附件，以确保所有 VA 相关的问题都得到充分解决。对于已获得民间机构批准的实验方案，VA 可根据具体情况确定是否要求其 IACUC 进行审查和批准。反过来讲，作为将在 VA 开展动物研究活动的主要受资助方的民间机构，也可以决定是否接受 VA 的 IACUC 审查和批准。在任何一种情况下，为避免批准延迟，最好的做法就是：首先由主要受资助方的机构批准实验方案，然后再将其提交至 VA 并被其接受，或者由 VA 的 IACUC 另行审查与批准。在两个机构间协商签订谅解备忘录通常大有裨益，以确保双方承认对方的权利和义务，同时保护各自的风险和资金。

DOD

DOD 的所有机构都采用通用的实验方案模板。每个机构都可针对具体问题或指导程序而另加补充页，但实验方案的核心必须与 DOD 的模板保持一致。DOD 的模板大体上与大多数民间机构的实验方案表格相一致，但是，也确实包含"请解释军事相关性"之类的具体问题。按照 DOD 的政策要求，DOD 的每个 IACUC 都需要制定一项关于动物的长时间保定、饮食限制、多次存活手术、灵长类动物的环境丰容度以及犬类动物锻炼等方面的政策。

由于 DOD 实验方案受到《信息自由法》的约束，其通常简明扼要，仅包含 IACUC 进行全面审查所需的最少信息。DOD 的实验方案需考虑研究的 4R 原则，而非普遍认可的替代、减少和优化的 3R 原则（第 4 个 R 是责任）。DOD 实验方案的写作用语需浅显易懂，受过高中教育者就可理解。DOD 实验方案的非技术性纲要和研究目的需纳入 DOD 向国会提交的年度报告中（也可称为"单位工作总结"）。DOD 的文献检索至少需要检索三个数据库。其中的一个数据库必须能涵盖联邦资助项目的数据库，如联邦在研项目数据库（federal research in progress，FEDRIP）。

VA 和 DOD 研究项目的独特之处

VA

《VA 手册》1200.7 中要求，VA 的动物饲养管理和使用项目需监督饲养于 VA 设施内的所有动物，无论其所有权如何，无论这些动物是否由 VA 的资金购买，也无论设施的地理位置如何。此外,《VA 手册》1200.7 中还要求,VA 的 IACUC 监督 VA 所拥有的动物,与动物饲养位置无关。许多民间机构可能会受到这些要求的影响,因为在当地非 VA 研究机构也经常使用 VA 的动物。在这种情况下,对于饲养 VA 动物的研究机构,VA 的 IACUC 必须审查其半年检查计划和设施检查报告。此外,VA 的 IACUC 可能希望自行开展评估,以确定饲养 VA 的动物的研究机构与 VA 的标准相一致。备注:除非得到首席研发官(chief research and development officer,CRADO)的豁免,由 VA 或 VA 基金会的资金购买的动物,不得饲养于未经 AAALAC 认证的设施内。

动物一旦被交付到机构中,VA 即认为该动物"被使用"在已获批准的实验方案中。在特定情况下,VA 就可允许将多余的动物作为宠物领养;而对于每个拟议的动物使用方案,则至少需要两名审查员审核。

VA 的 IACUC 要成立一个独立自主的委员会,必须包括至少 5 名成员。委员会必须包括主席、主治兽医、科学家、非机构成员和非科学成员(通常是设施经理)。退伍军人志愿者或由 VA 管理的人员不能被视为非机构成员或非科学成员。非机构成员和非科学成员也不应是同一人。

一位未经实验动物培训也没有工作经验的当地兽医可以补充但不能代替退役军人事务部的 VMO/VMC。当地兽医必须在 VMO/VMC 制定的规范的兽医护理计划范围内履行职责,且须得到 CRADO 的批准。VA 兽医聘用或签约为 VA 基金会雇员,既可通过附属民间机构招聘,也可通过成为 VA 的兼职人员。

VA 中心办公室要求 VA 所属机构采用附属兽医学审查项目(secondary veterinary medical review program,SVMR)。SVMR 用于审查会议纪要、设施检查和项目审查报告,以及提交 VA 资助的建议案。

DOD

DOD 将动物定义为任何活着的或死去的脊椎动物,包括鸟类、冷血动物、家鼠属的大鼠和小家鼠属的小鼠等。产卵脊椎动物的子代在从卵中孵化出来后才算作脊椎动物;但是,鱼类和两栖动物则不同,其幼仔子代也被认为是脊椎动物。死亡动物的定义则为:任何出于进行训练或实验原因而被实施安乐死的动物。但是,这不包括那些在杂货店或屠宰场购买的死动物或动物残体。该定义与 USDA 和 PHS 的定义略有差异,但其具有独特性,适用于 DOD 资金支持的研究、测试或教学活动中使用脊椎动物的所有研究活动。

对于那些严格用于庆典仪式性和/或娱乐性目的的动物以及工作用的动物(如军用的工作犬),DOD 将它们排除在研究用脊椎动物的定义之外。此外,包括那些用于提供食品和纤维素研究的农用动物,用于疾病监测的动物(除非疾病筛查程序可伤害动物),以及参与野外实验研究的动物等均被排除在研究用脊椎动物的定义之外。备注:DOD 采用 USDA 的野外实验研究(未操纵动物或改变其行为)

和野外调查（导致动物或其行为发生改变的活动）的定义。

DOD 要求动物供应商获得 USDA 的许可，除非 ACURO 明确豁免其许可要求。备注：实际豁免来自 USDA，但由 ACURO 或其他服务机构协调。

所有由 DOD 赞助的全球范围内的建议案，均需由 IACUC 审查；该 IACUC 至少由 5 名成员组成，且须有一名非科学成员和非机构成员（需要一名主要成员和一名候补非机构成员）。DOD 还规定，IACUC 成员必须是政府雇员。由于 DOD 的 IACUC 履行政府职能，因此非机构成员和非科学成员应是对社区有明确承诺的联邦雇员或符合参考规定要求的顾问。

DOD 要求对非人灵长类动物、犬、猫和海洋哺乳动物的使用需要总部级（ACURO）审查。在 IACUC 审查之后的第二次审查强调了满足监管要求的重要性，并确保所有针对特殊物种的规定都已获得批准并包含在方案中。该流程的目的是创建一个一致的全系统审查流程。

在本机构外（非 DOD）使用动物时，需要通过 ACURO 或级别相当的监督办公室开展的总部级审查。在全世界范围内，开展非人灵长类动物、犬、猫或海洋哺乳动物试验研究的机构都需要进行机构外试验场所的现场检查。在审查期间，应审查本机构外设施的最新 USDA 检查报告。此外，在 DOD 对机构的授权期内，每年都应审查 USDA 的检查报告。

DOD 还规定，IACUC 成员必须是政府雇员。DOD 的 IACUC 在审批过程中，不仅是作为咨询机构，而且还履行政府职能，因此 DOD 的 IACUC 非机构成员和非科学成员要么是对社区做过承诺的联邦雇员，要么是符合参考规定要求的顾问。

VA 的谅解备忘录

VA 的研究设施及附属机构应当签订谅解备忘录，以确保每个机构都理解对方的义务，需要在 4 个主要方面达成协议：①哪个机构的 IACUC 将负责项目审查和实验设施检查；②哪个机构的 IACUC 将进行实验方案的审查；③要监控动物在机构之间的转移；④要记录动物使用的情况。

VA 模式和与附属民间动物饲养管理和使用项目之间的关系

与 VA 机构建立附属关系时，有 4 种模式。这 4 种模式，每种都有其独特的优缺点。

模式一

VA 与其附属机构共享 IACUC 和设施：在这个模式中，VA 与其附属机构同意共享资源和成本。这种模式是 4 种模式中最简单的一种，通常用于较小的 VA

设施。对于两个机构的现有资源，此种安排可提供双方对所有资源的共用权利。这种关系的关键要素是联合 IACUC 须同意遵循《VA 手册》1200.7[6.n. (3)、6.n. (5) 和 6.n. (11)]。

模式二

VA 与其附属机构共享动物设施，但各自拥有独立的 IACUC：这种模式具有只需运维一个动物设施的优势，而设施运维往往是任何机构项目中成本最高的部分。这种模式的另一个优势是可利用共同的兽医和动物饲养人员。然而至关重要的是，审批互惠是完全透明的，相关活动要符合《VA 手册》1200.7 的要求[6.n. (10)(a)(2)]。

模式三

VA 与其附属机构共享 IACUC，但拥有各自的动物设施：该模式很少使用，因为需要最大程度的相互认可、一致。它要求双方的兽医和动物饲养管理人员密切配合，并使用统一的 IACUC 审批政策。

模式四

VA 与其附属机构拥有独立的 IACUC 和各自的动物设施。这种模式既可以是最简单的，也可以是最复杂的，但它也是最常用的一种做法。这种模式还需要明确而详细的书面 MOU，以确保两个机构都了解彼此的义务和期望。

虽然任何模式或多个模式的配合都可以有效运行，但每个模式的关键都是（良好的）沟通、（清晰的）思路和（相互的）理解。

（原　野 译；孙岩松 校；李根平 审）

第二十二章　数据管理和电子系统

场　景

一位 GEU 科学家在 PHS 基金资助下调查了袋獾大量死亡的原因。该研究方案提出，动物感染了一种肿瘤病毒，并最先在口腔和头部的其他部位出现大的肿瘤。GEU 野生动物专家格林博士和 GEU 的 AV 决定进行合作研究，并向 IACUC 提交方案以进行审查和批准。

IACUC 讨论并批准了该动物研究方案，包括识别、抓捕感染的动物及对整个感染期间个体动物的研究。动物将被饲养在专用的笼具中，用耳标作为标识。在特定时间点采集肿瘤活检样本和血液样本，分析是否存在疑似病毒。在审批过程中，IACUC 面临的一个挑战是决定如何对距离塔斯马尼亚数英里远的动物设施进行检查。委员会讨论了可以进行设施检查的各种方法。

在 IACUC 管理员的 BP 网络会议上，GEU 的 IACUC 管理员发现其他组织也有过类似的经历，并分享了几个最佳实践，其中包括使用视频技术、数字摄影和加密电子邮件系统来完成检查程序。IACUC 管理员与其委员会成员分享了这些想法，在考虑了几种可以进行检查的方式后决定使用视频技术进行检查。IACUC 要求 PI 拍摄计划饲养动物的设施，然后再由委员会审查。格林博士同意对动物设施进行录像，并自愿表示他拥有提供该区域的现场录像的技术，这样可以让 IACUC 在线参观饲养设施，以便在在线审查时可以提问。委员会成员也能够指挥格林博士到动物设施内的特定地点。此外，格林博士还提供了饲喂和饮水系统的静态照片，作为其方案中的一部分。在对现场视频直播和饲喂/饮水装置照片进行检查后，IACUC 要求通过电子邮件提供动物护理标准操作规程的复印件。IACUC 认为其饲养要求符合最低标准，并同意在不发生动物福利事件的情况下可以进行动物饲养。委员会决定后续的半年检查仍以同样的方式进行。

关于使用电子通信的监管指南

2006 年 3 月，OLAW 发布了一份关于使用电子通信（简称电信）的指南文件，标题为《根据实验动物人道护理和使用的 PHS 政策，IACUC 电子通信使用指南》（文件编号：NOT-OD-06-052）。OLAW 和 USDA 一致认为，在某些情况下可使用电子通信方法开展 IACUC 业务。例如，委员会成员可以使用视频会议设备实时参加偏远地区的会议。此外，也可使用各种形式的技术（如数字静止摄影和录像）

进行设施检查。使用电信技术的一个关键方面是能够在不影响 IACUC 行动或审查的质量和有效性的情况下有效地使用设备。

在使用电信方式时，必须满足 OLAW 制定的以下标准。

（1）会议通知到全体成员。

（2）会议召开前向全体成员提供会议期间通常需要的所有文件。

（3）所有成员均能获取参会所需的文件和技术。

（4）根据 PHS 政策的要求，召集法定人数的有表决权成员。

（5）会议允许实时的口头互动，相当于线下会议中的互动讨论（即成员可以积极公平地参与和交流）。

（6）如果需要投票，则在会议期间进行，并确保以准确的方式统计投票（邮件或个人电话投票的方式不能代替召开会议）。

（7）通过邮件、电话、传真或电子邮件传达的缺席成员的意见，可作为参会的 IACUC 成员的参考，但不得计入投票或作为法定人数的一部分。

（8）按照 PHS 政策 IV.E.1.b 要求保存会议记录。

电 信 方 式

电信是近年来发展起来的既经济又实用的资源。BP 会议与会者提供了几个恰当和不恰当使用电信系统的例子（如 Skype、电话、电子邮件和视频实时传输）。

电子邮件通信方式

电子邮件适当而高效的使用

电子邮件沟通是 IACUC 管理员与委员会成员沟通的一种便捷方式。例如，IACUC 管理员经常使用电子邮件来促进 DMR 分配。IACUC 管理员可以使用电子邮件向 IACUC 主席推荐 DMR 任务，之后由主席通过回复通知批准该建议。然后 IACUC 管理员通过电子邮件联系成员，提醒他们有 DMR 任务。

此外，电子邮件通常用于向委员会成员分发申请信息，并为每位成员提供机会以要求全体委员审核某个申请。在这种特殊情况下，IACUC 管理员定期向所有 IACUC 成员发送一份待审查的提交材料清单。电子邮件列表至少包括 PI 姓名、项目名称、方案编号和项目简要概述；每名委员都能够在需要时获取其他额外信息。电子邮件可以包含一条备注，即委员有 5 天时间（或一个提前批准的时间）发起全员审核，若此时间内未回复，则默认接受 DMR。

IACUC 管理员还可以使用电子邮件分发用于提供继续教育的信息。例如，IACUC 管理员可以准备一份关于进行半年检查或审查方案的 PPT 演示文稿，并通过电子邮件将其分发给委员。

电子邮件不适当的使用

BP 会议与会者表示，电子邮件不能作为 IACUC 官方的投票方式。例如，IACUC 不能根据主观认为有不合规情况而通过电子邮件暂停某个项目。参考以下场景。

场景 1　一名动物饲养技术员在设施巡查时发现 4 只小鼠的肿瘤负荷过大。鉴于此，他重新查阅了 IACUC 批准的方案，并注意到 PI 允许的动物发展进程显著超过 IACUC 批准方案中规定的人道终点。动物饲养技术员联系了 IACUC 管理员，后者通过电子邮件详细描述了技术员发现的情况，并发送给委员会成员。IACUC 管理员的电子邮件立即得到了几乎所有委员会成员的回复。10 名成员中有 7 名（包括 AV）回复了管理员的电子邮件，并指出应通知 PI 必须立即停止其研究活动，直至 IACUC 有足够的时间召开会议讨论该情况。剩下的 3 名委员会成员中有 2 名未对该通知作出答复，最后 1 名成员表示应立即召开会议讨论这些问题。

根据电子邮件回复，IACUC 管理员决定，由于 IACUC 法定人数同意该事件是不合规的，应暂停该项目。PI 被告知，由于他未遵循其获批方案，项目暂停，等待 IACUC 进一步研究。此过程不恰当地使用了电子邮件。以这种方式使用电子邮件存在以下几个问题。

（1）监管机构明确禁止投票（作为一种决策方式）。

（2）IACUC 成员并未积极讨论这些情况。

（3）未安排和宣布举行包括查阅相关材料在内的正式会议。

（4）未采取保留会议纪要等正式的行为。

首选方式是 IACUC 管理员作出以下公告："发生了一件需要 IACUC 立即注意的紧急事件。因此，已于 5 月 21 日安排了电话视频会议讨论该情况。会议期间，委员会将审查和讨论此次不合规事件中的动物福利影响。"

最佳实践应该是让 IACUC 管理员发起电话会议，并对该事件进行总结。然后，审议转交给 IACUC 主席，他将主持发言讨论。讨论结束后，IACUC 主席可以要求进行投票表决。投票之后，IACUC 成员可以讨论必要的纠正措施，这也可能需要投票来表决。表决结果将记录在会议纪要中，这些草稿版的会议纪要将在后续的会议上审查和批准。随后，IACUC 管理员将正式通知 PI，其项目因方案偏离而暂停直至采取指定的纠正措施。

场景 2　GEU 的 IACUC 管理员定期通过电子邮件向委员会成员发送方案列表。该列表包括每个方案编号、PI 姓名和简要的项目概述。IACUC 委员在全体委员会前有 2 周的时间要求在全体委员会之前对方案进行审查或建议批准。在过去 3 年中，只有 4 个方案经过了全体委员审查。其他所有方案均根据邮件回复同意而获得批准。IACUC 管理员记录建议批准、不批准和弃权的数量，并应用标准规则进行多数票表决。投票记录在方案中，批准函由 IACUC 管理员分发。

以这种方式使用电子邮件存在以下几个问题。

（1）监管机构明确禁止邮件投票作为一种决策方式。

（2）IACUC 可以在全体委员会会议期间或通过指定的成员审查程序批准方案，但不能使用电子邮件。

（3）IACUC 委员并未积极讨论。

（4）未安排和宣布举行包括查阅相关材料在内的正式会议。

首选方式是 IACUC 管理员将方案列表通过电子邮件发送给委员，并让他们在 5 天内确定有哪些项目希望在全体委员会上审查。对于未被确定进行全体委员审查的项目，IACUC 主席可指定特定的有资质的委员作为 DMRs，以批准方案。随后，DMRs 可以通过电子邮件与 IACUC 管理员进行沟通，并指出哪些提案已通过审查和批准。管理员将通知 PI，其项目已由委员会审查和批准，并在下一次预定会议上向 IACUC 报告 DMR 结果。

视频会议设备的使用

各组织可以有效地利用电信系统（如 Skype、FaceTime）促进 IACUC 的官方业务。BP 会议与会者指出了该技术可以提高 IACUC 监督和审查过程效率的具体方式。参考以下场景。

场景 1　GEU 在其主园区以北约 85mile 处有多个实验站。GEU 大约 35% 的动物护理和使用方案是在偏远的研究所进行的。由于这些设施经常使用，IACUC 主席要求一名研究站负责人在 IACUC 任职。该负责人虽然表示了浓厚的兴趣，但由于出差参加每月的 IACUC 会议需往返 170mile，他婉拒了。IACUC 主席回应，鼓励他加入 IACUC 并通过使用"Skype"参加每月会议。在使用 Skype 几个月后，IACUC 主席和研究站负责人重新考虑了这一流程。双方都同意使用 Skype 视频和语音参与 IACUC 会议，但视频质量不能始终保证良好，音频效果也时有下降。IACUC 主席向 IO 介绍了情况，后者支持研究站负责人的继续参与。因此，IO 提供了购买增强型视频会议设备的资金，这有助于远程委员更有效地参与。

由此产生的设备升级为 GEU 的 IACUC 创造了额外的机会。研究站负责人还可以简化研究站的半年检查，并为 IACUC 成员节省 170mile 的行程。负责人在设施巡查时使用摄影机拍摄设施，并传输一段实时视频，以供 IACUC 全体委员查看。在巡查过程中，成员可以进行提问并引导录像人员到设施内的特定区域。

场景 2　GEU 拥有最先进的 BSL3 动物设施。该设施内的科学家研究的传染病病原对任何因意外接触而感染的人来说都可能是致命的。设施安保室配备了多个监视器，可接收来自整个设施关键位置的视频反馈。每个动物房中均安装了监控摄像头。摄像头可以观察到动物、流程、笼具中动物活动、供水系统和环境控制。摄像头还安装在饲料储存区、手术室、笼具清洗间和实验室，同时还将视频传送到安保室。

由于实际进入设施可能对 IACUC 成员造成不必要的风险，IACUC 成员使用安保室监视器可以有效进行 BSL3 的设施检查。在检查期间，BSL3 设施配备了移动电话，可以与 IACUC 成员进行沟通。IACUC 委员会拿到实验室的地图，以确保其能够对设施进行彻底检查。实验室负责人巡视每个动物房，并回答 IACUC 委员的问题。即通过监视器就可以对所有动物进行检查，实验室负责人也可以将动物笼具放在摄像机前，从而可以近距离地观察动物的情况。为了便于检查，项目负责人还可以将每日观察日志放在摄像机前，这为使用安全监视器审查记录提供了机会。相同的程序也可用于审查手术、笼具清洗和清洁记录。

记 录 保 存

IACUC 管理员的主要职责是开发和维护有效的记录管理系统。通常有两种类型的记录保存系统：硬拷贝和电子记录。

硬拷贝记录适用于较小的项目，而电子记录保存更适用于项目更复杂的较大机构。任意一种系统都可以是有效的，也可以是噩梦。许多过去使用硬拷贝记录的机构正在逐渐过渡到使用各种电子系统，在某种程度上是为了提高汇报和监督效率。

硬拷贝

纸质记录的使用需要建立电子表格、检查表或数据系统来追踪日期和流程。硬拷贝通常保存在文件柜中，按部门或 PI 名称排序。关于硬拷贝的具体问题包括：被借出的记录可能归还到错误地方，放在个人办公桌上的记录可能无法让其他需要该文件的员工找到，错误归档的记录可能也很难找出，硬拷贝记录的备份可能保存在其他位置。尽管有这些问题存在，但还是有许多机构高效地使用硬拷贝文件管理系统。

电子系统

电子记录有几种方式，有些方式相对较简单，但每种方法都有其优缺点。示例如下。

基于 PDF 的系统

许多机构使用 Adobe 系统开发动态交互式 PDF IACUC 模板，以及其他的动物饲养管理与使用项目的表单。PDF 模板可以存储在网络服务器上以便访问，从而实现跨多个位置的标准化。PDF 文档可以通过电子邮件中心服务器完成和提交，随后 IACUC 管理员即可访问和处理。使用 PDF 形式的一个优点是可以进行电子签名。许多机构认同通过加密电子邮件系统发送的邮件等同于电子签名。如果一封邮件是从史密斯博士的加密电子邮箱账号发送的，则表示机构认定该邮件等同于其电子签名。

由于 PDF 文档可以由机构以电子方式存储在本地和远程站点，因此 PDF 表格可以作为应急预案中一个不可或缺的部分。此外，PDF 文档还能通过电子邮件发送给 IACUC 成员，方便访问 IACUC 提交的文档。对于许多机构而言，常见的最佳实践是使用安全的文件处理器共享大文件。机构采用这种形式的电子数据管理方式可以共享几百兆字节的整个文档，并消除（或大大减少）了对纸质文件的需求。

Microsoft 软件

许多机构常使用 Microsoft 产品。BP 会议与会者表示他们开发了基于 Microsoft 的数据管理系统。IACUC 管理员常使用 Microsoft Excel 等程序来维护与查看项目和方案数据。IACUC 管理员也会通过输入数据建立电子表格，以跟踪项目相关活动，如动物使用和有效期。虽然企业顾问可以为 Excel 或 Access 构建报告模板，但是电脑新手也可以轻松地新建表格来追踪过期的方案并运行相关报告。

表 22.1 在命名为"过期状态"的列中内置了公式，一旦项目距离过期不足 60 天，就会显示"检查"通知。

市售成熟商用系统

有许多商业化系统可以满足机构的数据存储和报告需求。例如，Click Commerce、Edstrom、eSirus 和 IRBnet 等合法软件公司，都有精心制作的商业化系统，可以制定系统以满足几乎所有机构的需求。大多数商业产品都有内置的应用向导，允许直接向 IACUC 办公室提交方案。只要方案录入数据库，IACUC 管理员就可以管理这些关键信息，如方案过期日期、手术室的位置和每年动物使用情况。

尽管一些机构希望如此，但 BP 会议与会者表示，他们机构的预算无法满足购买和使用商业数据系统。除软件系统成本外，还必须考虑系统运行的相关费用、员工培训费用以及软件授权和维护费用。

值得注意的是，一个新的电子系统的实施阶段可能需要几个月到几年的时间，这取决于程序的复杂性。

表 22.1 样本数据管理电子表格

到期状态	主要研究者	方案编号	过期日期	委托方	USDA疼痛级别	方案类型	种属	种属类型	手术（存活/非存活）
过期	Alex	33544	3/9/2011	NSF	D	研究	鸟	野生	存活
	Alice	29145	8/8/2011	PSU	C	教学	鹿	野生	无
	Alison	29605	10/5/2010	PSU	D	教学	小鼠	实验室	非存活
	Curt	33684	4/6/2011	NIH	D	研究	小鼠	实验室	存活
	Darcy	31738	8/1/2011	PSU	D	研究	仓鼠和沙鼠	实验室	无
	Darcy	30743	3/15/2011	PSU	D	研究	鸡	实验室	无
	Eric	30201	1/18/2011	USDA	D	研究	猪	农用	非存活
	Erica	30661	3/15/2011	Pharma	D	研究	奶牛	农用	非存活
检查	Frank	32327	10/19/2011	PSU	C	培育	猪	农用	无
	Greg	31415	6/21/2011	Pharma	E	研究	小鼠	农用	无
过期	John	26800	9/29/2010	PSU	C	研究	白足鼠	实验室	无
	Jon	28178	4/19/2011	NSF	D	研究	小鼠	实验室	非存活
检查	Les	31061	4/25/2011	NIH	D	研究	小鼠	实验室	存活
	Mary	29692	11/16/2010	PSU	D	研究	大鼠	实验室	存活
	Melanie	30198	1/12/2011	PSU	D	教学	公牛犊	农用	存活
	Melissa	34174	6/1/2011	PSU	D	研究	奶牛	农用	存活
过期	Peter	29566	9/29/2010	USDA	D	研究	兔子，白足鼠和大鼠	实验室	无
	Robert	30866	4/11/2011	PSU	D	诊断	白足鼠	实验室	无
检查	Sally	29287	10/11/2010	PSU	C	培育	白足鼠	实验室	无
	Tony	31297	6/16/2011	NIH	E	研究	小鼠	实验室	无

注："过期" 通知在项目到期后的第二天提示；"检查" 通知在方案到期前 60 天提示。

记 录 管 理

兽医护理记录

兽医护理记录通常并不由 IACUC 管理员保存，而是保存在兽医部门。这些记录包括病历、日常观察记录、购买记录和安乐死记录，通常是任何直接描述动物的护理或使用的记录。兽医护理记录应作为 IACUC 半年检查和设施检查的一部分。审查这些记录的目的是表明 IACUC 监管设施中涉及动物的所有活动，并确认该机构中的动物得到了充分的照顾。

项目记录

各种项目活动的记录也必须保留（如合规审议、IO 报告、认证文件和 USDA/PHS/AAALAC 年度报告）。这些记录单上记载了所需的项目活动，并出于监管方面的原因加以维护，以保证持续的项目一致性。这些记录通常由 IACUC 管理员保存，并根据要求提供给 IACUC、IO 或监管机构。记录通常使用模板来收集。大多数 BP 会议与会者表示，模板通常使用 Microsoft Word 来创建，内容包括 IACUC 成员任命书、会议记录和不合规通知。除 Word 模板文档之外，IACUC 管理员还注意到，他们经常会存储和加密包含签名的文件，如 OLAW 报告上的 IO 签名。在所有情况下，应该在安全的服务器上维护这些文档，并定期备份，以防止关键的工作文件或模板和数据文件丢失。

会议纪要：必须包含什么？

BP 会议与会者讨论了会议纪要的内容，以及详细的和简略的会议纪要的影响。记录公开法可以要求公开机构的会议纪要，因此会存在争议。BP 会议与会者一致认为，IACUC 管理员必须了解其所在州的记录公开法，以便能符合法律要求。了解这些信息有助于 IACUC 管理员遵守该法律，同时最大限度地降低机构的风险。

在某些情况下，IACUC 管理员会使用录音来确保会议纪要的准确性。录音应符合若干记录公开规定，因此，按照一般惯例，录音应在会议纪要批准后销毁。

在准备会议纪要之前，IACUC 管理员应了解会议纪要所需记录的内容。会议纪要中无须列出参会者的具体姓名。监管部门允许机构使用编码系统来命名参会者。机构可根据要求向联邦监管部门提供代码密钥，且这两份文件通常单独保存。当可能有技术上的原因来维护指定委员审查和批准的详细信息时这就不需要了。

IACUC 对各个方案讨论的细节必须体现在会议纪要中。机构应尽量使会议纪要符合监管要求。尽管这未必是监管部门的首要工作，但保持准确和完整的会议纪要通常符合机构的最佳利益。记录的讨论可能包括方案的识别方法（如方案编号）、IACUC 讨论的简要总结和方案的最终处置。

为了补充会议纪要，许多机构保留了工作文件，但这些工作文件并不需要 IACUC 批准，而是行政文件。这些记录常常传达了 IACUC 关于具体事项的意图，可能包括提供给 IACUC 的评审表或其他具体信息，以支持或补充讨论。一般而言，未经 IACUC 批准的工作文件不受（或较少受）各州记录开放要求的约束。但是，每个机构必须熟悉其所在州的记录公开法，以核实哪些记录是法律规定可查阅的。

动物饲养管理和使用项目记录

动物管理和使用活动的记录也须保存在机构内。方案记录包含如动物饲养管理和使用项目、年度进展报告、审查后监督记录和批准函。定期管理这些记录，以确保研究完成前方案不会过期。IACUC 管理员还会监管动物使用记录，以确保 PI 不会使用超过其批准的动物数量。这些记录还用于监管已被批准的偏离《指南》的项目，如涉及长期疼痛或应激的项目。

记录维护的持续时间

USDA 管辖种属的动物死亡或处置相关的兽医医疗记录必须保留 2 年。PHS 政策则要求医疗记录需保存 3 年。因此，如果 PHS 资助的项目使用了 USDA 管辖的物种，则这些动物的医疗记录必须保存 3 年。所有的兽医其他记录（如日常观察、购买记录等）应在项目结束或动物死亡后保存 3 年，以最晚的记录为准。项目完成之后，机构必须保存会议记录、IO 报告和年度报告等项目相关记录 3 年。比如，如果一个项目持续 12 年（每 3 年更新，共更新 4 次方案），则所有的材料必须保留 15 年——项目年限 12 年加上法规要求的 3 年。

电子系统用于方案审阅流程

使用计算机方案管理软件可以提高方案审阅效率。BP 会议与会者讨论了如何使用商业化软件系统和国产自主研发的电子系统来进行并记录方案审阅与批准的流程。

商业化软件

购买商业化合规软件的机构通常选择性地提出那些与科学研究相关的问题。例如，机构可能会要求研究人员说明其项目是否包含存活手术。如果回答"是"，则会提出更多的与存活手术相关的问题（如麻醉、镇痛或术后护理的问题）。比如，在适当设计和使用应用向导的情况下，一项涉及饲养小鼠作为体外操作组织来源的研究应用可能有 5 页，而一项涉及多种试验、存活手术和摄食偏差的研究应用可能会长达 25 页。

商业化软件通常可以允许 IACUC 成员登录到安全网络，并审阅最近提交给委员会的文件。他们还可以输入关于拟定活动的意见，请求全体委员审阅，访问与项目相关的授权申请。

机构特有的电子程序

一些机构已经研发了可以使用现有技术的方法，而不是购买商业化合规的管理软件。

在几乎所有情况下，IACUC 管理员都是使用网络、电子邮件与其他计算机技术来推进方案审查和批准。各机构制定了高效利用这些资源的方法。考虑到与方案审查相关的监管要求，BP 会议与会者商讨了一种方式，可以使用电子邮件和专门保护 IACUC 工作的共享网络。IACUC 管理员接受 PI 以电子邮件形式提交的 Word 文档。管理员将方案保存到安全的服务器，委员会成员可以登录该服务器来访问提交的文件。IACUC 管理员在 10 天内收集提交的材料，然后通过电子邮件向委员会成员发送一份准备好的资料清单列表，示例如下。

收件人：＜IACUC 成员名单＞

发送时间：2012 年 12 月 31 日，星期一，上午 9：05

主题：IACUC 方案——预定于 2013 年 1 月 10 日实施，审查

IACUC 成员：

IACUC 将在收到邮件后 10 天（即 2013 年 1 月 10 日）审查以下方案。如果您希望由全体成员审查所列出的申请，请在预定的审查日期之前通过回复此邮件来确认。那些未确认需要全体成员审查的方案将分配给指定的审查人。

1）IACUC #12345（三年更新）—Dr. Peters

2）IACUC #67890（年度更新）—Dr. Jones

3）IACUC #54321（修订）—Dr. Allen

4）IACUC #09876（新提交）—Dr. Williams

注：相关的活动文字描述可以通过共享盘访问，并可在 IACUC 文件夹中找到（文件名：2013 年 1 月 10 日审查）。

谨致问候

＜IACUC 管理员＞

大东方大学

电子邮件模板可以满足与方案审查过程相关的许多监管要求，包括如下内容。

向整个 IACUC 提供被审查的项目清单。

委员会成员可以要求全员审查提交的材料。

委员会成员不仅可以获取拟定的活动标题，还可以通过共享盘来获取完整的提交材料。

该共享盘是与 IACUC 办公室的信息技术服务一起建立的。IT 人员建立一个共享的 LISTSERV，可通过互联网获取。该系统包括可通过密码访问的安全级别。许多机构为成员提供"访客账户"，以确保其每 10 天内能够访问一次共享盘或向其他成员发送邮件包。只要委员会成员有访问共享盘的权限，就可以登录系统，并及时有效地审查项目。

（苗晓青 译；潘学营 校；李根平 审）

第二十三章　政策、指南和标准操作规程

场　　景

GEU 的 ACUP 在过去 3 年呈指数式增长。在 2010 年初，GEU 的 IACUC 仅审查了来自 2 名科学家的 9 项动物研究方案。但到 2014 年，IACUC 就审查了超过百名科学家的 200 多份方案。

因此，IACUC 管理员鼓励 GEU 通过编写 ACUP 书面说明的方式，使其项目更加规范化。他建议建立文件体系，作为项目管理及制定标准操作规程（SOP）的依据，用来确认项目中的操作是否符合标准。IACUC 主席任命了一个分委会，并任命 IACUC 的专职负责人担任分委会主席。而分委会的职责是为 GEU 建立一份动物管理与使用的书面计划。

大概 6 个月后，分委会将文件的第一稿提交给委员会审查和批准。包括政策在内的第一套文件包括以下内容：

"脊椎动物在研究、教学和检验中的使用"。

"动物使用人员的职业健康和安全计划（OHSP）"。

"实验动物工作必需的安全装备"。

在分委会准备讨论拟议的政策时，成员会向 IACUC 说明，IACUC 管理员协会将指定一个已经建好 ACUP 的 IACUC 管理员网络体系协助完成这一进程。分委会指出，在同事同意的前提下开展示范工作，可以把经过尝试和测验的做法作为 GEU 功能区内容齐全的动物饲养管理和使用项目的一部分定制政策。IACUC 管理员提示，分委会也已经依据法规标准（如 PHS 政策、AWAR、《实验动物饲养管理和使用指南》）对拟议政策进行了评估。

随着分委会开始制定政策，其成员开始发现重大的项目缺陷。例如，他们发现动物使用者没有接受过识别和保护自己免受动物相关风险的正式培训，并且没有要求他们在做动物相关工作时佩戴个体防护装备。为了弥补这些缺陷，GEU 制定了一项政策：要求所有动物使用者必须完成动物相关风险的全面培训计划，并按规定使用个体防护设备（如手套、实验服和护目镜），此外，GEU 的 OHSP 不包括对动物使用者的个人风险评估，该评估需要由医疗保健专业人员（如医师、临床大夫或护士）评估个人的健康状况，以确定其接触动物是否会使个人处于更高的风险水平。GEU 的程序只是通知动物使用者，GEU 雇用了一名可以回答任何与动物相关的医学问题的医生。通过制定政策，分委会要求所有从事动物管理

或使用活动的员工和学生填写一份健康监测问卷，由医疗保健专业人员进行评估，以解决监管方面的担忧。医疗保健专业人员可能是 GEU 的医务人员或动物操作人员的私人医生。在以上任何一种情况下，每一个从事动物工作的人员上岗前都应得到医生或护士提供的健康证明。

此外，GEU 的 IACUC 建立了监督所有动物研究活动的非正式做法，但并没有监督生物学或农用动物生产过程中动物的使用。PHS 政策要求 IACUC 监督在研究、教学或测试中脊椎动物的使用，为此，分委会要求所有涉及脊椎动物的活动在开始前都要经过 IACUC 的审查和批准。

在完成政策制定程序后，IACUC 和分委会意识到文件发布的重要性，以确保监督得到实施，并符合所有监管标准的要求。根据分委会的说明和论证意见，IACUC 一致批准了提交的三项政策。这些政策提交给 IO，IO 立刻批准签署，并在全校范围内发布实施。

政策刚一实施，还"墨迹未干"，IACUC 管理员就接到 OM 医生的电话，问是谁提出了一项政策，要求他在上千名教职工和学生开始动物相关工作之前给予医学证明。他表示，根据政策规定，他每周需要接受大约 50 个人的预约，对其进行风险评估。职业医学医生表示在与 IACUC 管理员讨论出结果之前，需要额外的工作人员满足新政策的要求。因此，职业医学医生立即联系了 GEU 的 IO，并解释了新政策要求将如何影响他的部门，以及他需要资金再雇用一名临床医生。IO 回应说，没有资金来提供一个新职位，但必须找到解决方案。

在与 OM 医生交谈后不久，IACUC 管理员接到了 EHS 负责人的电话。她问是谁起草了一项政策，要求动物使用者在操作动物时必须佩戴护目镜。IACUC 管理员解释说，根据分委会的审查结果，IACUC 认为有必要使用护目镜。EHS 负责人表示反对，指出 EHS 办公室的做法是至少每年在所有区域进行一次环境风险评估。她表示，在 GEU 使用的动物种类没有导致眼睛受伤的危险，因而不需要使用护目镜。她表示，IACUC 制定的这项政策与 GEU 健康和安全政策直接冲突，不能实施。

怎么会事与愿违？有没有更好的方式真正解决政策制定和有效监督的实际问题？这件事说明，所有可能受 ACUP 政策制定影响的机构代表需要进行沟通、沟通、再沟通。虽然 OM 和 EHS 等部门可能只影响项目的一部分，但 IACUC 的决定可能会对校园内的其他部门产生严重的系列影响。在项目讨论期间，必须考虑 ACUP 之外受影响的活动。

在这个场景中，IO、OM 医生和 EHS 负责人都受到 IACUC 决策的负面影响。如果 IACUC 分委会邀请机构代表参与政策的制定，可能会避免这种尴尬。如果 EHS 负责人参与了有关护目镜的讨论，IACUC 可能会得出结论，在操作动物时不需要护目镜，或者 EHS 负责人可能意识到以前没有用到的护目镜的价值所在。如果 OM 医生了解了新的工作负担，也许他会马上在部门内外采取措施，支持动物项目，以满足政策对医学监督的预期。

每当动物项目负责人考虑制定新的政策或要求时，最好让校园内可能受到影响或对这一问题特别专业的其他机构来审查该草案。

政策、SOP 和指南的区别在哪？

BP 会议与会者报告，他们对机构交替使用政策、指南和标准操作规程等术语感到困惑。研究人员告诉 IACUC 管理员，他们在某些情况下不必遵循 SOP，因为这些不是严格的政策文件。另一位参加会议的人说，IACUC 的指南不是一定要追究 PI 责任的。与会者认为，最好能对机构使用的各种政策文件的目的、权限和范围作出清晰的解释。参会人员形成以下共识作为术语定义的示例。

政策

政策是指会影响和决定决策、行动及其他事项的计划或行动过程。政策是 IACUC 进行正式投票和批准的立场。即使没有要求 IO 批准那些 IACUC 所批准的政策，委员会也可以考虑请求 IO 批准签署那些可能会遇到一定程度阻力的政策。政策通常不描述流程或定义所需步骤。例如，可以制定一项政策规定"在 GEU 主持下的所有动物使用必须经过 IACUC 的审查和批准"，而不是提交项目供 IACUC 审查的步骤。机构的政策可由联邦监督机构（以及国际实验动物饲养管理评估与认证协会）强制执行，联邦机构和认可机构希望机构能遵循自己制定的政策。地方政策可能不会比联邦政策法规更严格，但它们会重新制定或比联邦预期的更严格。

在确保跨时期和跨情况的一致性方面，政策非常有效。政策提供了基础和依据，以便 IACUC 管理员知道如何始终如一地帮助研究人员，以下是通过政策进行管理的例子。

- 人员在使用动物前必须接受的培训类型。
- 开展动物相关工作前需要 IACUC 审查和批准的要求。
- 开展生物危害动物实验时进行安全审查的要求。
- 对 IACUC 成员履行职责和角色的要求。
- 研究中退役动物被领养的标准。

标准操作规程

SOP 通常包括详细的书面说明，以实现特定功能的一致性。制定 SOP 是为了取得一致的结果。SOP 可以由 IACUC 投票表决，也可以不投票表决，但至少应有高级人员（如 AV、设施经理）的授权签名。例如，可以制定一项 SOP 保证政策持续有效。一个列举审查和批准动物使用活动方案提交步骤的 SOP，有助于确保满足政策要求，即在 IACUC 批准之前，GEU 不得使用任何动物。例如，开始使用动物前的一份 SOP 可能如下所示。

1）完成申请并提交给 IACUC 审查。

2）收到 IACUC 的批准函。

3）向动物资源管理部门工作人员提供批准函。

4）为项目订购动物。

使用 SOP 的机构通常需要严格遵守 SOP，以确保项目的一致性、高质高效。使用 SOP 的格式化流程包括方案审查和批准流程、实施半年检查的流程、调查和报告不合规情况的流程，以及在特定实验中使用动物数量的审查。

BP 会议与会者指出，一些机构允许 PI 在 IACUC 提案中引用 SOP（用于代替方案申请中应包含所有细节的要求）。一些机构为开展常规动物使用活动制定 SOP，并鼓励 PI 使用这些 SOP。比如，一个机构的 10 名 PI 正在用剪尾法对小鼠进行基因分型。因此，IACUC 决定制定并批准一个对小鼠进行基因分型的分步程序。

为了进一步提高效率，IACUC 同意 PI 进行基因分型时，PI 只需在方案中列出："将根据 IACUC 批准的'小鼠基因分型'SOP 进行基因分型。"虽然这是可行的，但大多数参加 BP 会议的 IACUC 管理员还是建议直接把细节列入方案中；否则，这个过程就会变得过于程式化，PI 过度依赖 SOP，不考虑他们正在做什么或应该如何做。

IACUC 管理员一致认为，如果 IACUC 允许参考 SOP，那么 IACUC 必须建立定期审查 SOP 的方式，与每年或每三年审查一次方案的方式大致相同，并且当寻找替代方法是 SOP 中的部分内容时，检索应定期更新。此外，遵循这一过程的机构必须建立制度，确保科学家收到并执行最新版 SOP。

指南

指南是针对某项活动或问题的建议方法。指南一般是根据实际经验或过去的成功做法总结的当地"最佳实践"，鲜有 IACUC 通过正式投票决定或批准。指南的目标是根据最佳实践来标准化一个特定流程。机构通常制定指南来确保特定动物操作程序达到最高水准。在指南反复使用的情况下，IACUC 可以认定这些指南是其项目审查的一部分。例如，该机构可能已经制定了一项指南："小鼠血液采集方法"，该指南可以规定一种或多种可接受的采血方法及每种方法的具体步骤。

兽医和 IACUC 成员定期为科学家修订指南。指南通常有鼓励和促进研究小组之间一致性的作用，同时为新的研究人员提供在校园或行业掌握惯用方法的机会。指南规范的典型活动包括受试动物的采血量、活体手术的每一步操作、水生动物饲养管理以及组织采集方法。

政 策 格 式

机构使用不同的文件结构。BP 会议与会者表示，文件的结构通常取决于预期的使用人员。

　　IACUC 使用的政策可能就是一两句话，确立一种观念以确保决策的一致性。例如，IACUC 的政策可能只是简单地规定，"药品必须在可用的情况下用于研究，非药品只能在提供科学依据的情况下使用"。为研究领域编写的政策可能只有一两页，包含了足够多的细节，同时对来自整个校园的研究申请仍具有全面性。这种类型的政策可能包括目的、定义、政策声明和参考文献部分。

　　例如，一项政策题为"脊椎动物在研究、教学或测试中的使用"，在制定目的部分，可能会像联邦法规一样讨论机构对动物的人文关怀和使用的承诺。政策的定义部分可能会定义脊椎动物以及什么是研究、教学和测试。文件的正文部分通常提出要求——例如，"所有动物使用活动必须经过 IACUC 批准。"参考文献部分可能会列出有关机构文件、网络链接、联邦授权和政策。

政　策　示　例

　　任何政策清单都可能不全面，就像启动的每个项目都需要去完善研究档案。然而，BP 会议与会者提供了以下政策示例。

领养政策

　　IACUC 管理员认为，允许领养退役研究动物是道德层面的事，并得到 3R 原则（替代、减少、优化）的充分支持。然而，任何此类政策都应考虑退役研究动物的性情或健康状况，以及对领养者和赠予机构的潜在风险（例如，如果退役研究动物伤害了其新主人，赠予机构是否要承担责任）。许多 BP 会议与会者表示另一个担忧是，像实验小鼠和大鼠这样的实验动物是否适合领养，因为它们中的大部分（如基因异常的小鼠）是专门为研究而繁育的，如果它们逃逸或有特殊的健康问题，会对野生小鼠产生潜在影响，需要专业处理。BP 会议的与会者提出了两种政策类型。

　　最简单的只有政策声明，上面写着："研究和研究环境可能会对动物产生不确定的影响。因此，任何用于研究或在研究设施中饲养的动物都不能领养。"也可以为科学受众和公众编写一个相对复杂但不那么保守的领养政策。可以考虑用以下政策格式。

　　标题：GEU 退役研究动物的领养，文件编号 1234。

　　目的：建立用于确定退役研究动物是否适合具有被领养资格的标准，明确帮助领养的相关方。

　　定义：

　　　　退役研究动物　退役研究动物是指那些由设施兽医确认，在研究中未受到肢体伤害的犬、猫、兔、豚鼠、仓鼠或鸟类。不符合领养条件的动物包括实验小鼠和大鼠，以及转基因动物、外形缺损的动物、肢体残疾的动物或处于应激状态的动物。

合格候选人　合格候选人是指任何想领养退役研究动物的人，他（她）有意愿证明会给予动物适当的照顾，并向 IACUC 提供领养动物后照顾该动物的临床兽医的姓名。

政策：GEU 的政策是允许合格候选人领养退役研究动物，但前提是领养该动物须由机构兽医批准。有意领养退役研究动物的合格候选人应直接通过＜联系方式＞联系主治兽医。

在动物活动中使用有害物质的政策

在以往的 BP 会议上，IACUC 管理员讨论了在动物研究中使用生物有害物质的政策需求。由于《指南》涉及机构在评估潜在风险并确保动物使用者安全的程序上的责任，因此该机构应谨慎地制定正式程序关注诸如传染性病原、基因编辑生物和危险化学品的风险。在这种情况下，IACUC 管理员一致同意，使用生物有害物质的政策应是整个研究机构发布的文件。IACUC 管理员共同努力，建立了一个政策示例文本。

标题：动物研究中有害物质的使用。

目的：明确动物研究中使用有害物质必须满足的准则。

定义：

动物活动　动物活动是指涉及动物的任何研究、教学或测试活动。

有害物质　有害物质是指增加个人风险的任何生物、化学或放射性物质。

生物危害　是导致人类或动物疾病的细菌、病毒或寄生虫。此外，在特定条件下，转基因动物也被视为生物危害。

化学危害　包括任何致癌物、肿瘤促进剂、毒素或毒物。

放射性　任何电离辐射都具有放射性。

生物安全委员会　由安全专业人员组成的，审查和批准危险试剂使用的小组。

辐射委员会　由辐射专业人员组成的，审查和批准电离放射性材料使用的小组。

政策：大东方大学的政策是，在 IACUC 批准任何涉及动物活动的项目之前，涉及有害物质的动物研究必须经过生物安全委员会或辐射委员会的审查和批准。

鼓励 IACUC 管理员联系类似研究机构的同行，或访问 IACUC 管理员协会网站，获取更多政策示例文本。

（胡敏华　译；李根平　校；贺争鸣　审）

附录 1　职位公告——审查后监督员

大东方大学拟聘请一名审查后监督员加入研究合规办公室团队。

职　　责

审查后监督员将协调和监督已批准的动物研究活动。该活动包括审查大学所有实验室的临床记录、术后记录以及其他文件。在审查后监督的巡查中，监督员将审查实验方案和记录的执行情况、准确性与完整性，并向合规办公室主任报告任何需要改进的地方。监督员还可以与项目负责人合作，以确保满足相关法规和标准。候选人也可作为（IACUC）的成员，参与动物饲养管理和使用项目的审查，并参与设施检查。他（她）也可能参与审查涉及脊椎动物的研究项目。

资　　质

申请人应具有相关学科（如生物或兽医科学）的学士学位，有 3～5 年有关 IACUC 和动物饲养管理项目的工作经验，包括动物实验的经验或运行一个机构 IACUC 的经验。详细了解有关动物使用活动适用的联邦法规者优先。申请人应具有独立工作能力，并获得相关认证（如持证 IACUC 管理员、美国实验动物学会认证）。应聘者必须具备优秀的书面和口头沟通能力、客户服务能力与熟练的计算机软件技能。

（范　薇 译；法云智 校；孙岩松 审）

附录 2　职位公告——IACUC 管理员

职 位 概 要

向研究合规办公室主任汇报；实验动物管理与使用委员会（IACUC）/机构生物安全委员会（IBC）管理员为动物受试者和生物安全研究项目提供研究合规管理。被录用人员将提供管理 IACUC 和 IBC 项目的日常活动所需的直接支持。

职 责

- 管理与方案相关的活动，如进行行政预审；作为项目负责人与委员会的联络人，跟踪动物使用情况和方案的有效期；并确保方案接受高效的合规性审查。
- 开发相关的教育和衍生方案，并在教师、员工和学生中实施。
- 开发和执行质量保证程序，以确保项目活动合规和有效。
- 协助 IBC 项目的日常管理。
- 参与研究合规领域政策和标准操作规程的制定和实施

资 质

应聘者应具有相关领域的学士学位（如生物或兽医科学）。应聘者应具有至少 3 年的研究合规工作经验。申请人应具备动物饲养管理和生物安全合规管理方面的工作知识，并具有相关认证，如执业 IACUC 管理员和/或美国实验动物学会认证。有高等教育背景，熟悉有关动物饲养管理与生物安全的联邦法规和标准者更佳。

（范　薇 译；法云智 校；孙岩松 审）

附录3 职位公告——研究合规协调员

符合条件的应聘者将确保大东方大学的动物饲养管理和使用与生物安全项目符合联邦、州和当地的研究法律法规。应聘者被聘用后将在预筛选和协助研究提案的发展方面与研究人员沟通，在合规委员会会议上支持他们，并指导他们保持合规。

职 责

录用人员将作为合规委员会与大学相关人员（即研究人员、行政人员和其他相关人员）的联络人。其负责执行和实施合规委员会确定的必要措施，以保持研究项目的合规。此外，个人将执行维持研究项目合规所需的日常活动。这些活动包括（但不限于）维护书面和电子记录、审查和批准研究计划、维护与动物使用相关的合规的职业健康和安全计划、进行设施检查、准备并分发给大学研究人员的往来函件、监督已批准的研究计划、准备报告、为办公室人员提供适当的指导，以及完成分配的其他任务。

资 质

应聘人员应具有相关领域的学士学位或同等学力，具3年以上的工作经验。应聘者应精通微软办公软件，并具有良好的管理和专业技能。应聘者必须具备独立判断和处理问题的能力，能够保密，具有出色的人际交往和沟通技巧，具有独立工作的能力。

了解联邦、州和地方研究法规与政策者优先。以上相关文件包括美国国立卫生研究院关于重组DNA分子的研究指南、《动物福利法实施条例》以及有关人道关怀和使用实验动物的公共卫生服务政策等。

（范 薇 译；法云智 校；孙岩松 审）

附录 4 机构组织结构示意图 1

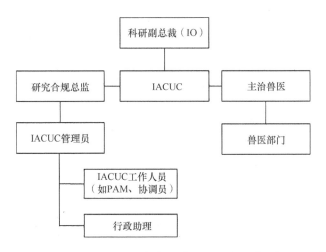

（范　薇 译；法云智 校；孙岩松 审）

附录 5 机构组织结构示意图 2

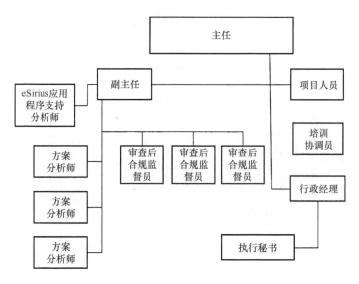

（范 薇 译；法云智 校；孙岩松 审）

附录6 IACUC成员协议(首次任命和再任命时签署)

出 席 会 议

IACUC 成员必须定期出席会议,以便 IACUC 达到并维持开展正常工作所需的法定人数。IACUC 全体成员须出席75%以上例行的全体委员会会议。如果不能参会,该 IACUC 成员必须第一时间通知研究诚信办公室的 IACUC 管理员。

IACUC 成员每年参加设施半年检查的时间不少于 8h。如在特殊情况下不能全时工作,其可通过参加部分工作累计实现。

其 他 要 求

在每个成员的任期内,其可作为主要成员、正式成员或指定成员进行审查。其签署此协议即表明同意定期参与工作,特殊情况除外。

其应及时回复关于出席即将举行的会议的询问,审查所有上交的材料,准备好在全体委员会会议上讨论的所有相关材料。

监管标准要求机构对 IACUC 成员进行相关培训,并对其履行职责的技能进行资格认定。这些标准包括《实验动物饲养管理和使用指南》、美国政府动物福利政策 15 条(机构负责人和 IACUC 成员)、PHS 政策和《动物福利法》实施条例(AWAR)。所有 IACUC 成员(正式和候补有表决权成员)应利用资源保护或专业团体等办公室提供的各种培训/教育机会,持续进行 IACUC 培训。IACUC 成员还应在其服务期内参与 IACUC 主席指定的分委会活动。

保 密 要 求

联邦法律(《美国法典》第 7 卷第 2157 节)要求 IACUC 成员保密,尤其是以下内容。

1. 禁止发布机密信息

机构委员会的任何成员发布研究机构的任何机密信息,包括以下与之相关的任何信息,均属于违法。

a. 商业机密、过程、操作、工作类型、机构和设备。

b. 研究机构的身份、机密统计数据，任何收入、利润、损失或支出的金额或来源。

2. 禁止非法使用机密信息

以下行为对该委员会的任何成员来说均不合法。

a. 利用或者试图利用它的优势。

b. 向任何其他人披露根据本节各条款有权作为保密信息进行保护的任何信息。

利益冲突/重大经济利益冲突的公开

针对 IACUC 成员（要求的年度公开除外）

IACUC 成员须公开其可能与所审查的研究相关的任何利益冲突。如 IACUC 审查的任何研究与其成员存在利益冲突的，除非能提供 IACUC 要求的相关信息材料，否则该 IACUC 成员不得参与该项审查；如果 IACUC 成员、其配偶或任何受抚养的子女存在如下情况，IACUC 成员将自动被视为存在利益冲突。

- 作为研究人员参与该审查的研究项目。
- 在该研究中获得巨大的经济利益。

（范　薇 译；法云智 校；孙岩松 审）

附录 7　IACUC 有表决权成员任命书

（大东方大学 IACUC 信笺抬头）
＜日期＞
＜成员姓名＞
＜成员地址＞

尊敬的＜**成员姓名**＞：

　　非常高兴您能接受邀请，成为＜**机构名称**＞实验动物管理与使用委员会（IACUC）的＜**科学、非科学、社区、兽医**＞有表决权成员。该委员会需要就研究和教学中使用动物的许多争议性问题作出决定。对您的任命对 IACUC 至关重要，您的参与将大大加强 IACUC 对决议的讨论。

　　您的 IACUC 任职期为＜**开始日期**＞到＜**结束日期**＞。

　　我谨代表大学管理层以及我个人对您为 IACUC 服务表示诚挚的谢意。保护研究中的动物是一项严肃的义务，非常感谢您能参与审查活动。

此致

敬礼　谨上
＜首席执行官姓名＞
（或）
＜**机构负责人**＞（如果与 CEO 不同，且已经过 CEO 授权）

（范　薇 译；法云智 校；孙岩松 审）

附录 8　首席执行官对机构负责人的职责授权

（大东方大学 IACUC 信笺抬头）

＜日期＞

收件人：　　＜**IO 姓名**＞

　　　　　＜**IO 地址**＞

发件人：　　＜**CEO 姓名**＞

　　　　　＜**CEO 地址**＞

主题：机构负责人任命，动物饲养管理和使用项目

　　我代表＜**机构名称**＞，特此任命您为机构负责人，以确保动物饲养管理和使用项目的实施和维护，向您委派并授权您履行相关责任，包括任命机构实验动物管理与使用委员会（IACUC）成员。

（范　薇 译；法云智 校；孙岩松 审）

附录 9　IACUC 副主席任命书

（大东方大学 IACUC 信笺抬头）
＜日期＞
＜成员姓名＞
＜成员地址＞

尊敬的＜**成员姓名**＞：

　　非常高兴您能接受邀请，成为＜**机构名称**＞实验动物管理与使用委员会（IACUC）的副主席。该委员会必须就研究和教学中使用动物的许多有争议的问题作出决定。鉴于您在动物研究方面的成就，您的加入为我们的 IACUC 增色不少。如果 IACUC 主席因故不能行使职责时，您将代行主席的职责，包括指派委员审查以及召开 IACUC 会议等。

　　您的任职期为＜**开始日期**＞到＜**结束日期**＞。

　　我谨代表大学管理层以及我个人对您持续为 IACUC 服务表示诚挚的谢意。保护研究中的动物是一项严肃的义务，非常感谢您能持续参与审查活动。

此致　谨上
＜**首席执行官姓名**＞
（或）
＜**机构负责人**＞（如果与 CEO 不同，且已经过 CEO 授权）

（范　薇 译；法云智 校；孙岩松 审）

附录 10　IACUC 候补有表决权成员任命书

（大东方大学 IACUC 信笺抬头）
＜日期＞
＜**成员姓名**＞
＜**成员地址**＞

尊敬的＜**成员姓名**＞：

非常高兴您能接受邀请，成为＜**机构名称**＞实验动物管理与使用委员会（IACUC）的＜**科学、非科学、社区、兽医**＞候补有表决权成员，该委员会需要就研究和教学中使用动物的许多争议性问题作出决定。对您的任命对 IACUC 至关重要，您的参与将大大加强 IACUC 对决议的讨论。

您的任职期为＜**开始日期**＞到＜**结束日期**＞。

我谨代表大学管理层以及我个人对您能为 IACUC 服务表示诚挚的谢意。保护研究中的动物是一项严肃的义务，非常感谢您能参与审查活动。

此致　谨上
＜**首席执行官姓名**＞
（或）
＜**机构负责人**＞（如果与 CEO 不同，且已经过 CEO 授权）

（范　薇 译；法云智 校；孙岩松 审）

附录 11 全体委员审查后指定委员审查样表

（大东方大学 IACUC 信笺抬头）

全体委员审查（FCR）后指定委员审查
（DMR）审查表（全员同意书）

作为委员会成员我们同意，当需要修改以确保 IACUC 批准时，出席 IACUC 会议的法定成员可以一致投票决定在 FCR 之后使用 DMR。但是，IACUC 的任何成员可以在任何时候请求查看修订后的方案和/或请求对方案进行 FCR。

序号	有表决权成员	签名	日期
1	IACUC 主席 <e-mail>		
2	主治兽医 <e-mail>		
3	IACUC 成员 3 <e-mail>		
4	IACUC 成员 4 <e-mail>		
5	IACUC 成员 5 <e-mail>		
6	IACUC 成员 6 <e-mail>		
7	IACUC 成员 7 <e-mail>		
8	IACUC 成员 8 <e-mail>		
9	IACUC 成员 9 <e-mail>		
10	IACUC 成员 10 <e-mail>		

（范　薇 译；法云智 校；孙岩松 审）